商管 全華圖書
叢書 BUSINESS MANAGEMENT

服務業管理 第4版
個案分析
Service Industry Management
—Case Studies

伍忠賢　編著

產業分析導向、企管顧問級的公司個案分析－2007年6月蘋果公司iPhone手機的同等級衝擊

大部分工業國家，服務業佔國內生產毛額（GDP）比重 60% 以上，在大學中的企管、餐飲、觀光、文學院，學生畢業後，大都進入服務業工作，佔總就業人口六成以上。

大學、企業人士永遠需要一本實用的書，套用 2006 年 6 月 29 日，美國蘋果公司上市的智慧型手機 iPhone「好用」（觸控螢幕）、「好玩」（有許多手機遊戲，中國大陸稱小程式），而且酷炫。

一、本書目標市場

市場定位圖（to whom），由圖可見，本書的市場定位。

（服務業個案分析）四篇16章的市場定位

涵蓋地區

	第一篇 星巴克 4 章	第二篇 海底撈 4 章	第三篇 迪士尼、度假區 6 章
全球華人	• Chap2 星巴克組織設計 • Chap4 星巴克社群行銷		• Chap9 美國迪士尼公司 • Chap10 迪士尼組織設計 • Chap12 全球迪士尼度假區
中國大陸	• Chap1 咖啡餐飲業 • Chap3 星巴克 VS. 瑞幸產品	• Chap5 餐廳業中的火鍋業 • Chap6 組織管理 • Chap7 行銷管理 • Chap8 店員服務	• Chap11 中國大陸SWTO • Chap13 上海迪士尼 • Chap14 迪士尼產品策略
臺灣		• 有一個單元寫海底撈 • 跟王品餐飲公司石二鍋比	第四篇 2 章 • Chap15 微風廣場 • Chap16 統一超商、全家

公司：員工 ～ 董事長　　　　　　　　　　　讀者身分
大學：大三 ～ 博士班

四版序

1. X 軸：讀者身分

   大學生迄博士班學生：本書適合大學商、管理、餐飲、觀光、文學院等。尤其科技大學可用本書作「服務業管理」等相關課程的教科書，書中有把基本觀念溯源說明。

   企業人士：本書適合公司員工上到董事會成員。

2. Y 軸：涵蓋地區

   本書以華人地區為發行區域，中國大陸佔本書 16 章中的 9 章（56%）、臺灣 2.2 章（佔 14%）、全球 4.8 章（佔 30%）。臺灣學生讀此書，可以「立足臺灣，胸懷大陸，放眼全球」。

3. 服務業個案分析：市場定位

   公司員工～董事長；大學大三～博士班。

二、本書特色

本書雖標示「第四版」，但跟第三版幾乎沒有一頁相同，由表可見，本書四篇中 1、5、9、11 和第 15、16 章都是固定格式。

1. 全景：總體環境、個體環境

   從 SWOT 分析、總體環境、個體環境先了解全局，才知道個案公司的前因後果。

2. 本書著重在三大公司，共 12 章，深入分析

   本書採取書中書方式，以美國與中國大陸星巴克（vs. 瑞幸）、海底撈（vs. 呼哺呼哺）、上海迪士尼度假區（vs. 東京迪士尼），各四章，皆可單獨出一本暢銷書。把現象級企業、管理、企業家「說滿說飽」。

3. 企管（9 管）顧問級分析工具：作者自創 14 個量表

伍忠賢（2020）共推出 14 個量表，每個表 10 項，每項 1~10 分，以分析星巴克跟瑞幸、海底撈、迪士尼度假區等的「策略力」、「組織力」、「行銷力」、「產品力」、「店員服務力」的高低。讓讀者能學以致用。

每家公司分數高低（例如 83 分比對手 33 分）不是重點，而是以 100 分分成五個級距，分屬一～五級。

4. 企業營運策略與促銷

最後，第四篇有獨立 2 章，第 15 章為臺灣知名百貨公司微風廣場及第 16 章便利商店，統一超商與全家，聚焦在公司數位轉型。

三、本書內容（what）：以前14章為例

由表可見，全書分四篇，其中三篇的篇幅皆佔四章以上，以下列架構為說明。

1. 公司組織層級

分成大環境、公司兩範圍，公司依組織層級分三級：董事會、總經理（含事業部）、企業功能部門。

2. 企管 9 管

套用大學企業管理學院把企管分成 9 個系（有些管理又有分拆出系，像行銷管理分拆出物流、運籌等）。

3. 四家現象級公司

前 14 章是四家現象級公司，管理是「一通百里通」的，寧可把幾家公司經營管理深入淺出「說清楚，講透澈」。

四版序

四、感謝

1998 年 9 月，美國谷歌上線以來，公司宗旨：「匯聚全球資訊，供大眾使用，使人人受惠」。

（To organize the world's information and make it universally accessible and useful.）

2015 年起，我以谷歌上網，看全球各國學術論文、相關報刊，使得我寫書功力如虎添翼，進步 1 倍以上。感謝谷歌及其上。我們寫書宗旨：「匯整全球公司經營管理智慧，供大眾使用，使人人受惠」。

（To organize the world's corporate management wisdom and make it univeally accessible and useful.）

伍忠賢

臺灣新北市新店區

2020 年 10 月

目錄

第一篇　咖啡業的行銷與市場

個案3　星巴克與瑞幸的產品策略

個案4　星巴克促銷策略之溝通與社群媒體行銷

第二篇　餐飲業中的服務霸主

個案5 中國大陸餐飲業中的火鍋業－現象級「企業」海底撈、「管理」海底撈

個案8　海底撈行銷管理II：店員服務

第三篇　迪士尼的崛起與發展

個案16　臺灣便利商店業：統一超商與全家數位轉型－訂閱與顧客忠誠計畫－手機APP集點送

個案1
咖啡餐飲業的重要性與存在功能

許多年輕人都有個開咖啡店的夢

我們挑個案，有三個標準：世界級、行業龍頭及股票上市，股票上市才有財務報表可分析經營績效；最好是消費品，這樣跟你我生活息息相關，才會引起共鳴、接地氣。

本書前四章，以美國公司星巴克（Starbucks Corporation）為主角，尤其是中國大陸的星巴克，以瑞幸咖啡（Luckin Coffee）為配角，來說明中國大陸現煮咖啡店的策略、組織、行銷管理。臺灣的讀者，可以用路易莎、美食達人（店名85度C烘焙坊）來比較。

學習影片 QR code

第一篇　咖啡業的行銷與市場

1-1 咖啡店的重要性：工作、生活與投資

每個成年人的錢、時間有限，每天平均下 3,500 個決策。輪到我們要說服你拿出手機付款，在書店買這本書，或在圖書館等，花 24 小時讀本書。我們寫書、教書對讀者、學生的三個效益如下：「工作、投資、生活」，更仔細的說：「做更好的工作，投資致富，過好生活」，在本單元中，跟你「說清楚，講明白」。

一、工作

中國大陸人口約 14.15 億人，由〈中國統計年鑑〉4-1 就業基本情況查表可知工作人口約 7.76 億人，其中城鎮勞工人數約 4.34 億人，由表 1-1 可見。

田表 1-1　中國大陸餐飲業趨勢分析　　　　　　　單位：人民幣兆元

項目	1978年	2019年
一、總產值、比率		
(1) 總產值	0.36787	99.09
(2) 住宿和餐飲業產值	0.00548	1.78362
(3) = (2) / (1)	1.49%	1.8%
(4) 人口數（億人）	9.62	13.9
(5) = (2) / (5) 平均每人年消費額	6元	2852元
二、產業		
(1) 家數（萬家）	12	464.6（另一數字800）
(2) 員工數（萬人）	104.4	3,000，城鎮勞工4.34億人
(3) = (2) / (1)	8.7人	6.44人 美14人，日8人

資料來源：中國大陸國家統計局，中國統計年鑑，3-6 行業增加值。

1. 住宿和餐飲業員工 3,000 萬人

住宿和餐飲業員工 0.3 億人，看起來不多，以服務業佔勞動力比重 46.32%（農業佔 26.11%、工業佔 27.57%）來說，約 3.6 億人，住宿和餐飲業佔服務業勞工 8.33%。

2. 住宿和餐飲業員工佔城鎮勞工 6.91%

住宿和餐飲業大都集中在城鎮（5 萬人以上），從城鎮勞工 4.34 億人來看，餐飲業佔 6.91%，僅次於批發零售業（佔 33.4%）。

3. 住宿和餐飲業產值成長率（中國大陸稱增長率）是經濟成長率 1.3 倍

2012 年以來，餐飲業有個新成長動力，即外賣（宅配），以大學生來說，叫餐飲外送，以取代吃泡麵（中國大陸稱方便麵），2013 年全年泡麵 462.2 億包；2016 年谷底 385.2 億包；2018 年小彈到 402.5 億包，全球銷量市佔率 38.85%。（參考 2018 年 9 月 7 日，「中國外賣 App 盛行，實然影響泡麵銷量」，科技新報）

二、投資

上海、深圳證券交易所上市股票數目約 2,500 家（其中上海 1,500 家），其中「住宿和餐飲業」股票數約 16 家，即股東、投資人在餐飲方而投資標的極少。

1. 首支餐飲類股廣州酒家集團

2017 年 5 月，廣州酒家集團（603043.SH）在上海證券交易所新股上市，是 2010 年來第一家。在「新三板」方面，有湖北省武漢市紅鼎豆撈、香草香草（雲南火鍋店）、豐收日、優鼎鼎等。之前相關的有上海錦江（1994 年 12 月）、西安飲食（1997 年 4 月深交所）、全聚德（2007 年 11 月深交所）全部約 16 家。

2. 私下募集股權基金（PE Fund）、風險資本基金（VC Fund）

有 500 支私下募集股權基金、風險投資基金，其中主要以網際網路（中稱互聯網）公司等為主要投資對象，對餐飲業也有投資。

三、生活

生活六大面向「食衣住行育樂」，其中在《貞觀政要》書中，唐太宗李世民說：「國以民為本，人以食為命」，俗語「民以食為天」，說明餐飲的重要。

從「住宿和餐飲業」、食品產值佔國內生產毛額比率來說，1991 ～ 2009 年皆在 20% 以上，2010 年起，跌破 20%，大約在 18%，大抵是廣義恩格爾係數的方向。

1-2 全景：餐廳飲料業

各國的服務業中最大行業大都是批發零售業，餐廳飲料業大都排第八或第九名，交集都是食品飲料，以滿足人們飢餓、渴的生理需求。

避免瞎子摸象，本書運用拍照（攝影）的取景方式，順序為「全景（大分類）→ 近景（中分類）→ 特寫（小分類）」，讓你見「林 → 樹 → 樹枝」。

一、全景：餐飲業

中國大陸國務院直屬機構國家統計局（副部長級）負責全國公務統計，其中針對「社會消費品零售」中包括兩大項，商品零售及餐飲比 89 比 11。

1. 比率

住宿和餐飲佔總產值（即國內生產毛額）比重 2019 年 18%，比 2016、2017 年低，這個趨勢很重要，許多人以為「做吃的不會賠，反正人都要吃」，但終究吃的有限，而食衣住行育樂中「育樂前景大」。

2. 成長率

由 2010 年 20% 至 2020 年 8%，餐飲業產值成長率從 2010 年 20% 每年約下跌一個百分點，2019 年 9.4%，以經濟學中的思格爾係數（Engel's Coefficient）來看，這是很正常的。

二、近景：餐飲業中的飲料業

餐廳飲料業（簡稱餐飲業）由表 1-2 第二欄可見分成三種類，做「吃」的、做「喝」的和其他類，其中「飲料業」是開飲料（茶、咖啡、果汁）的店（甚至攤子），這主要是指「現點現做」的飲料。

至於超市、便利店等販售的飲料，則歸屬於商品批發零售業，主要販賣的是常溫或低溫的立即可飲的罐（或瓶）裝飲料。

三、特寫：飲料店中的咖啡店

在表 1-2 中第三欄，飲料業一般指酒以外的飲料，包括四種，其中咖啡店是本書主題。

田表 1-2　2019 年中國大陸餐飲支出中咖啡店所佔比率

大分類	中分類	小分類
商品零售佔89%	－	－
餐飲佔11%	餐飲業84.6%	1. 中式佔79% 2. 西式佔21%
	飲料業11.4%	水、茶、咖啡、果汁
	其他餐飲業4%	－

田表 1-3　中國大陸餐飲支出

單位．人民幣兆元

項目	2014	2015	2016	2017	2018	2019	2020
(1) 國內生產毛額	64.128	68.599	74	82.075	90.03	99.09	105
成長率（%）	7.3	6.9	6.7	6.8	6.6	6.1	5
(2) 商品零售中的飲料	0.4652	0.4851	0.4997	0.5211	0.5489	0.5786	0.6079
(3) 餐飲支出 ＊線上外賣	2.79	3.23	3.5782 0.1	3.9644 0.2046	4.2716 0.48	4.766 0.7	5.19 0.85
＊投資	0.0279	0.0622	0.0654	0.06475	0.069	9.5	8.8
成長率（%）	9.84	15.77	10.78	10.7	9.5	－	－
(4) = (3) / (1)	4.35	4.708	4.835	4.83	4.77	－	－
(5) 茶飲支出	0.065	－	－	－	－	0.0787	－
(6) 咖啡消費（萬噸）	2077	2301	2688	3481	－	－	－

資料來源：維基百科「中華人民共和國國內生產總值」；中國大陸餐飲報告；中商產業研究院線上外賣、艾瑞諮詢。

1-3 餐飲業資料來源

在資訊管理、電腦科學書中有個重要觀念「垃圾進，垃圾出」（Garbage In, Garbage Out），在維基百科（英文版）中說「這個原則適合所有分析」。

在網際網路（中稱互聯網）時代，許多人上網找資料，大都「抓到荼籃子就是荼」，絕大部分是「以訛傳訛」，我們非常注意正確資料來源，在許多書中皆有專門單元說明資料來源。

一、餐飲業的公務統計來源

國務院直屬機構國家統計局。

二、二個民間資料來源

1. 全景：中國大陸餐飲報告

這是在前述國家統計局的「社會消費品零售」總額中，再加上美團點評公司（3690 香港）的網友訂餐的大數據分析，例如網路訂餐的省市、送餐地點分析，詳見表第二欄。

2. 近景：投融資報告

由表 1-5 第三欄可見，蕃茄資本公司針對餐飲業的私下募集基金、風險投資基金的投資有統計。（詳見餐飲項目，蕃茄資本卿永，財經，2019 年 5 月 10 日）

🔍 資訊小幫手

中國大陸社會消費品零售總額

時：每月14日

地：中國大陸北京市

人：國務院國家統計局

事：公布上個月〈社會消費品零售總額〉其中「社會」是指「民間」消費中的民間，包括家庭（househuold）與非營利法人（私立學校、醫院等）。

2019年人民幣41.16兆元，依城鄉區分：城鎮佔85.34%、鄉村佔14.66%。

依消費型態區分：消費品佔89%（其中汽車佔9.57%），餐飲佔11%。

田表 1-4　中國大陸咖啡店市場規模有限

時	2018年7月16日
地	中國大陸北京市
人	pedaily2012
事	品途集團旗下〈品途商業評論〉（2012年成立）上文寫，中國大陸咖啡市場可望達人民幣1100億元規模 營收＝消費人口x年均消費杯數x每杯單價 以2020年舉例 ＝ 2.014億人x19杯x人民幣30元 ＝ 人民幣1,200億元

田表 1-5　餐飲業 2 個民間資料來源

	每年7月22日	每年4月7日
時		
地	中國大陸北京市國貿大酒店	同左，凱悅酒店
人	1. 美團點評公司旗下：美團餐飲學院院長白秀峰 2. 「餐飲老闆內參」（這是餐飲經營管理自媒體）：創辦人秦朝	1. 月報：番茄資本，創辦人卿永 2. 年報：番茄資本，創辦人卿永，窄門學社、單選資本
事	1. 時：2016年起 2. 年報：（中國餐飲大數據）美團點評公司是中國大陸一線「互聯網」（俗稱線上）點餐「網站」（俗稱平台） 從〈2019年咖啡行業生存狀況〉來說，暢銷咖啡價位帶人民幣23.8～25.3元	1. 月報：公布「餐飲行業投融資報告」 2. 年報（簡稱餐飲藍皮書）：2018年12月19日，第一期。例如： (1)時：2020年4月7日 (2)人：餐寶典 (3)事：中國餐飲投融資報告，這些企業最受資本青睞
金額	營收人民幣4.67兆元	投資主要是：創業投資、風險投資（VC）、私下募集股權基金（PE）
公司家數	美國用戶數4.5億戶 610萬家	－
經營方式	1. 商店連鎖： 　例如：安徽省老鄉雞、川菜酸菜魚 2. 網路：線上外賣	－
專論	時：每年9月3日 地：北京市 人：中國飯店協會、新華網 事：年度報告	投資方式： 1. 新投資 2. 收購與合併

1-4　飲料核心效益：解渴

正常環境下，成人每天約須 2,400cc. 的水，熱帶地區（尤其戶外工作者）4,000cc. 以上。一般情況下，人可以 12 天不進食，仍能活著；但 3 天不喝水便可能腎衰竭等而死亡。

經常性補充水分是大部分的生理需求，為了增加喝水的樂趣，人們發明各種飲料，核心效益是「解渴」，這主要來自水有解渴功能。

一、飲料分成兩大類

1. 酒精飲料（Alcoholic Beverage）

又稱硬性飲料（Hard Drink），解渴功能主要是啤酒，因酒精濃度較低（約 3.5 度）。

2. 酒精以外飲料（Non-Alcoholic Drink）

又稱軟性飲料（Soft Drink），包含五中類，以 2019 年中國大陸市佔率來看如下：

(1) 包裝水（佔 34.55%）：主要是礦泉水、蒸餾水（佔 7.92%）、運動飲料（佔 2.05%）。

(2) 茶（佔 21.2%）、咖啡飲料（佔 1.84%）。

(3) 果汁（佔 15.6%）：主要是柳橙汁、葡萄汁、蘋果汁等，有時把牛奶、豆漿，（中稱蛋白質飲料）也列入。

(4) 碳酸飲料（佔 14.93%）：主要是汽水、可樂。

(5) 其他小類則佔 1.91%。

二、產量金額

1. 人均總產值 3,000 美元是分水嶺

一般工業國家的經驗是人均「總產值」（即國內生產毛額，GDP）3,000 美元以上，到達普遍買得起飲料門檻，2007 年中國大陸 2,693 美元，2008 年 3,468 美元，所以表 1-4 中從 2008 年起算。

2. 產量

由表 1-6 可見，2008 到 2013 年，產量成長率 100%，平均年成長率 20%。

3. 產值

產值 5 年成長率也破 100%。

田表 1-6　人口數和所得與飲料產量產值

貨幣：人民幣

	2008年	2013年	2014年	2015年	2016年	2017年	2018年	2019年
一、總體數字								
(1)總產值（兆元）	31.92	59.296	64.128	68.6	74	82.075	90	99.09
(2)人口數（億人）	13.28	13.61	13.68	13.75	13.83	13.90	13.95	14
(3)人均總產值（萬元）	2.41	4.39	4.72	5.03	5.4	5.97	0.45	7.07
二、飲料								
1. 產量（萬噸）	6000	14927	16677	17661	18345	18051	15679	17763
2. 產值（兆元）	0.25	0.5278	0.5785	0.6099	0.6553	0.6363	0.93	0.99

資源來源：智研諮詢網，《2020～2026 年中國軟飲料行業市場供需預測及投資戰略研究報告》，2020年 9 月 29 日。另華經產業研究院（2020～2025 年）報告，2020 年 7 月 11 日。

三、成長率

1. 2001～2011 年成長率 20～25%

從 2001 年 12 月中國大陸加入世界貿易組織，到 2011 年，經濟成長率有 10%以上，可說是第二個黃金十年，而飲料業成長率 20～25%。

2. 2012 年降至 12% 以下，2015 年報降至 6% 以下

2012 年 12 月起，由於共產黨中央 18 次大會推動「反腐倡廉」行動，其中針對黨政官員出入高檔餐廳等嚴格查禁，以致餐飲業成長率降速，甚至飲料在2015 年報成長率為 6% 以下。

四、趨勢分析

1. 2008 到 2017 年這十年的趨勢，四中類飲料兩增兩減

比重增加的兩中類；包裝水、其他飲料是最大受益者，另一方面是水汙染以致有些人們對自來水失去信心，把包裝水當水喝。

2. 比重減少的兩中類：碳酸飲料、果汁

2002 年起，隨著美國人等全球健康意識抬頭，三高（高油、高鹽、高糖）食物需求日減，碳酸飲料銷售步入衰退期。

果汁佔比降低原因跟碳酸飲料一樣，由於純果汁（100%）不含糖，味酸且售價高，市佔率極低。稀釋果汁含糖，以降低酸味感，但卻被含糖高打敗。

中國大陸權威的行業資料公司

時：每年4月25日
地：中國大陸北京市
人：中商產業研究所，2003年成立
事：發表《當年迄未來5年中國飲料行業市場前景及投資機會研究報告》，
　　原始資料來自英國公司歐睿國際（Euromonifor）。

田表 1-7　軟性飲料品項與地區結構

單位：%

項目	2006年銷值（%）	一線公司	2017年銷值（%）
一、軟性飲料品項			
1. 包裝水	15.7	娃哈哈、康師傅	52.83
2. 茶、咖啡等	15.7	康師傅、統一	25.16
3. 果汁	25.1	可口可樂、統一	12.35
4. 碳酸飲料	38	可口可樂	9.66
二、地區			
1. 東部	－	－	30.89
2. 中部	－	同上	18.57
3. 南部	－	－	－
4. 北部	－		12.29
5. 西南部	－		8.39
6. 東北部	－		7.82
7. 西北部	－		5.07

資源來源：智研諮詢網，《2020～2025年中國軟性飲料行業市場供需預測及投資戰略研究報告》，
　　　　　2020年9月29日。

1-5 茶與咖啡飲料的獅虎之爭

公（或母）獅跟公（或母）虎對戰，誰會贏？

2010 年 2 月 2 日，探索（Discovery）頻道以一小時專輯，請動物學者專家來回答，從科學角度來看獅子會獲得勝利，因獅子在草原狩獵，許多獵物（長頸鹿、水牛）塊頭大，獅子久經戰陣，練得一身本領。老虎（主要在印度）在森林狩獵，限於空間，森林內動物（主要是鹿豬）塊頭小，老虎的戰技缺乏訓練。

同樣的，全球 79 億人（中國大陸 14.15 億人），到底喝茶還是喝咖啡的吸引力較大，答案是「喝茶」，本單元說明。

一、從產品層級來看

以吃米、吃麵來舉例，核心效益都是「裹腹」、「解餓」，進而有很多巧思、變出許多花樣。同樣的，從產品五層級（5level of product, level 層級有其層次）來說，茶、咖啡的核心效益都是「提神飲料」，「水」是飲料的基底，在茶、咖啡的衍生發展，產品深度拉到四層，茶跟咖啡打得平分秋色，詳見表 1-8。

二、從價格來看

從價位來看，茶跟咖啡也打得難分軒輊。以入門的產品來說，普通茶包、三合一咖啡包的單價都在人民幣 1 元以內。

三、從製作來說

茶、咖啡最簡單的作法都是沖泡，再進一步是濾掛式，再進一步是喝功夫茶、現磨咖啡。

田 表 1-8　兩種飲料的商品層次

商品層級	茶	咖啡
五、潛在商品	茶佐料、茶入味	咖啡入茶等
四、擴增商品	如下	如下
（一）加料	水果茶	咖啡加酒
（二）溫度	熱、冰	星冰樂
三、期望商品	奶茶： 1. 印度奶茶：馬來西亞等 2. 臺式奶茶：珍珠奶茶 3. 中國大陸版：喜茶（Heyta）	義式咖啡：尤其拿鐵咖啡，拿鐵是義大利文的音譯，本意是指「牛奶」
二、基本商品	純茶： 1. 紅茶 2. 綠茶 3. 花茶，茉莉等	美式咖啡：好咖啡的條件 1. 口感滑順 2. 咖啡味濃郁 3. 水果香氣 4. 層次豐富 5. 苦味不殘留
一、核心商品（效益）	解渴、提神	解渴、提神

公司小檔案

美國星巴克公司（Starbucks Co.）

成立：1971年3月31日，1992年美國那斯達克股市上市

住址：美國華盛頓州西雅圖市

資本額：151億美元

董事長：Mgron E. Ullman三世，他是獨立董事

總裁：凱文・約翰遜（Kevin Johnson, 1960～），任期2017年起

年度：今年10月迄翌年9月

營收：（2020年度）265億美元（＋7.23%）

淨利（2020年度）36億美元（－20.34%）

每股淨利2.92美元，股價約90美元

營業範圍：咖啡店佔90%，其中1.飲品佔74%，食物20%，其他6%

2.地區：全球80國，美國佔63%

店數：（2019年）31,256

員工人數：（2019年）346,000，一家店約11位員工

1-6 咖啡飲料的五層效益

本書第一～四章焦點在分析「星巴克與瑞幸的經營管理」，這只是咖啡飲料業中的二個市場區隔，在本單元中先看全景；以便見林。

一、商品五個層級，代表一分錢一分貨

「人之不同，各如其面」，所以每個人對商品的需求考量也不同，甚至同一個人，在不同時間、空間也不同。

1. 商品層級

以 1967 年美國行銷管理書泰斗柯特勒（Philip Kotler）著《行銷管理》教科書在產品策略章節，會以洋蔥方式說明商品由內到外的五個層級「效益」（Benefit）。五個層級商品佔比詳見表 1-10 第三欄，基本產品以上比率是本書所評估。

2. 伍忠賢用「產品策略」相關用詞，我們用「產」品一詞呈現

由表 1-9 可見，伍忠賢（2019）以類似金字塔方式來呈現商品層級，背後有個重要涵義，商品第二層次比第一層次多一項效益，一分錢一分貨，更高層級商品價格更高。

田表 1-9　商品、服務五層級：以咖啡店為例（由高至低）

得分	顧客需求 馬斯洛 需求層級	商品五層級	全店	咖啡店	店員服務 五層級
10	五、自我實現	五、潛在 （Potential）	家與辦公室外的第三個地方	星巴克	店員真誠服務待客如「家人」
10	四、自尊	四、擴增 （Augmented）	1. 音樂 2. 店內裝潢	—	—
20	三、社會親合	三、預期 （Expected）	跟親朋好友享用咖啡 1. 無線上網 2. 手機、筆電充電	路易莎	待客如「賓」：店員親切的跟顧客交談

得分	顧客需求馬斯洛需求層級	商品五層級	全店	咖啡店	店員服務五層級
40	二、生活	二、基本（Primary）	坐下來喝咖啡 1. 有座位 2. 有廁所	1. 85度C烘焙 2. 便利商店	上菜 結帳
20	一、生存	一、核心（Core）	喝咖啡 1. 提神 2. 解渴	中國大陸瑞幸咖啡 外賣咖啡 咖啡機	帶位 迎賓

® 伍忠賢，2019 年 12 月。

表 1-10　由商品層級來看各級咖啡飲料的效益與公司（由高至低）

行銷管理書中商品層級	售價（人民幣）	佔比重（%）	公司、店	一線公司
五、潛在商品（Potential Products）	32	3	家與辦公室外的第三個地方	星巴克
四、擴增商品（Augmented Products）	26	2	精品咖啡店 店內「服務」包括咖啡師傅等熟客服務，把顧客綁住（Tie-in）	瑞幸咖啡
三、期望產品（Expected Products）	20	5	內用（陸稱堂食） 咖啡店 （咖啡 + 空間）	上島（2600家） 咖啡世家
二、基本商品（Basic Products）	16	67	現煮咖啡： 1. 外送咖啡 2. 自取便利商店	網路商店 連咖啡 7-11 全家
一、核心效益（Core Benefit）	10	1	1. 大樓咖啡機自助	1. 友咖啡、友飲咖啡、小咖啡
		10	2. 自動販賣機	2. 現磨咖啡
	2	71.8	3. 10～18公克咖啡粉	3. 雀巢

® 伍忠賢，2020 年 3 月。

二、核心效益：提神飲料

以「喝」咖啡來說，只為了咖啡的核心效益「提神」，有三種來源。

1. 自己泡咖啡，人民幣 2 元

有三種泡咖啡方式：三合一咖啡粉、濾掛式咖啡（咖啡粉）、咖啡機，以三合一咖啡粉最低價，咖啡含量只佔 10 ～ 18 公克中的 2%。因為便宜、方便（隨時隨地自己），所以咖啡粉佔咖啡市場產值 86%，全球霸主瑞上雀巢公司，在全球 500 大公司中排第 69 名，2019 年度營收 955.3 億美元或人民幣 6,620 億元，在中國大陸營收人民幣 474 億元。

2. 自動販賣機的罐裝咖啡，人民幣 5 ～ 8 元

自動販賣機內販售咖啡以常溫罐裝、鋁箔裝為主，偶爾有加熱販售。

3. 自助咖啡機的熱咖啡，人民幣 8 ～ 16 元

在辦公大樓有投幣（或手機支付）的自助咖啡機，咖啡有兩種型式（咖啡豆或膠囊）。（部分參考零售老闆內參，「2025 年中國大陸咖啡市場將達人民幣 10,000 億元規模：自助咖啡機是個好主意嗎？」，2018 年 6 月 2 日」）

1-7　咖啡基本商品：自取與外賣咖啡

我們把現煮咖啡（Fresh Brew Coffee），中稱現磨咖啡，作為咖啡的基本商品，至少有三種銷售方式，本單元說明店中外賣部分。

一、店內自取（Pick Up In Store 或 In-Store Pick Up）

最常見的是便利商店（中稱便利店），中國大陸 13.2 萬家便利商店中（2019 年營收人民幣 2,556 億元，成長率 12.9%），大都有賣現煮咖啡。以瑞幸咖啡公司來說，94% 店型是快取店，在北京市，八成的快取店設在辦公大廈一樓，瞄準上班族。

二、咖啡店（Coffee Shop）

即從現煮咖啡為主力商品的商店。

三、外送咖啡（Delivery Coffee）

外送咖啡比店內自取多一項宅配費用，瑞幸每杯加收人民幣 6 元、星巴克人民幣 9 元。跟 1 杯咖啡人民幣 25 元來比，宅配費用佔 25%，比合理費率高。宅配在 18 ～ 30 分鐘內送達，咖啡香味只剩六成以內，所以外賣咖啡只適合「跑不開」的上班族。

1-8 咖啡期望商品：咖啡「店」

你知道暢銷小說《哈利波特》系列書英國籍作者 J.K. 羅琳（J.K. Rowling）在那裡寫書嘛？讓你三選一：家（中書房）、圖書館、咖啡店，答案是咖啡店。包括 Nielson's Cafê、The Elephant House。

我們把「咖啡店」（Coffee Shop）視為咖啡店的期望產品，即咖啡加「店」，顧客可以坐下來「喝咖啡，聊是非」。

一、962 ～ 1659 年

這 700 年間，喝咖啡由亞洲（主要咖啡樹源自於非洲衣索比亞）再循著貿易路線到南歐。

1. 962 ～ 1569 年亞洲

這期間，主要在亞洲中西亞的鄂圖曼帝國，從敘利亞的大馬士革市往北走到土耳其，再到南歐希臘。

2. 1570 年起，南歐義大利的威尼斯

這年義大利威尼斯開了第一家咖啡店。

二、1660 年，從飲料店擴大為餐飲業

1660 年，法國巴黎市出現第一家咖啡快餐廳，但下列兩個來自法文的英文字意思不同。

1. 咖啡快餐廳（Café）

Café 是 Coffee 的法文字，只是多加上「小吃」（Snack），至於「飲料」部分，至少有咖啡，最多還有賣酒。

2. 歐式自助餐館（Cafeteria）

至於在 Café 加上 Teria，則是指一長排餐盒，顧客自取食物的自助餐館。

三、嚴格來說，星巴克只是連鎖加跨國經營

漢堡（Hamburger）是大約 1758 年在德國漢堡市起源的食物，美國麥當勞公司（Mc Donald's Cooperation）2020 年在全球 120 國約有 38,000 家店，金色拱門幾乎成為美式漢堡店的代名詞，星巴克的功勞大抵只是「（義大利）現煮咖啡店移植到美國，連鎖經營，再擴展到全球。」

1-9 咖啡擴增商品：精品咖啡店

咖啡店再上一層級樓便是精品咖啡店（Speciality Coffee），從三方面可看出不同，另見表 1-11。

1. 人員服務

以手沖咖啡為主，有別於義式咖啡機。

2. 裝潢

許多用回收木或古典家具。

3. 咖啡豆

1982 年成立的美國精品咖啡協會（SCAA），強調從咖啡豆沖泡咖啡的過程。最通俗的咖啡豆名稱是非洲衣索比亞西南方的耶家雪夫（Irgachefe）區，採日曬法乾燥 2 週，孕育出藍莓果醬香氣，味道濃郁。2019 年統一超商推廣，約 80 元。

表 1-11　美國三波咖啡潮

時	1900～1965年	1966年起	2002年起
地	美國	美國華盛頓州	美國加州
人	瑞士雀巢公司	星巴克	藍瓶咖啡（Blue Bottle Coffee），2017年9月雀巢公司收購
事	美式咖啡，沖泡式、壺泡式	義式咖啡，主要是牛奶、奶泡的調味咖啡	精品咖啡（Speciality Coffee）

1-10　咖啡潛在商品 I：精品咖啡

　　咖啡店再往第五層級去走，套用 16 到 18 世紀的法國的用詞「聚會廳」（Salon，法文，中文音譯沙龍），星巴克定義自己成為任何人的「家和辦公室以外的第三個地方」，詳見表 1-14。

一、擴增商品：精品咖啡

　　美國星巴克榮譽董事長霍華・舒茲（Howard Schultz，陸稱雇華德・舒爾茨，1953 ～ 2008 年 6 月卸任），1987 年收購星巴克連鎖咖啡店，市場定位在於「家與辦公室以外第三個地方：星巴克」（The Third Space Starbucks）。

1. **時間**：2018 年 5 月 20 日。

2. **地點**：美國華盛頓州西雅圖市。

3. **人物**：星巴克公司。

4. **事情**：公布「第三個地方使用政策」（Use of Third Place Policy），包括目的、政策說明、適用對象、支援資訊。

二、星巴克經營方式：生活型態店

　　霍華・舒茲透過把咖啡店提升到「家與辦公室以外的第三個地方」，這是引用生活型態店（Life Style Store）的觀念。

1. 生活型態店

這個字在行銷管理的基本觀念是以顧客的生活型態來區隔市場,例如以「慢活」、「美食」等,日本公司喜歡稱為「生活型態提案」(Lifebstyle Proposal),這樣的店稱為生活型態店,詳見表 1-12、1-13。

2. 霍華・舒茲的如意算盤

咖啡店賣咖啡,咖啡是大同小異商品,會掉入削價戰的紅海(Red Sea);經營咖啡生活型態店,悠遊於藍海(Blue Sea)。

3. 夏旭華的詮釋

中國大陸重慶市昌輝文化傳播公司總經理夏旭華解析得精闢,表示「星巴克是把商品文化化」,即賦予咖啡「文化」涵義,提升經營層級,拉高競爭門檻。

⊞表 1-12　星巴克公司自認的經營特色

星巴克	
1983年義大利米蘭市咖啡店	**1987年起,美國星巴克**
(一) 社區意識	(一) 食:品嚐咖啡
	(二) 衣:-
	(三) 住:坐著、主持會議
(二) 人際連結	(四) 行:WiFi上網、充電
	(五) 育:閱讀、寫作
	(六) 樂:聊天、放鬆

資料來源:整理自 Carmine Gallo, "Howard Schultz Open Letter To Starbucks Customers Reflet A Mission That Started 35 Years Ago", Forbes,2018 年 5 月 29 日;維基百科(中文)J.K. 羅琳。

⊞表 1-13　生活型態店(Life Style Stores)

生活領域	國家／地區	公司／商店
食	美國	星巴克公司
衣	美國	蓋璞(GAP) 維多利亞的祕密
	英國	羅蘭愛思(Laura Ashley)女裝
	義大利	巴寶莉(Burberry) 班尼頓(United Color Of Benetton)

生活領域	國家／地區	公司／商店
住	日本	良品計畫公司旗下無印良品
行	美國	哈雷機車車主俱樂部
育	日本	蔦屋書店
樂	臺灣	誠品書店 休閒農場
	中國大陸	廣東省廣州市、東莞市俱樂部

資料來源：部分整理自維基百科（英文）Lifestyle Brand。

1-11 咖啡潛在商品 II：第三個地方

第三個地方星巴克（The Third Place Starbucks）這個商業口號，把家與工作地方（Workplace）之外的第三個地方跟星巴克化成等號，這取得部分話語權（Right To Speech）。本單元追根究柢的說明「第三個地方」。

一、酒吧、茶館、咖啡店皆是「家，辦公室」以外第三個地方

「第三個地方」的歷史跟人類的歷史一樣悠久，人們除了家（第一個地方）與工作場所（第二個地方）外，跟親戚朋友見面聊天的地方便是第三個地方。由表 1-14 可見，依人的年齡其三個地方皆不同。

1. 第一列：依人的年齡區分

人生 80 年，依工作狀況分成上班前、上班、退休後，各約 20、35、25 年。

2. 第一欄：第一、二、三個地方

在第一欄上，列出大部人的三個地方，家（House）是第一個地方，上班族的工作場所（Workplace）是第二個地方。

二、第三個地方，每人不同

由表 1-14 可見，隨著人的年齡、洲不同，去的第三個地方也不同，以上班族來說。

1. 日臺的上班族，下班後常去「卡拉 OK」店報到。

2. 美國人去酒吧，順便「把妹」，HBO 電影大都這麼演。

3. 歐洲人去咖啡館悠悠看雜誌、聊天。

4. 中國大陸的四川省人去茶館「砍大山」。

三、第三個地方的經典書

由資訊小幫手可見，從有人類以來，人就有第一、二、三個地方的說法，美國學者寫好幾本書分析得透徹。

🔍 資訊小幫手

（第三個地方）的經典的書

時：1989年

地：美國紐約州紐約市

人：瑞伊·歐登伯格（Ray Oldenburg，1932～），曾任教於西佛羅里達大學

事：美國明尼蘇達州Paragon House公司出版這本書〈The Great Good Place：Café, Coffee Shops, Community Centers, Beauty Parlors, General Store, Bars, Hangouts, And How They Get You Through The Day〉

[資料來源：整理自維基百科（英文）Third Place。]

田表 1-14 破解星巴克自許為「家與辦公室之外第三個地方」——這是針對上班族而言

地方／年齡	18歲以下	18～64歲	18～64歲	65歲以上
身分	學生	上班族 家庭管理人士	退休人士	－
第三個地方 （the third place）	各市少年宮 公共圖書館	1. 咖啡館（星巴克） 2. 茶館 3. 酒吧 4. 俱樂部	教會 美容院	－
第二個地方 （the second place）	學校	辦公室 （office、work place）	（一般）商店	社區活動中心 老人公園
第一個地方 （first place）	家（home）			

表 1-15　三種飲料文化

飲料／洲	亞洲	歐洲	美洲
茶文化	1. 東亞：中國大陸貴州省的茶館（Teahouse）、廣東省的茶樓、日本茶屋（Tea Room） 2. 東南亞：馬來西亞拉茶 3. 南亞：印度奶茶 4. 西亞：土耳其茶館	西歐：英國的茶館喝下午茶，包括輕食（三明治、蛋糕）	北美：加拿大
酒：啤酒文化	啤酒館 （Beer Bar）	1. 英國：Public House 簡稱Pub 2. 比利時	北美：美國酒吧（Bar）
咖啡	1. 1970年代起，本土、日本咖啡店 2. 1990年代起，星巴克	1. 南歐：義大利的咖啡店（Coffee Shop） 2. 法國	1970年代起，精品咖啡店

資料來源：整理自維基百科「茶文化」、維基百科（英文）Teahouse。

資訊小幫手

全球新商品數據庫（Global New Product Detabase）

時：1972年成立

地：英國倫敦市

人：英敏特（Minlet Growt）

事：全球86個國家地區、46個品類、270個子品類的消費性商品。

章後習題

一、選擇題

( ) 1. 中國大陸咖啡人口佔總人口比率多少？ (A) 2% (B) 12% (C) 22%。

( ) 2. 中國大陸咖啡產值有大上限，原因何在？ (A) 茶文化 (B) 咖啡太貴 (C) 咖啡有礙健康。

( ) 3. 碳酸飲料為何市佔率節節敗退？ (A) 含糖有礙健康 (B) 口味變化不多 (C) 碳酸飲料變貴了。

( ) 4. 中國大陸連鎖咖啡店為何搞不大？ (A) 加盟制度造成各店品質不一 (B) 直營時有些公司搞不大 (C) 市場供給量不足以擴店。

( ) 5. 星巴克 1998 迄 2008 年在中國大陸為何分區跟人合資經營？ (A) 資金不夠 (B) 限制外資持股上限 (C) 星巴克想分散經營風險。

( ) 6. 瑞幸咖啡如何開到 1000 家店？ (A) 好咖啡，人人排隊 (B) 靠燒錢，第一杯免費 (C) 砸大錢，不怕賠。

( ) 7. 2019 年 5 月，瑞幸咖啡公司在美國哪斯達克上市，為何 2020 年 6 月 29 日下市呢？ (A) 作假帳 (B) 改在香港上市 (C) 收賄。

( ) 8. 2016 年中國大陸阿里巴巴倡議新零售，請問瑞幸咖啡自稱符合哪些（大數據分析）？ (A) 咖啡店店址 (B) 各店商品 (C) 以上皆是。

( ) 9. 瑞幸咖啡 90% 是顧客自取，4% 宅配，所以本質上是？ (A) 咖啡攤 (B) 咖啡廚房 (C) 咖啡店。

( )10. 瑞幸咖啡公司財報造假主要在哪項目？ (A) 新開店營收 (B) 新開店家數 (C) 淨利。

二、問答題

1. 中國大陸現煮咖啡業營收約人民幣 1000 億元，為什麼 2030 年人民幣 10000 億元，這種話聽聽就算了？

2. 2018 年星巴克總裁凱文‧約翰遜表示「2030 年中國大陸營收跟美國一樣大」，你怎麼看？

3. 如何事後聰明的說，瑞幸咖啡公司作假帳等，早就有跡可循？

4. 瑞幸咖啡公司等中資企業作假帳，在美國股票上市，後遺症哪些？（美國證交會等嚴審）

5. 星巴克為何堅持直營？只有少數有股權限制國家時採合資，少數限制經營地區（例如機場）採授權經營。

NOTE

個案2

星巴克公司策略與組織管理：組織設計

組織力比組織設計重要

　　美國星巴克全球 80 國店數約 3.1 萬家、員工 34 萬人，可說是家大業大，極複雜的全球企業。要管理幅員這麼大的公司，必須有所作法。在組織設計上，由於是單一行業（咖啡店），所以採取各洲區域型組織設計，本章說明其階段發展。

　　針對公司內，仍然依企業活動設立部門，40 位高階主管，當上網看其學經歷，會體會到大公司人才濟濟。

學習影片 QR code

第一篇　咖啡業的行銷與市場

2-1 核心能力－策略－競爭優勢－績效

俗話說，沒有三兩三（註：人膽的重量），不敢過梁山。1947 年 10 月 5 日，北京大學校長、白話文大師胡適在上海市《觀察》雜誌上的題字：「要怎麼收穫，先那麼栽」。從目標、結果去逆推所須要的投入、轉換。

同樣的，企管的觀念跟日常「解決問題程序」一樣，加了些專有名詞。本單元先拉個全景說明「投入（核心能力）—轉換（策略）—產出（競爭優勢、經營績效）」的關係，詳見表 2-1。

一、投入：資源，經濟學者稱五種生產因素

俗語說「靠山吃山，靠水吃水」，在企管九管中的策略管理課程中，這稱為資源依賴理論（Resource Dependence Theory）。資源包括兩種，一是硬實力的資產（跟公司資產負債表上資產相近），一是軟實力的能力。企管學者稱呼由公司資源所支持的為核心能力（Core Competence）。

二、轉換：運用核心能力的方式

漢朝司馬遷在《史記》中的「高祖本紀」中，形容軍師張良「運籌帷幄之中，決勝於千里之外」，在許多地方也有出現。

《孟子》中梁惠王（下篇）所說「惟仁者能以大事小，惟智者能以小事大」，這在企管中是指產業結構中獨佔市場中的理想狀況，大公司不趕盡殺絕，讓小公司有生存空間，小公司溫良恭儉，不去激怒大公司，才能明哲保身。在企管中「運籌」指的便是策略（Strategy），分成 3 個層級。

1. 公司董事會

公司董事會決定公司策略。

2. 事業部主管決定事業策略

集團公司旗下各子公司或大公司旗下各產品事業部決定「贏消費者民心」的事業策略。

3. 功能部門中業務主管決定行銷策略

事業策略是事業部經營的指導方針，必須靠行銷策略落實。

三、產出

有因必有果，在公司經營，這個「結果」分成兩方面。

1. 同業對手和顧客認知的公司競爭優勢

公司競爭優勢（Competitive Advantage）是指同業對手、顧客眼中主要的商品或服務的提供者，在四大項目上「價（格）、（數）量、（品）質、時（效）」上孰強孰弱。

2. 經營績效

由表 2-2 可見營收。經營績效包括四項：消費者滿意程度、營收、淨利與股價。

田表 2-1　能力－策略－競爭優勢因果圖

投入：核心能力 （Core Compelence）	轉換	產出
一、經濟學： 　　生產因素市場	一、產業	一、商品市場
（一）自然資源 （二）勞工 （三）資本 （四）技術 （五）企業家精神	（一）產業結構 （二）市場結構 （三）生產函數 　　　俗稱公司經營模式 　　　（Business Model）	（一）消費 　　1. 顧客體驗 　　2. 顧客滿意程度 （二）投資 （三）政府支出 （四）出口進口
二、企管：資源	二、競爭優勢 　　（Competilive Advantage）	二、經營績效
（一）資產 　　1. 有形 　　2. 無形 （二）能力 　　1. 公司 　　2. 員工	（一）價格 （二）數量 （三）產質 （四）時效	（一）市佔率 （二）財務績效 （三）股市績效

田表 2-2　美國星巴克經營績效

年度	2003	2005	2010	2015	2019
一、店、人					
1. 店數	7225	10241	16858	23043	31256
2. 員工數（萬人）	－	11.5	13.7	23.8	34.6
二、經營					
1. 營收（億美元）	40.75	63.69	107.011	191.5	265
2. 淨利（億美元）	2.68	4.94	9.46	27.57	35.99
3. 每股淨利（美元）	0.2	0.31	0.47	1.82	2.92
4. 每年年底股價（美元）	8.29	15	16.065	60.03	87.9

資料來源：部分來自英文維基 Starbucks；店數、員工來自 Sterbuch Company Timeline。

2-2 全景：星巴克 vs. 瑞幸公司核心能力評分

在 2017 年陸劇〈軍師聯盟〉第二篇中，司馬懿對魏文帝曹叡一語道破的說，大魏人口 400 萬人，蜀漢 100 萬人，國力太過懸殊，蜀漢不敵，這是西晉 289 年陳壽在〈三國志〉等對三國時代的評語，以人口數來說，一大二小，魏終究有一天會吞併蜀吳。

軍隊用兵力人數、火力來衡量兩軍的戰鬥能力，同樣的，為了衡量星巴克與瑞幸的核心能力，伍忠賢（2019）提出兩家公司核心能力量表（Company Core Competence Evaluation Scale），本單元說明。

一、三大類能力

由表 2-3 可見，星巴克跟瑞幸兩家公司的核心能力分三大類。

1. 公司層級，佔 30%

這主要指的是公司董事會、總經理（及總經理室）的能力，包括三項。

(1) 策略力，即麥可‧波特的事業策略能力。

(2) 組織力，即組織（結構）設計能力。

(3) 企業文化力，即透過價值觀等讓員工「樂知好行」。

2. 企業功能部門中的核心功能層級，佔 40%

這是軍隊中作戰部隊（陸軍中步兵、砲兵、裝甲兵等）的硬實力，分成三項。

(1) 研發力：特殊商品／服務是作戰武器中的「獨門武器」。

(2) 生產力：針對商品／服務能及時及質及價的生產出來。

(3) 業務力：佔 20%，即行銷組合（4Ps）中拆成二小類，以突顯業務力的重要性。

3. 企業功能部門中的支援功能層級，佔 30%

西元前 206 ～ 202 年楚漢相爭，劉邦勝項羽的必要條件是宰相蕭何，源源不斷的由陝西省中部（古稱關中地區，現在西安等五市一區）的「田肥美、民殷富，戰車萬乘」，往前線提供糧食、軍人和武器。這在公司的支援功能中，屬於財務資源力（簡稱財力）、人力資源力（簡稱人力）。

至於「資訊力」，指的是「知己知彼，百戰不殆」，現今稱為大數據分析。

二、給分

以「財務資源力」為例，中國星巴克資本額人民幣 205 億元，視為 5 分，瑞幸資本額人民幣 140 億元（20.5 億美元），僅及星巴克的七成，得 3 分。反之，如果瑞幸資本額人民幣 410 億元，是星巴克的 2 倍，則得 10 分。

三、推論：星巴克 100 分，瑞幸 52 分

由表可見，以對瑞幸最有利方式，站在 2019 年 12 月來說比星巴克與瑞幸的核心能力，得到下列分數。

1. 原始得分：星巴克 50 比瑞幸 26 分

由表可見，10 題中，瑞幸只有二題贏星巴克，以第六題「商品力，價格力」來說，瑞幸商品力約 3 分、價格力（比星巴克便宜三成）8 分，平均得 5.5 分，算 6 分。在促銷力、實體配置力也勝。

2. 化成百分，星巴克 100 比瑞幸 52 分

把星巴克的 50 分乘 2 得到 100 分；瑞幸 26 分乘 2 得 52 分，看似瑞幸的核心能力有星巴克的 52%，這有可能高估，因每題最低得分 1 分，如果有 0 分選項，瑞幸總分會更低。

田表 2-3　瑞幸跟星巴克核心能力比較：以星巴克每項 5 分來看

核心能力三大類	1	2	3	4	5	6	7	8	9	10	瑞幸得分
一、公司層級											
1. 策略力	V										1
2. 組織力	V										1
3. 企業文化力	V										1
二、核心能力											
4.（服務、商品）研發力	V										1
5.（商品）生產力	V					V					1
6. 業務力（商品、價格）								V			6
7. 業務力（促銷、實體配置）											8
三、支援功能											
8. 財務資源力	V										3
9. 人力資源力		V									2
10.資訊力		V									2
小計	星巴克50分										瑞幸26分

® 伍忠賢，2019 年。

2-3　星巴克與瑞幸的事業策略

事業策略（Business Strategy）是指公司如何運用核心能力來作戰，套用陸軍作戰比喻，有正規戰、游擊戰等，兩強間常會硬碰碰的決戰，一強一弱間，弱方常會採取游擊戰，打帶跑，積小勝為大勝。

以核心能力來說，星巴克遠大於瑞幸，星巴克 1999 年進入中國大陸市場，有先發者優勢（First Mover Advantage）。瑞幸力有未逮，只能選擇圖 2-1 成本類競爭策略，本單元說明。

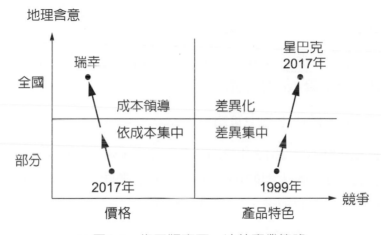

▷▷ 圖2-1　修正版麥可‧波特事業策略

一、事業策略簡介

最普遍使用的事業策略分析方式是修正版的麥可‧波特事業策略，詳見圖 2-1。

1. X 軸：競爭優勢來源

這看似以產品異質、同質性來分，隱含商品價格高中低，以咖啡為例，人民幣 18 ～ 30 元算中價位，18 元以下算低價位、30 元以上算高價位。

2. Y 軸：市場涵蓋範圍

(1) 局部市場：以沿海為例，包括北東南三區。

(2) 全部市場：由沿海延伸到內陸，包括中部、西部（西北、西南）、東北等。

二、星巴克已到差異化策略階段

星巴克以義式咖啡店為經營方式，房租高，連帶的咖啡（代表）價格也高，採差異化方式經營，依市場涵蓋範圍分兩時期。

1. 1999 ～ 2016 年差異化集中策略

1999 ～ 2016 這時期，在北東南部跟三大公司合資經營，2005 年起，陸續收購合資方股權。

2. 2017 年起，差異化策略

2017 年起，星巴克踩油門，快速展店，觸角已延伸到內陸。

三、瑞幸由低成本集中策略到成本領導策略

2018 年 1 月起，瑞幸進入市場，採取顧客到店自取或外賣方式，以小店舖方式壓低房租佔比，進而降低咖啡售價。

1. 2018 ～ 2020 年，低成本集中策略

2018 年店數 2,000 家、2019 年 2,500 家，2020 年 4,500 家，快速展店在成本面的考量是可以設立較大型的中央工廠（例如咖啡豆烘焙廠等）；在營收面考量，快速挖走星巴克的顧客、培養自己顧客。

2. 2021 年起，成本領導策略

如果瑞幸財力支撐燒錢，能夠撐到 2021 年，此時店數突破 5,500 家店，市場涵蓋全國四線以內城市。可惜 2020 年 6 月 29 日，那斯達克股市下市，缺錢經營。

2-4 全景：星巴克 vs. 瑞幸競爭優勢評分

楚漢相爭中，「兵強馬壯」屬於「核心能力」，這只是戰爭勝利的必要條件（即無之則不然）；在實際作戰時，能把戰力發揮多少，稱為「競爭優勢」（Competitive Advantage），在企管中，各家公司想贏「消費者的錢」，以市場商機人民幣 1,300 億元來說，星巴克人民幣 250 億元，市場佔有率 20%，即 10 分地盤佔 2 分；2018 年瑞幸人民幣 50 億元，市佔率 3.85%。即星巴克市佔率是瑞幸 5 倍。

本單元，從消費者購買飲品（咖啡與茶）的「價量質時」考量，用以分析星巴克與瑞幸的競爭的「優劣勢分析」（Strength Weakness Analysis）。伍忠賢（2019）以「競爭優勢」量表來分析。

一、消費者消費考量的四大類因素「價量質時」

買方（工業品、消費品）購買商品／服務的考量因素，大抵有 4 項，以行銷組合（4s）來說，分成四大類。由表 2-4 可見，各項得分如下，以對瑞幸最有利方式給分 9。

1. 商品力佔 50%

商品分三大類，各項比重如下。基本商品（佔營收 50%）佔比重 20%。咖啡店的飲品主要是咖啡、茶，就口味、產品廣度與深度來說，以星巴克為 5 分，瑞幸僅及星巴克二成，得 1 分。

2. 價格力佔 10%

以咖啡來說，星巴克人民幣 32 元，視為 5 分，瑞幸人民幣 24 元，瑞幸得 7 分。

3. 促銷力佔 20%

廣告、促銷等僅佔 20%，這些只有「錦上添花」功能，商品力才是「本」。

4. 實體配置力佔 20%

以店面涵蓋率來說，星巴克 2020 年目標有 5,000 家、瑞幸 4,500 家，僅及星巴克的九成，得 4 分。

以外賣咖啡來說，雙方平分秋色，即雙方都跟外送平台合作。

二、推論：星巴克勝

從消費者考量來說，由表 2-4 可見星巴克與瑞幸的得分。

1. 原始得分，星巴克 50 比瑞幸 32

以原始得分來說，每題以星巴克 5 分作為標準物，瑞幸勝，則得 6 分以上；反之，則得 4 分以下。10 題，星巴克 50 分，瑞幸 32 分。

2. 百分得分，星巴克 100 分比瑞幸 64

把星巴克 50 分乘 2 則得 100 分；瑞幸原始得分 32 分乘 2 得 64 分。白話的說，站在平均消費者的角度，瑞幸的吸引力只有星巴克的六成。

本量表每題 1 ～ 10 分，如果考量 0 分，那瑞幸的得分會更低，例如商品力中的的攻擊性商品（杯壺）來說，瑞幸沒有此項。

⊞表 2-4　瑞幸跟星巴克競爭優劣勢比較：以星巴克 =5 分來看

競爭優勢項目	1	2	3	4	5	6	7	8	9	10	瑞幸得分
一、商品力											
(一) 飲品：核心商品											
1. 咖啡	V										1
2. 茶	V										1
(二) 食物：基本商品											
1. 食物	V										1
2. 包裝咖啡、茶	V										1
(三) 其他：攻擊性商品、杯壺等	V										1
二、價格力											
(一) 飲品											
1. 咖啡							V				7
三、促銷力											
＊廣告	V										
1. 人員銷售	V										1
2. 促銷									V		9
四、實體配置力											
1. 店面涵蓋率				V							4
2. 外賣咖啡						V					6
合計	星巴克50分										瑞幸32分

資料來源：伍忠賢，2019 年 1 月 20 日。

2-5 星巴克公司董事會

星巴克是美國文化的象徵性公司之一，公司市值 106 億美元（股價 × 股數，90 美元乘上 11.81 億股），具有指標意義。本單元說明所有權、經營權與管理權。

一、全球最受敬佩公司排行榜

由美國財富（Fortune）雜誌每月 2 月出版的全球 50 家最受敬佩公司（Most Admired Company）排行榜，由表 2-5 可見，星巴克公司大都在第六名。

1. **國家**：20 國。

2. **行業**：52 個。

3. **公司**：680 家，從 1,500 家公司中挑出 680 家。

4. **調查對象**：680 家公司中 3,770 位董事、高階主管和證券分析師。

5. **評估項目**：9 項，包括吸引人才、社會責任、管理和產品品質、股票投資價值。

田表 2-5　2020 年美國財富雜誌全球最敬佩的公司

排名	行業	公司
1	電腦	蘋果公司
2	零售	亞馬遜
3	資訊	微軟
4	娛樂	華特・迪士尼
5	金融	波克夏・海瑟威
6	餐飲	星巴克
7	網路	字母
8	銀行	摩根大通
9	零售	好市多
10	資訊	Salesforce
11	交通	西南航空

資料來源：財富中文網，2020 年 1 月 21 日。

二、所有權：股權結構

星巴克股權以機構投資人爲主，這從 1987 年便已註定了，創辦人霍華·舒茲向法人募資 400 萬美元去收購星巴克，此時法人持股便很高了。

1. 法人佔持股比率 78%

機構投資人 2,066 家，持股比率 77.8%，其中五大法人佔 20.5%，依序爲美國先鋒、貝萊德（BlackRock）、道富環球（SSgA）、麥哲倫資產管理公司與北方信託投資。

2. 內部董事等佔 3.2%

星巴克二席管理者等，持股比率 3.2%。

三、經營權與管理權分布

星巴克董事席位 13 席，由表 2-6 可見，分成大、中分類。

1. 大分類

經營 vs. 獨立董事 11：2，經營與獨立董事各 11、2 位，獨立董事席次較少，較不利於提名、審計、薪酬委員會的運作。

2. 中分類

內部 vs. 外部董事，經營董事依是否在星巴克內部兼任管理職位，分成二中類。

(1) 管理權：內部董事 2 席。

(2) 外部董事 9 席。

3. 其他成分

(1) 性別：男女比 70 比 30。

(2) 少數族裔佔 23%。

四、董事會運作

1. 一般運作

一般董事會的運作主要是經營決策。

2. 公司治理方面的董事委員會運作

由表 2-7 可見，有關公司治理有三個委員會，由於獨立董事只有二席，所以加上外部董事九席，共 11 席，成員重複組成委員會，監督內部董事。

田表 2-6　星巴克公司董事會成員

大分類	中分類	職位
經營董事11席	1. 外部（9席）	
	Andrew Campion	美國耐吉執行副總裁兼財務長
	Clara Shih	Hearsay系統公司執行長
	Isabel Ge Mahe	美國蘋果公司副總裁兼大中華區執行董事
	Javier G. Teruel	美國高露潔公司退休副董事長
	Jorgen Vig Knudstorp	丹麥樂高公司董事長
	Joshua Cooper Ramo	季辛格顧問（Kissinger ASSOCIATES）副董事長
	Mary N. Dillon	猶他美容公司總裁
	薩蒂亞‧納德拉（Satya Nadella）	微軟公司董事兼執行長
	Richard E. Allison, Jr	美國達美樂總裁
	2. 內部（2席）	
	凱文‧約翰遜（Kevin Johnson）	星巴克總裁兼執行長
	羅莎琳德‧布魯爾（Rosalind Brewer）	星巴克事業群總裁兼營運長
獨立董事2席 1. 董事長 2. 副董事長	梅朗‧烏爾曼（Myron E. Ullman III）	前美國潘尼百貨公司董事長
	梅樂蒂‧賀伯森（Mellody Hobson）	Ariel投資公司總裁

田表 2-7　星巴克公司董事會三個公司治理委員會

委員會	審計與（法令）遵循委員會	提名與公司治理委員會	薪酬與管理委員會
章程	V	V	V
人數	6	6	7
召集人	Mellody Hobson	Jorgen Vig Knudstorp	Mary N. Dillon

資料來源：整理自星巴克公司 Investor Relation 的 Corporate Govenance。

2-6 星巴克公司的組織設計

星巴克在 80 國有 3.1 萬家店，員工數 34 萬人，營收 265 億美元（詳見表 2-8）；可說是大型全球企業，其公司的組織結構以「全球公司運作」為關鍵，本單元說明。

田表 2-8　星巴克經營績效

單位：億美元

年度	2015	2016	2017	2018	2019
營收	191.627	213.159	223.868	247.195	265.08
營業成本	77.8075	154.754	155.315	173.677	90.2
毛利	113.75	67.405	68.553	73.518	74.866
營業費用	11.967	13.606	13.933	17.509	18.241
淨利	27.574	28.177	28.847	45.183	35.992
每股淨利（美元）	1.82	1.90	1.97	3.24	2.92

參考資料：2019 年 10 月 1 日迄翌年 9 月 30 日。

一、網路上文章這樣說星巴克

有許多文章討論星巴克的組織設計，大抵跟一般全球公司相同，詳見表 2-9。並宣稱採取美國功能部、各國子公司的矩陣組織，例如：中國大陸星巴克的人資主管須向中國大陸星巴克總經理、美國星巴克人資部呈報。

公司的「命令鏈」是一條鞭的，即任何一個人只有一位直屬主管，矩陣組織使每個人都有 2 位主管，令出多門，這會讓當事人不知所措，所以矩陣組織大都用在專案小組。

以中國大陸星巴克來說，董事長、總經理至少有權決定二級主管（協理、處長）的任免，一級主管（副總經理級）由美國星巴克決定。

二、利潤中心的組織

要了解星巴克利潤中心制的「事業部」（Strategic Business Unit）的組織設計，須先了解其營收來源，詳見表 2-9。

🈶表 2-9　星巴克的營收動力來源

單位：億美元

事業範圍	2017年度		2018年度		店數（%）
一、其他（咖啡機、馬克杯）	4.716	2.1%	1.684	0.7%	－
二、通路商品	20.09	9%	22.97	9.3%	－
三、商店	199.61	88.9%	223.086	90%	－
（一）美洲	156.53	69.9%	167.32	67.7%	60
（二）中國大陸與亞大	32.4	14.5%	44.74	18.1%	29
（三）歐洲、中東、非洲	10.14	4.5%	10.48	4.2%	11
合計	223.876	100	247.194	100	100
（四）店數（所有權）	27339		29324		－
1. 直營	－		552.3		79.7
2. 授權	－		547.7		20.3

1. 產品型組織（Product-Based Division）

這分成兩種頭銜，皆為執行副總裁級。

(1) 總裁：全球通路發展部，主管零售商品。

(2) 事業群總裁（Group President）：賽蓮零售（Siren Retail）。

2. 地區型組織（Geographic Division）

分成美、亞洲、大洋洲（主要是紐西蘭、澳大利亞）、歐中東非。

三、成本中心部門

依全球策略管理大師麥可‧波特（MichaelE. Porter, 1947～）把公司活動分成兩大類。

1. 核心活動功能部

核心部門主要有「研發－生產－業務」，其中「研發」、「業務」再加上支援活動中的「資訊」技術，由營運長（Chief Operating Officer）來管，執行副總裁羅莎琳德‧布魯爾（Rosalind Brewer, 1962～）兼美洲事業群總裁。至於「生產」活動，包括兩個部：

(1) 採購部。

(2) 全球供應鏈。

2. 支援活動功能部

主要分成三種「人資、資訊、財務」與其他支援功能。

資訊小幫手

分析星巴克公司組織設計的好文章

時：2019年2月14日

地：美國，網址IP：129.121.176.238

人：Pauline Meyer

事：在〈Panmore Institute〉（2012年成立）上文章 "Starbucks Coffee's Organizational Structure And Its Characteristics"

2-7 星巴克總裁、營運長的分工

星巴克 80 國 3.1 萬家店、34 萬位員工，本質上是由總裁兼執行長（Chief Executive Officer, CEO）、資深副總裁兼營運長（Chief Operating Officer, COO）分責任區管著，本單元說明之。

一、星巴克一號人物：凱文・強森

凱文・約翰遜（臺稱凱文・強森）在星巴克的職位發展順序有三：

1. 2009 年 2 月起，星巴克董事。

2. 2017 年 3 月～ 2017 年 1 月 20，總裁兼營運長。

3. 2017 年 4 月 3 日起，總裁兼任執行長。

他直轄的高階主管約 20 人，還屬控制幅度中「人數」可接受範圍。

1. **利潤中心制主管**：總裁與事業群總裁共 4 位，這包括兩大類。

    (1) 產品事業群：包括通路商品、賽蓮零售。

    (2) 地理事業群：包括兩個事業群總裁。

2. **成本中心制主管**

    大部分頭銜是副總裁，共有 5 位執行副總裁、6 位資深副總裁。

    (1) 核心活動：採購。

    (2) 支援活動：人力資源、財務。

    (3) 其他支援活動：公司治理、公共事務、法律事務。

二、星巴克二號人物：羅莎琳德‧布魯爾

　　星巴克權力第二大的人物是羅莎琳德‧布魯爾，她在公司內依序擔任三個職務。

1. 2017 年 3 月擔任公司董事

2019 年 2 月，擔任亞馬遜公司董事，為八位董事之一。

2. 2017 年 10 月 2 日起擔任營運長

主要是表 2-10 中打勾部分，偏重核心活動一把抓。轄下有二位執行副總裁、十二位資深副總裁。

3. 同前日期，美洲事業群總裁

轄下有美加二國總裁（執行副總裁級）、拉丁美洲資深副總裁。

三、美國公司職稱的中文譯詞

　　我們寫書大部分用詞都跟著社會大眾用詞，少數情況下，會「必也正名乎」，此處簡單舉例於表 2-11，說明於下。

1. 「Chief」就是「長」，例如部門、室長，不宜譯為「首席」，一碰到「首席」便有「次席」等職位，例如首席副總裁、次席副總裁。

2. 「Officer」：政府、軍隊才用「官員」、「軍官」這個字；同樣的，星巴克廣告說「請參考官網」，本書用「公司網站」這個詞。

表 2-10　星巴克主要組織設計

企業功能		利潤中心	
大分類	中分類	大分類	中分類
核心活動	(一) 研發V 　1 + 1	一、依洲（地理） 　事業群總裁	
	(二) 採購與生產 　1. 採購 　　1* + 2	(一) 美洲：羅莎琳德· 　布魯爾	1. 美* 2. 加* 3. 拉丁美洲
	2. 全球供應鏈*V (三) 行銷V 　1. 行銷研究V 　2. 商店發展V	(二) 四洲：克爾弗 　John Culver	1. 中國大陸亞太 2. 歐、中東非洲總裁 　Duncan Moir
支援活動	(一) 支援活動	二、依產品	
	1. 資訊管理V 　1* + 3（其中*）	(一) 零售產品	總裁
	2. 人力資源管理 　1* + 3 3. 財務管理* (二) 其他支援活動 　1. 公司治理* 　2. 公共事務* 　3. 法律事務	(二) 賽蓮零售	事業群總裁Cliff Burrows （2019年3月18日起，放無 薪假）

註：* 代表執行副總裁級；打 V 部分為營運長管轄區，1 + N 代表有多位主管

表 2-11　美國公司職稱中文譯詞

公司英文職稱	本書（與臺灣）用詞	中國大陸用詞
Chairperson of The Borad	董事長	董事會主席（少數情況）
Chief Executive Officer	執行長	首席執行官
Chief Operating Officer	營運長	首席營運官

2-8　星巴克的職稱

　　你在谷歌上打「Starbucks Leadership」，會出現星巴克 44 位高階主管的照片，每列 4 人，一個頁面可容納 3 列 12 人。你會看到常見的頭銜有二。

1. 總裁

分成母公司級、事業群（Group）、三洲、二國（美加）總裁 10 人。

2. 副總裁

分為執行、資深副總裁二級。其中事業群、三洲、美加兩國總裁職級有大（執行副總裁）、中（資深副總裁），由表 2-14，以清朝官制一、二品可大抵比喻。

一、高階主管人數偏多

1. 跟麥當勞等比較

2018 年 9 月 27 日，Anne R. Maffat 與 Leslie Patton 在〈彭博周刊〉上的文章「星巴克比餐飲業同業有更多高階管理者」，星巴克 30 萬位員工、53 位高階管理人員，麥當勞 21 萬位員工、16 位高階管理人員。

2. 大方向：減少高管人數

凱文‧約翰遜在組織結構方向是聘請顧問公司，降低成本，尤其在本部等，裁撤 350 個職位，迄 2019 年，全球高管人數已降至 44 人。

表 2-12　2019 年美國麥當勞與星巴克經營績效比較

	麥當勞	星巴克
一、損益表	（曆年制）	（10月～隔年9月）
1. 營收（億美元）	211	265
2. 淨利（億美元）	60.25	35.99
二、員工數		
1. 店數（萬家）	3.8	3.15
2. 員工數（萬人）	21	30
3. 高階主管數	16	53
麥當勞員工高峰期2006年達46.5萬人		

⊞表 2-13　星巴克經營與管理的高階主管

層面	公司	美國	全球
一、經營 二、功能部門	2位，皆執行副總裁 17位，其中6位執行副總裁	1位執行 副總裁6位	9位，其中6位執行 副總裁10位
小計	19	7	19
合計	45	45	45
小計／合計	42.2%	15.6%	42.2%

⊞表 2-14　清朝官制與星巴克高階管理者比較

官級	清朝		星巴克	
	朝廷	地方	公司	地理
一、一品 （一）正一品 （二）從一品	三師 大學士 6部尚書	－ －	總裁 營運長兼群總裁 執行副總裁：主要企業功能（核心、支援活動）、法務、公共事務	1. 全球3位，2位有總裁頭銜，1位群總裁 2. 大國：美、加總裁
二、二品 （一）正二品 （二）從二品	太子的三師 1. 內閣學士 2. 6部侍郎	總督（管二省） 河道、漕運總督 巡撫「管一省」	資深副總裁：次要企業功能	三洲總裁 美洲：不含美加 亞太、中國大陸 歐洲中東非洲

二、執行與資深副總比較

以執行、資深副總裁共 44 人來說，可依 3 個角度來分析。

1. 比率約 1 比 2

執行副總裁跟資深副總裁比率約 1 比 2，一般來說，一級部門由執行副總裁擔任主管，二級部門由資深副總裁擔任主管；人員編制、預算不同。

2. 公司地理比

42 比 58。簡單的說，公司副總裁佔 42%，內官比較多，跟朝廷比較像。

3. 男女性別比

25 比 19，約 1.3 比 1。

三、依地理範圍區分：公司 vs. 地理：40 比 60

以人數來說，44 位副總裁以上主管，人數分配如下：

1. 公司佔 40%

以 2019 年來說，公司佔高階主管人員 40%，已是「弱幹強枝」。

2. 地理事業群（Geographic Divisions）佔 60%

三個洲的地理事業群佔 60%，一般來說，隨著各國營收擴大，各地理事業群會有更多人晉升。

四、依公司管理 vs. 功能部門管理區分：25 比 75

依公司管理與企業功能（即管理）來區分，約 1 比 3，這比例可以更大一些。

1. 公司管理階層佔 25%

以公司來說，二位經營階層：總裁凱文·約翰遜，和營運長羅莎琳德·布魯爾。

2. 企業功能管理（Functional Hierarchy）佔 75%

企業功能包括核心功能、支援功能，即俗語說的「產銷人發財」等。

2-9 星巴克的組織設計

公司組織設計大原則：事業部加企業功能部

大一管理學中，談到公司組織設計時，有很多道理，等你看了 100 家公司組織圖後，會發現道理很簡單。

1. 事業部（Strategic business unit，SBU）

將在單元 2-10 中說明之。

2. 企業功能部門

依 1985 年，美國策略管理大師麥可·波特（Michael Porter, 1947 ～），在《競爭優勢》書中，提出的公司「價值鏈」，分爲核心、支援活動。2005 年起，伍忠賢以固定表格方式呈現，各公司可以跨公司比較，部門名稱大同小異。

一、星巴克支援活動的組織設計

在麥克·波特的公司價值鏈中的支援活動主要有三項，詳見表 2-15。

(一) 資訊管理

星巴克在資訊管理方面共有 4 位副總裁。

1. 一般公司資訊部

分 2 位副總裁。

2. 支援店面營運部分

這部分稱爲「技術長」，在一般公司這是指研發長或生產方面的技術主管，在星巴克是指店內電子下單、手機付款等，偏重中國大陸「新零售」中的「人貨場」。

田表 2-15　星巴克在支援活動的部門

活動	公司	全球
資訊	1. 零售與核心技術服務：Jeff Wile，這是一般公司資訊部 2. 管理資訊系統方面：商業技術，Janet Landers	1.（供應鏈、商店發展）商業技術Chris Fallon 2. Chief Teachnology Officer，偏電子商務相關，Gerri Martin-Flickinger
財務	*財務長 Partick Grismer	之前有「供應鏈財務與共享服務」 Sena Kwawu
會計	*會計長、公司財務服務 Jill Walker	－
人力資源	1. Chief Pantner Officer，Lucy Lee Helm 2. 美國零售，授權店和營運服務的夥伴資源，Jen Frisch 3. 星巴克以夥伴稱呼員工	1. 全球零售夥伴資源，偏重職涯發展，Angela Lis 2. 全球薪酬（Global Total Reward），兼員工大學教育計畫，Holly May

（二）財務管理

在財務方面，由財務長負責。

（三）人力資源管理

星巴克跨 80 國、34 萬位員工，人力資源方面由 4 個部負責，分 4 個地理區。

1. 公司人資長 1 位。

2. 美國公司人資主管 1 位。

3. 全球人資主管 2 位。

二、星巴克其他支援活動組織設計

支援活動中至少有三項在麥可‧波特價值鏈中的支援活動之外，詳見表 2-16。

（一）公司（或董事會）祕書

許多公司稱為公司治理長（Chief Corporate Governance Officer），在美國稱為公司祕書，比較明確的說是董事會祕書。

（二）轉型長（**Chief Transformation Officer**）

這是新設部門，之前稱為「全球策略部」，比較像一般公司的策略規劃部，後改名為轉型長，職責是對地球、員工有益。

（三）公共事務（**Public Affairs**）

這主要是指企業社會責任（對社區、員工）、媒體、政府（公共政策）等公共事務。

1. **公共事務部**：有些公司稱為公共關係部、政府關係部等。

2. **全球公共事務與社會衝擊部**：這是公司「公共事務部」的全球單位。

（四）法律事務

1. **一般（法律）顧問（General Counsel）**：由法務長帶領，主要是針對公司營運法務。

2. **法律與公司事務（Law&Corporate Affairs）**：此處公司事務是指公司合資等法律事務，由副法務長兼管。

田表 2-16　星巴克在企業活動中支援活動部門

其他支援活動	主管名稱	主管名字
董事會下轄公司治理	公司董事會祕書 （即公司治理主管）	Rachel Gonzalez 公司法務長兼任
轉型（tranformation）	全球轉型	Vivek Varma 此單位縮編，之前下轄「全球策略」
公共關係與政府事務	公共事務 全球公共事務與社會衝擊	Gina Woods John Kelly
法律事務	1. 法律事務 2. 公司事務（指合資等） 　　法令遵循長 　　倫理長	法務長 法務長，同上 副法務長主管二位 副法務長Zobrina Jenhins 副法務長Tyson Avtey

三、星巴克核心活動組織設計 I

在麥可‧波特的公司價值鏈中「核心活動」主要有三「研發－生產－行銷」，由於星巴克行銷活動內容多，將在第四章中說明，本單元只討論研發、生產等的組織設計，詳見表 2-17。

（一）研發

星巴克有大、小兩個研發部。

1. 全球產品創新部

這是星巴克的產品研發部，該部主管即是研發長。

2. 美國飲料類與全球創新部

主要負責飲料類、包裝咖啡的研發，另外包括臻選（Reserveb Roastery）咖啡店。

（二）採購

星巴克有二個層級的三個採購部。

1. 公司採購部

公司採購長下轄 2 個全球採購部。

2. 全球咖啡與茶部

這個部門負責跟全球咖啡和茶的種植、來源、採購，當然也涉及兩個單位。

(1) 哥斯達黎加的咖啡園的旅客中心。

(2) 咖啡和種植者公平規範（C.A.F.E）旗下的「農人支持中心」。

3. 全球來源（咖啡與茶以外）部

田表 2-17　星巴克核心活動的組織設計與主管

核心活動	公司	美國與全球
研發	全球產品創新 Luigi Bonini	美國飲品類與全球創新 Sandra Stark
採購	採購長 Kelly Bengston （2018年3月升任）	1. 全球咖啡和茶 　Michelle Burns 2. 全球來源（咖啡豆以外） 　Kelly Bengston兼任
生產	－	－
品管	全球食品安全品質與管制 George Dowdie	同左
運籌	全球供應鏈 Hans Melotte	運籌管理與美國零售供應鏈 CarblMount

（三）生產與品管

1. 生產

星巴克沒有特定的生產、製造部。

2. 全球食物安全、品質和管制（Regulatory）部

這部門管工廠商品品質，也管星巴克店內商品品質。

（四）運籌

1. 全球供應鏈部

這個部是大部門，看似連生產也管。

2. 運籌與美國零售供應鏈部

這可說是全球供應鏈部下的，負責兩項業務。

(1) 全球運籌管理中的入境、出貨運輸等。

(2) 美國零售供應鏈。

四、星巴克核心活動組織設計 II：行銷方面

星巴克的核心活動中的行銷策略全由營運長掌管，依序說明，詳見表 2-18 中第一欄。

(一) 市場研究

公司的市場研究偏重大數據分析。

(二) 行銷組合中第3P：促銷

這部分在一般公司稱為市場長（Chief Marketing Officer），中國大陸又稱營銷長或首席市場官。2020 年 1 月起由 Brady Brewer 擔任，他曾經擔任日本星巴克營運長等職。

田表 2-18　星巴克在行銷方面的組織設計

行銷策略	部	主管
一、市場研究	分析與市場研究	Jon Francis
二、行銷組合 (一) 產品策略 （第1P）	2個產品事業群 產品長	國際零售Tom Ferguson Sardra sterk
(二) 定價策略 （第2P）	－ 行銷長，品牌（消費者與溝通員工）	－ Brady Brewer
(三) 促銷策略 （第3P）	這在三大洲的總部下各國的功能部 (1) 設計長	Mattew Ryan（2020.3離職） Liz Muller （不列在44高管名單）
(四) 實體配置策略 （第4P） 1. 商店發展 2. 店面設計	(2) 商店發展 (3) 商店發展與設計，偏重亞太區	Andy Adams Scott Keller

（三）行銷組合中第4P之一：商店設計部

星巴克共有 3 位：

1. 設計長（Chief Design Officer）。

2. 商店發展。

3. 商店發展與設計，偏重亞太區。

2-10 星巴克產品事業群

1. 星巴克事業部以地理爲主

星巴克事業群設計看似複雜，化繁爲簡的說，旗下有現煮咖啡店（例如星巴克）、賽蓮零售、包裝商品的事業群（Business Group），但 90% 營收來自星巴克，其他事業群可略而不顧。

2. 星巴克的區域總部

星巴克旗下再依各洲（北美、中南美、歐非中東、亞洲太平洋）區分，北美（加拿大、美國）佔營收 63%，簡單的說，還是以「咖啡文化」國家爲主，以「茶文化」爲主的亞洲不太好拓展。

一、星巴克產品事業群 I：通路商品

星巴克從咖啡店起家，飲料越賣越出名，水到渠成的推出瓶裝、罐裝飲料，1996 年走出第一步。本單元說明通路商品事業，其商品不在自己的商店（詳見表 2-20 第一欄）內銷售。

（一）重要性

通路產品佔星巴克營收情況如下，金額成長，但佔營收每況愈下。

1. 2010 年度佔 16%。

2. 2017 年度佔營收 7%，這另外包括店內賣的其他商品包括咖啡機與馬克杯等。

田表 2-19　星巴克包裝商品工廠

時	2003年	2013年	2014年
地	奧勒岡州 波特蘭市	加州 庫卡蒙格牧場市 （Rancho Cutamonga）	喬治亞州 奧古斯塔市 （Augusta）
事	生產茶業	生產「演化」新鮮果汁，2018年收購 演化新鮮公司取得工廠、產品。	投資1.72億美元，2014年投產， 僱用員工200人。 主要生產包裝產品。

（二）組織設計

在公司內的組織層級分兩階段發展：

1. 1996 ～ 2001 年，從經理到處長

1998 年在美國，進入雜貨店。

2. 約 2002 年，全球通路發展部

部門名稱爲「全球通路發展部」，主管職稱「總裁」，在公司內可能職級爲資深副總裁，因爲國際授權店部（執行副總裁級）Michael Conway 曾待過此職務。

（三）包裝商品工廠

由表 2-19 可見，星巴克共有 3 個通路商品的工廠，生產相同商品。

（四）經銷

由表 2-20 第三欄可見，星巴克三大通路產品由 2 家公司總經銷。

1. 1996 年起，即飲產品

1994 年星巴克跟百事公司成立北美咖啡夥伴關係公司（North American Coffee Partnership），銷售咖啡飲料（瓶裝法布奇諾），2009 年推出即溶咖啡粉 VIA。

2. 2019 年 2 月，消費包裝、食物服務產品

2018 年 5 月 8 日，星巴克把兩條通路產品的通路經銷權，以 71.5 億美元賣給瑞士雀巢集團。

田表 2-20　星巴克的品牌與零售通路事業群

品牌／商店	零售通路產品事業群	總經銷
一、食品 （一）正餐 　　布朗熱 　　（La Boulange）	一、食物服務產品（Foodservice Products） 主要是從下列公司拿到配方 1. 泰森食品（Tyson Foods, TSN） 2. Pilgrim's Prideco.（PPC）	2007年11月星巴克設立食物服務處，另有稱Foodservice咖啡與茶。
二、飲料 （一）茶 　　茶瓦納零售店** 　　（Teavana Retail Stores） 1997年成立，2012年星巴克收購，2017年7月收掉。	二、立即可飲（簡稱即飲） 　　（Ready-To-Drink, RTD） 37種飲料 1. 茶3種 2. 其他 　　（1）能量飲料（Energy）6種	
（二）其他飲料 　1. 演化新鮮（Evolution Fresh Retail Stores）	（2）包裝水2種，社會思潮 　　　　（Ethos）2005年收購 3. 咖啡26種口味	1994年，星巴克跟百事可樂公司合資成立「北美咖啡夥伴關係」公司。
（二）咖啡 　1. 星巴克零售店 　　（Starbucks Retail Store） 　2. 西雅圖最好咖啡 　　（Seattles Best Coffee Stores） 2003年7月，星巴克收購西雅圖最好咖啡公司，該公司1970年成立。	三、消費包裝商品 　　（ConsumerPackaged Goods, CPG） 　1. 茶包（泰舒茶Tazo等） 　2. 咖啡豆、咖啡粉、速溶咖啡	2019年2月16日起，由瑞士雀巢集團取得全球總經銷權24種商品，年營收約20億美元。

註：** 代表已結束營業。

二、星巴克的產品事業群 II：賽蓮零售事業群

　　星巴克第二個產品事業群賽蓮零售，2016 年 7 月設立，事業版圖小，對外沒有明確的營收。2018 年 3 月 21 日，總裁凱文·約翰遜認為星巴克三大成長動力為：中國大陸市場、賽蓮、數位。2019 年 1 月，他又把賽蓮的企圖做小了，不打算開 30 家超級大店。

（一）賽蓮零售事業群組織設計與用人

1. 時間

2016 年 7 月 26 日。

2. 人物

Cliff Burrows（2019 年 3 月 18 日起，休無薪假）擔任事業群總裁，應是執行副總裁級，下轄資深副總裁 Katie Seawell，負責營運。副總裁 Sumitro Ghosh。

3. 事情

星巴克成立「賽蓮零售」（Siren Retail）事業群，負責星巴克「專業店」（Specialty stores），可視為星巴克的新店事業群，Siren 是希臘神話中的女海妖，長得半人半鳥，也是星巴克店招牌中的女海妖，以歌聲吸引船上水手，並使船隻遇難。

（二）事業版圖

由表 2-21 可見賽蓮零售部的事業版圖。

田表 2-21　賽蓮事業群的事業版圖

商品	賽蓮	說明
店內商品		
一、其他商品	–	–
二、食品		
1. 正餐	V	–
2. 烘焙	V	僅限王子烘焙坊（Princi Bakeries）
三、飲品		
1. 茶	V	茶瓦納（Teavana），2012年星巴克收購，2017年7月宣布關閉379店，店址主要在購物廣場內
2. 其他	–	–
3. 咖啡	V	星巴克臻選咖啡烘焙工坊（Reserve Roastery），2014年在西雅圖市開第一家，在中國大陸上海市、日本東京都、美國紐約市、邁阿密市、芝加哥市各開一家

2-11 星巴克的地理組織設計

星巴克 90% 營收來自零售店（Starbucksb Retail）、涵蓋 80 國 3.1 萬家店，本單元說明地理組織設計。

一、地理組織設計的三階段發展

星巴克的市場全球化（Globlization）進程分三階段，地理組織設計分三階段，詳見表 2-22。

1. 1987 ～ 1995 年，立足北美

1987 年，霍華·舒茲等收購星巴克公司時，已開了 17 家店，其中包括西雅圖市北邊的加拿大溫哥華市，才 2.5 小時的車程。

2. 1996 ～ 2011 年 7 月 10 日，放眼亞歐

1995 年店數已達 677 家，且已站穩美國東岸；於是把觸角先伸到亞洲，由星巴克國際部來管美國以外 54 國這些市場區塊（Segment）。

3. 2011 年 7 月 11 日起，胸懷全球

到 2011 年，五大洲布局已完成，此時把「星巴克國際部」拆成三個洲總部，主管皆掛「總裁」頭銜。

二、2016 年起的地理組織：一級單位，執行副總裁級

三個洲總部，缺點是許多大國（主要是美）業務，公司隔一個組織層級管，這跟中國大陸把四大都市升格為直轄市一樣，於是三個洲級總部又依營收比重，重新洗牌，詳見表 2-23。

地理組織設計至少有二個單位是一級單位，主管是執行副總裁級。

1. 洲事業群總裁：2 位

(1) 美洲事業群總裁，由營運長兼任；下轄美洲財務主管 Rachel Ruggeri。

(2)「中國大陸與亞太」、「歐洲中東非」兩個洲總部，由全球咖啡與茶暨國際通路發展「事業群」總裁管，他頭銜中的國際通路發展跟全球通路發展部的業務重疊。

2. 國家級：美加總裁

美國總裁轄區只有直營店。美國總裁轄下佔店數 26%、佔員工數 60%，可說僅次於公司總裁，最有實權的。下面有兩主管是公司資深副總裁級。

(1) 美國營運 Denise Nelsen。

(2) 美國有四大區：東西南北區，其中西區副總裁較大。

田表 2-22　星巴克在各洲組織的發展

時	1987～1995年	1996～2011年7月10日	2011年7月11日
市場	美國、加拿大	1. 1996年8月進軍日本、新加坡 2. 1998年進軍中國大陸	1. 1998年在英國開店 2. 2001年在瑞士開店
組織設計：地理事業部	－	二分法： 1. 美國星巴克 2. 國際星巴克咖啡（Starbucks Coffee International）管54個國家	三分法： 1. 美洲 　(1) 北美洲：加、美（直營店） 　(2) 中南美洲：美國授權店與拉丁美洲 2. 中國大陸與亞太區（China&Asia Pacific, CAP） 3. 歐洲中東與非洲

三、2016 年起的地理組織：二級單位，資深副總裁

有三種二級單位，主管皆是資深副總裁級，分正、從二品二級。

1. 二個洲比較

總部中有二個掛總裁，拉丁美洲總部主管則沒有。

2. 國家級公司執行長，清朝官制正二品

執行長：2016 年日本執行長崛江裕（Takafumi Minaguchi）；中國大陸董事長兼執行長（2016 年 10 月起）王靜瑛（Belinda Wong），國家執行長是新頭銜。

3. 國家級營運長，清朝官制從二品

日本星巴克營運長 Brady Brewer（2020 年 1 月升任星巴克行銷長），中國大陸星巴克營運長蔡德鄰（Leo Tsoi），印度塔塔星巴克是 50% 是合資公司，執行副總裁為 Sumitro Ghosh（2020 年調至賽蓮事業）。

田表 2-23　星巴克的地理組織設計與主管

2011年三個洲	2013年起	直轄國、區域
主管職稱 1. 對外：總裁 2. 對內：資深副總	事業群總裁 執行副總裁	1. 北美 　(1)美國（直營店）總裁*Ross 　　ann Williams 　(2)加拿大（全面）總裁*由上述 　　兼任，總經理Lori Digulla 2. 拉丁美洲 　(1)美國加盟店 　(2)拉丁美洲4國 由Mark Ring管理
美洲	美洲群總裁 羅莎琳德‧布魯爾2016年7月， 原美洲總裁Cliff Burrows出任賽 蓮事業群總裁。	—
中國大陸與亞太 （China & Asia Pacific，簡稱CAP）	2013年5月，由於歐中東非洲總 裁「蜜雪兒‧高絲」（Michelle Gass）到高爾（Kohl）百貨公 司出任顧客長。	1. 中國大陸 2. 亞太區：14國與地區總裁Sara 　Trilling
歐洲中東與非洲 （EMEA）	星巴克把中國與亞太總部、歐洲 中東非洲總部，實由「全球咖啡 與茶暨國際通路發展」事業群 來管，群總裁是約翰‧克里弗 （John Culver）。	歐中東非洲41國總裁*，Duncan Moir之前旗下有2位處長。

註：*是執行副總裁級

章後習題

一、選擇題

(　　) 1. 星巴克公司本質上是怎樣公司？ (A)咖啡店 (B)綜合食品 (C)複合經營。

(　　) 2. 星巴克本質上是以哪國為主要營業範圍國家？ (A)中國大陸 (B)美國 (C)日本。

(　　) 3. 星巴克的行銷研究部主要以什麼方式分析市場？ (A)大數據分析 (B)市場問卷調查 (C)Panel Study。

(　　) 4. 星巴克公司最大股東是？ (A)霍華·舒茲 (B)機構投資人 (C)散戶。

(　　) 5. 星巴克股價大概多少美元？ (A)9美元 (B)90美元 (C)190美元。

(　　) 6. 星巴克如何避免核心功能部門主管外行領導內行？ (A)從各國子公司往上升 (B)同業挖角 (C)大學教授擔任。

(　　) 7. 星巴克對各洲各區域各國星巴克採取何種組織設計？ (A)洲級總部 (B)國際部直轄 (C)區域級總部。

(　　) 8. 賽蓮事業群主管何種業務？ (A)星巴克精緻烘焙咖啡店 (B)包裝商品零售 (C)Via咖啡粉。

(　　) 9. 星巴克包裝商品的總經銷權賣給誰？ (A)瑞士雀巢集團 (B)美國通用食品 (C)中國大陸康師傅集團。

(　　)10. 星巴克2018年9月強調將大減高層人員，有做到嗎？ (A)看不出來 (B)有 (C)進行中。

二、問答題

1. 做表比較星巴克、瑞幸咖啡公司一級主管學經歷，將容易看出一流、入末流企業的差別。

2. 霍華·舒茲或星巴克董事會是否早就鎖定凱文·約翰遜繼任，所以一路培養他？

3. 比較星巴克、王品的一級主管，你會體會到星巴克第一、二號管理者都是其他行業、外來的，星巴克董事會在想什麼？

4. 一家公司如何做到員工多元化、包容？（提示：先從董事會國籍、族群、行業、性別多元化作起）

5. 比較星巴克和麥當勞在全球化過程中的組織設計。

個案3
星巴克與瑞幸的產品策略

喝咖啡，聊是非

　　這句順口溜貼切形容咖啡店的功能，咖啡在家就可以泡，為什麼要跑到星巴克、路易莎這樣的咖啡店？重點是星巴克的主要訴求：「家與公司之外的第三個地方」（The Third Place），那是大學生和年輕人「把妹」、「吊哥」的地方，也是許多人聯誼、開會談公事、家教的地方。

　　本章以星巴克為主，聚焦在行銷組合第 1P 產品策略中三中類：環境、商品、店員服務中的商品。商品在商品五層級中扮演核心效益，如解渴、提神等；其次是基本商品。本章詳細說明星巴克核心產品（咖啡等飲品）、基本商品（烘焙、餐）、攻擊性商品（馬克杯等）發展沿革。

學習影片 QR code

3-1 星巴克的「市場－產品」擴張順序

　　想了解星巴克在產品發展的作法，必須拉個全景了解星巴克對市場、產品發展的時間順序，這大抵是取決於投資報酬率的標準。

一、第一階段：1987 ～ 2016 年

　　星巴克的前 30 年，一直是家以美國市場為中心的美國公司，以 2019 年度損益表來說，來自美國的營收佔 63%。

1. 第一優先：美加市場滲透

由圖 3-1 可見，這階段星巴克的發展重點在於「跑馬佔地」，也就是由美國西海岸出發，逐漸往美國中部發展，再到美國東部，此即市場滲透（Market Penetration）。

2. 第二優先：產品發展、市場發展

(1) 1994 年起，產品發展以飲料為例，把飲品產品線由咖啡擴大到「其他飲料」，最強的便是星冰樂，之後再延伸到茶。

(2) 1996 年起，市場發展主要是由美國西岸跨太平洋，往亞洲發展。

▷▷ 圖3-1　星巴克二階段的「市場－商品」組合順序

二、第二階段：2017 年起

2016 年起，星巴克在美國許多地區店數過多，以致同店相殘（Cannibalism），只好閉店，減緩開店速度，此時業務發展順序如下。

1. 第一優先：市場發展，以中國大陸為主

2017 年起，把中國大陸市場視為營收成長的第二個引擎，並訂下 2030 年中國大陸市場營收跟美國市場一樣的目標。

2. 第二優先：產品發展，以食品為例

2003 年發展店內新鮮食品，至 2010 年起，由一壘（早餐）往二壘（午餐）市場邁進。

三、產品部的組織設計

有些文章指出星巴克有為產品設立的功能部門（Product-Based Division），從組織圖上比較接近的有二個。

1. 產品部

由資深副總裁 Sandra Stark 負責，於 2002 年加入星巴克。

2. 全球咖啡與茶部

由資深副總裁 Michelle Burns 負責，於 1995 年加入星巴克，2018 年 5 月任此職務。

上級主管是「全球咖啡與茶暨國際通路發展」事業群。

田表 3-1　星巴克公司產品分類

大分類	中分類	小分類	佔營收比重
消費產品（Consumer Product）	即飲（Read-To-Drink, RTD）	1. 瓶裝 2. 罐裝	3%
	粉狀	1. VIA（即溶咖啡） 2. 方塔納（Fontana） 3. 糖漿（Syrups&Saurces）	4%

大分類	中分類	小分類	佔營收比重
店內商品 （Retail Products）	其他商品	1. 咖啡豆袋、茶包袋 2. 咖啡設備等	0%（極少）
	新鮮食物 （Fresh Food）	1. 烘焙（Baked Pastry） 2. 食物	20%
	飲料：手工製作飲料 （Handcrafted Beverage）	1. 茶 2. 其他飲料 3. 咖啡	73%

3-2 星巴克商品組合歷史發展

　　任何一家公司成立後，都是隨著規模擴大，逐漸擴大產品線廣度、深度，本單元說明星巴克三類產品發展沿革，由表 3-2 可見，以平均 10 年為一期間。

一、品牌發展

　　有關星巴克品牌管理的文章，喜歡這樣形容星巴克的產品發展。

1. 品牌平台（Brand Platform）

以飲料中的星冰樂為例，稱為冷飲方面的一個品牌平台。

2. 品牌延伸（Brand Extenstion）

在基本口味星冰樂的基礎上，再發展更多口味、型態（咖啡店、商店），稱為品牌延伸，本質上是產品深度的深化。

二、基本產品：飲料

1. 佔飲料 50% 的咖啡

　　(1) 1987 年星巴克的店內咖啡；這是星巴克的招牌產品。

　　(2) 2003 年收購西雅圖咖啡公司，主要是咖啡豆、速溶咖啡等咖啡產品。

2. 佔飲料 40% 的其他飲料

　　(1) 1994 年，推出星冰樂。

　　(2) 2004 年，跟百事可樂公司合作推出汽水。

(3) 2012 年推出冰沁清涼飲料（Starbucks Refreshers Beverage），這是收購「演化新鮮」公司（Evolution Fresh）。

3. 佔飲料 10% 的茶

(1) 1999 年茶包與茶飲料，這也是搶現成的，收購泰舒茶（Tazo Tea）公司；2017 年 11 月，星巴克以 3.84 億美元把公司出售給尼德蘭（2019 年前稱為荷蘭）聯合利華公司。

(2) 2012 年開茶店（Tea House），主要是搶現成的，收購茶瓦納（Teavana）公司。

田 表 3-2　星巴克三種產品的發展進程

商品組合		1987～1999年	2000～2009年	2010年起
攻擊性產品佔21.3% 1. 商店13.7% 2. 店內飲料8.03%		1996年，星巴克跟日本公司合資成立公司，銷售瓶裝星冰樂。	2005年收購幾家小公司Ethos Water。	—
核心產品： 新鮮食物佔18.07%	輕食： 1. 三明治 2. 沙拉 3. 水果杯	小吃（Snacks）	2003年起早餐	2010年起午餐
	烘焙： 1. 披薩 2. 烘焙： 俗稱糕點 （Pastries）	由中央廚房供貨到各店，再由微波爐、烤箱加熱。	—	2012年 收購布朗熱公司 （La Boulange）。
基本產品： 飲料佔60%	茶	1999年收購泰舒茶公司，該公司1994年成立。	—	2012年收購茶瓦納公司（1997年成立）。
	其他飲料	1995年 星冰樂	2004年與百事可樂公司合作汽水	2011年11月10日宣布收購演化新鮮（Evolution Fresh）公司，該公司1992年成立，2012年推出冰沁清涼飲料。
	咖啡	收購西雅圖咖啡公司，該公司1991年成立。	—	—

三、核心產品：食物

在新鮮食物方面，分兩階段。

1. 1987 年起，烘焙食品

喝咖啡配點心，主要是糕點餅乾（Baked Pastry），這是下午茶等的標準產品組合。

2. 2003 年起，進軍正餐市場

由於每間店的顧客人數夠多，因此夠支撐星巴克推出正餐，2003 年先攻早餐，主打上班族，跟麥當勞早餐作法一樣。先站穩腳步，2010 年再推出午餐。

3-3 產品組合展望

商品部副總裁主管商品組合，就跟股票型基金經理一樣管理股票組合。由於顧客消費偏好會改變，以致產品有「生長老病死」的產品壽命週期狀況，所以縱使是同一品類產品，也宜有「去年、今年、明年」的商品，才不會青黃不接。本單元說明星巴克的產品組合沿革。

一、實用 BCG 分析

以產品壽命週期爲基礎，來分析星巴克的商品組合，本段先說明實用 BCG 分析。

1. 1970 年，BCG 分析

美國麻州的波士頓顧問公司（BCG，中稱波士頓諮詢），推出的產品組合分析座標圖，是最普遍使用的組合分析。

2. 2002 年，伍忠賢的實用 BCG 分析

由圖 3-2 可見，實用 BCG 分析中的改良在於 X 軸改用產品毛利率，以星巴克來說，分水嶺是 50%。

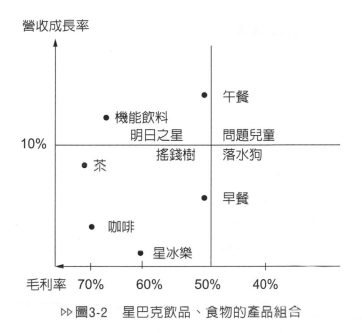

▷▷ 圖3-2　星巴克飲品、食物的產品組合

二、基本產品：飲料

以佔營收 60% 的飲料來說，可依兩種分類方式來說明其在產品組合中的地位。

1. 以飲料種類區分

(1) 咖啡：以美國來說，每人喝咖啡量逐年微微下滑，主要是咖啡過量攝取有礙健康，這已成為普通常識；而且許多人喝咖啡加糖，過多糖不利健康。

(2) 其他飲料：其中星冰樂含糖多，2015 年起營收衰退，2014 年星巴克進軍果汁市場。

(3) 茶：全球喝茶市場小幅成長 3%，對星巴克來說，由咖啡兼賣茶，是河水入侵到井水，撈過界了，由於基期數字小，所以成長率高。

2. 以溫度來區分

以飲料溫度來區分為熱飲、冷飲，以冷飲前景最為看好。

(1) 搖錢樹階段：熱飲。

(2) 明日之星階段：冷飲，2016 年佔營收 35%。

(3) 冷飲包括三類飲料：

　① 咖啡：氮氣（Nitro）冷萃咖啡（Cold Brew Coffee）。

　② 其他飲料：星冰樂、冰沁清涼飲料。

　③ 茶：冰茶。

三、核心商品：新鮮食物

以正餐來說，只有早餐、午餐兩個市場，晚餐市場不好打，因辦公大廈的上班族大都下班，較少會去星巴克吃晚餐。

1. 搖錢樹階段：早餐

2003 年，星巴克進軍早餐市場以來，由於上班族買咖啡進辦公室的習慣已養成，早餐也很快站穩。

2. 明日之星階段：午餐

2010 年進軍午餐市場以來，星巴克一直在美國各地區嘗試不同餐點方式，但始終很難像早餐那麼站得穩。

3. 營收階段：2013 ～ 2020 年

2013 年佔營收 16%，2020 年目標 25%。

田表 3-3　星巴克各類產品營收單位：億美元

年度	2015	2016	2017	2018	2019	%
其他	2.34	25.7	27.6	30.6	36.68	13.9
食物 1. 飲料包 2. 食物	26.2 30.9	28.7 34.9	28.8 38.3	20.08 44	21.3 47.9	8.03 18.07
飲品	111.2	123.8	129.2	144.6	159.2	60
合計	170.64	213.1	223.9	240	265.608	100

資料來源：Statista 2019。

3-4　近景：星巴克 vs. 瑞幸的基本產品：飲料

星巴克與瑞幸屬餐飲業，以飲料為主，以餐為輔；飲料是基本商品，食物商品是核心商品。本單元拉了近景，先看兩家公司在三中類飲料產品（有些人簡稱飲品）的產品力、價格力。

一、基本飲料：咖啡

　　星巴克與瑞幸都是咖啡「快餐」店（即櫃檯點餐），所以飲料中的基本飲料是咖啡，由於商品廣度、深度多，在 3-5 節中詳細說明。

二、核心飲料：其他飲料

　　核心飲料包括咖啡與茶以外的飲料，有三小類。

1. 獨家飲料：星巴克的看家產品是星冰樂（Frappuccino，又稱法布奇諾），這跟「7-ELEVEn」的思樂冰功能相近；瑞幸推出瑞納冰（一種冰沙）應戰。

2. 果汁牛奶：星巴克有看家產品「星巴克冰沁清涼」飲料，瑞幸有些現成的果汁類。

3. 其他：水。

田 表 3-4　星巴克與瑞幸的其他飲料

單位：人民幣

產品	瑞幸	星巴克
星冰樂	6種瑞納冰皆27元 1. 芒果 2. 宇治抹茶 3. 小雪荔枝 4. 鮮莓優格 5. 卡布奇諾 6. 巧克力	星冰樂 （Frappuccino Blended）
果汁	1. 純牛奶21元 2. 柑橘百香果21元 3. 石榴蔓越莓21元 4. 蘇打水 5. 巧克力牛奶	沁冰清涼飲料 （Refreshers Beverage）
其他	1. 熱巧克力24元 2. 農夫礦泉水18元 3. 巴黎水18元	熱巧克力27元

三、攻擊性飲料：茶

星巴克從 2012 年起推出茶飲料。

1. 茶飲料廣度、深度：星巴克勝。

2. 價位：瑞幸勝。

表 3-5　星巴克與瑞幸的茶飲料

單位：人民幣

產品	瑞幸	星巴克（中杯）
熱茶	1. 抹茶拿鐵27元 2. 紅茶拿鐵27元	1. 紅茶拿鐵29元 2. 抹茶拿鐵31元 3. 蜂蜜柑橘薄荷茶（Honey Citrus Mint Tea）（季節限定） 4. 泰舒茶（TAZO）（24入） 5. 中國毛峰綠茶（Dadamma）（20入）
冰茶	－	1. 冰搖24元 2. 紅梅黑加侖茶26元 3. 芒果木槿花茶26元 4. 芒果百香果（Iced Passion Tango Tea）29元

3-5　基本產品：咖啡

星巴克咖啡可說是咖啡中的 iPhone 許多人買 iPhone 手機，有許多把它當奢侈品、精品，對外是為了炫耀，對內是補償自己。（第一心理學，「心理學家：這五類人最喜於買 iPhone 手機」，雪花新聞，2018 年 12 月 11 日）

用這角度來看，星巴克咖啡價位中高，顧客上門、外帶，把星巴克店、咖啡杯（杯上雙尾美人魚商標），也是把星巴克當成現煮咖啡中的 iPhone。（部分靈感來自鍾文榮，你所不懂的「星巴克經濟學」，ET Today 新聞雲，2019 年 9 月 24 日）

以這角度來看，本單元花許多篇幅去討論「太極—兩儀—四象—八卦」的咖啡產品衍生，重要性不大。反倒偏重大學餐飲系的咖啡製作課。

一、咖啡的種類

　　以咖啡店公司的角度，總希望能推出「殺手級」咖啡，把其他咖啡店公司比下去。站在咖啡店店員、咖啡師傅，則必須熟悉菜單上每種咖啡的生產方式，因為「魔鬼都在細節裡」。站在顧客角度，25 種咖啡名稱，令人眼花撩亂，不知如何選擇，而且久久喝一次，還可能忘記名字。本單元「畢其功於一役」的套用「太極，太極生兩儀，兩儀生四象」的「大中小」分類方式，說明熱咖啡的分類。

(一) 太極：濃縮咖啡

　　義式咖啡的基底是「濃縮咖啡」（Expresso），義大利國家咖啡學院有指定的製作認証，技術參數詳見表 3-6 第一欄。

(二) 二儀：基本

　　以濃縮咖啡做基礎，再加第二種元素，便可衍生出兩中類。

1. 奶泡加熱牛奶

由表 3-6 第二欄可見，依奶泡與蒸氣牛奶比率不同，分 2 種：

(1) 卡布奇諾（Cappuccino）：有手把的咖啡杯裝。

(2) 拿鐵咖啡（Caffe Latte）：長玻璃杯裝。

2. 兩種簡化版

(1) 加牛奶的咖啡：咖啡歐蕾，這比較像調味牛奶中的咖啡味牛奶。

(2) 加水的濃縮咖啡：這是為美國士兵弄的，稱美式咖啡。

(三) 四象：加味

　　在中分類咖啡之上，再加調味料，便成為「調味咖啡」（Flavored Coffee），詳見表 3-6 第三欄。

表 3-6　義式咖啡大中小分類

太極	二儀	四象
一、萃取率 1. 過度萃取（Overextracted）：萃取時間40～50秒 2. 標準萃取：濃縮咖啡（Espresso）萃取時間22～40秒 3. 萃取不足（Resteeo）：萃取時間20秒以內 二、咖啡豆 （一）烘焙程度 　　1. 重度（Dark）（6～8級） 　　2. 中度（Medium）（3～5級） 　　3. 輕度（Medium）（1～2級） （二）咖啡粉重量 　　1. 三份（Triple或Restrett）：21公克 　　2. 雙份（Double）：14公克 　　3. 單份（Single）：7公克（±0.5公克） 　　4.「份」（Shot）：來自一咖啡匙的重量，約8.5公克	（一）加牛奶+奶泡比率 | 成分	拿鐵	卡布奇諾
奶泡	40	33
牛奶	40	33
咖啡	20	33 | 卡布奇諾（Cappuccino）：義大利文，指聖方濟會修士（Capuchin）尤其其深褐色外衣。 拿鐵（Latte）：義大利文的牛奶，此處指蒸氣牛奶（Steam Milk），牛奶分全脂、低脂、脫脂三種。 奶泡（Whipped Cream）：全脂脂肪率30%，以上生奶油打泡	1. 加味（俗稱風味，又稱熔漿） 　（1）焦糖布丁拿鐵（Creame Brulee） 　（2）栗子果仁糖拿鐵（Chestnut Praline） 　（3）薑焙拿鐵（Gingerbread） 　（4）太妃糖 　（5）榛果 2. 加巧克力 　（1）稱摩卡咖啡（Coffee Mocha）40%；濃縮咖啡20%；熱牛奶40%；熱巧克力 　（2）海鹽焦糖（Salted Creamal Mocha） 　（3）薄荷巧克力摩卡（Peppermint Mocha） 　（4）白巧克力摩卡（Todstel White Chocolate）
三、水量 　　25（40～60）cc	（二）加奶泡 　　瑪琪朵（Macchiato）：義大利文，原意是以牛奶來上色的濃縮咖啡。	3. 特別品項 　（1）一倍濃縮咖啡：俗稱小（Short） 　（2）焦糖瑪奇朵（Caramel Macchiato）

太極	二儀	四象
四、溫度：88度c±2度	（三）加熱牛奶 咖啡歐蕾 （caff'e au lait） caf'e：coffee au：in lait：milk	4. 季節性拿鐵 (1) 南瓜香料 （Pumpkin Spice） (2) 蛋奶酒（Eggnog）
五、時間：25秒c±5秒		
六、氣壓 6.5～7.5大氣壓 1944年美軍在義大利喝咖啡 時濃縮咖啡加熱開水	（四）加水 美式咖啡 （Caffe Americano） 咖啡比水：1：1	

資料來源：整理自維基百科濃縮咖啡；山羊咖啡，生活「卡布奇諾、拿鐵、與摩卡的簡單區分法」，2016 年 4 月 27 日；臺灣好食材「一張圖帶你看懂各種咖啡的比例」2017 年 1 月 16 日。

二、星巴克完勝瑞幸

咖啡店的招牌產品大都是咖啡，就跟水餃店一樣，會想方設法拉寬、拉深產品線。

（一）熱咖啡

以熱咖啡來說，產品廣度分成兩中類。

1. 義式咖啡，雙方平手

以英國的咖啡店中咖啡市佔率來說，依序如下：拿鐵咖啡 25%、卡布奇諾 20%、美式咖啡 15%、澳洲白咖啡（Flat White，中國大陸稱馥芮白）5%、其他 35%。

2. 產品深度

美式咖啡來說，瑞幸產品深度勝。

3. 價位

瑞幸咖啡定價水準約比星巴克低一成，但由於價格促銷是常態，約便宜四成。

（二）冰咖啡

1. 商品深度，星巴克勝

星巴克有義式、美式兩中類冰咖啡，而且強調沖泡方式是「氮冷萃」（Nitro Cold Brew），比較能提出咖啡的香味等。

2. 價位

瑞幸勝。

田表 3-7　咖啡與咖啡店相關英文與中文

咖啡	語文	咖啡店	中文
café	法文	Coffer Bar	咖啡吧檯
Caffe	義大利文	Coffer House	這是比較大的咖啡店
Coffer	英文	Coffer Shop	這是一般稱的咖啡店

資料來源：整理自威廉彼得的部落格，Coffee 等的差異，2016 年 10 月 1 日。

3-6 核心產品：烘焙食品與早午餐

咖啡店地點第一、價位第二、咖啡第三、食物第四。

咖啡店、茶館的本質是餐廳以外，滿足人們出門在外，自己依人打發時間、跟人見面（洽公、家教、交友）的地方，喝什麼飲料，不那麼重要，甚至飲料好不好喝也不見得是重點。店址方便、店內位置舒服、飲品價位等，對許多人才是重點，以這角度來看，臺灣的路易莎咖啡（Louisa Coffee），2007 年 5 月才開第一家店，2019 年店數 489 家店，超越臺灣的星巴克（480 家店，2018 年 1 月，公司名稱悠遊生活事業）、美食達人公司（店名 85 度 C 烘焙坊）。

營收約 40 億元，2020 年股票上興櫃，2021 年股票上櫃。

路易莎咖啡比較像便利商店，以地點方便、中低價位，侵蝕星巴克市場（2019 年營收約 110 億元）。

以市場定位、行銷組合來分析咖啡店業，才不會一直在咖啡好不好喝、什麼咖啡豆、咖啡沖泡方式細節打轉。

一、核心產品 I：糕點

咖啡店的基本產品是咖啡，核心產品是新鮮食品（Fresh Food），一般是糕點，這主要是下午茶時吃的；接著是早餐、午餐。

(一) 星巴克勝瑞幸

西式糕點是歐美公司的強項，由表 3-9 可見，星巴克全勝瑞幸。

田表 3-8　星巴克與瑞幸咖啡產品與定價

單位：人民幣

咖啡	瑞幸	價格	星巴克	價格
一、熱咖啡				
(一) 義式				
1. 基本款	卡布奇諾 拿鐵	24元 24元	卡布奇諾 拿鐵	27元 27元
2. 加焦糖、香草	焦糖拿鐵 香草 澳洲白	27元 27元 27元	香草	30元
3. 加料	摩卡 榛果拿鐵 焦糖瑪奇朵	27元 27元 27元	摩卡 榛果拿鐵 焦糖瑪奇朵	30元 30元 31元
(二) 美式				
1. 基本款	標準美式	21元	密斯朵	20元
2. 加味	焦糖加濃美式 加濃美式 黑金氣泡美式 焦糖標準美式	27元 24元 24元 24元	新鮮調製	17元
二、冰咖啡				
(一) 義式	－	－	冰卡布奇諾 冰拿鐵 冰香草拿鐵 焦糖瑪奇朵	27元 27元 30元 31元
(二) 美式	－	－	冰摩卡 冰美式	20元 22元

服務業
管理　個案分析

田 表 3-9　星巴克與瑞幸在糕點產品比較

單位：人民幣

項目	瑞幸	星巴克
一、蛋糕		
(一) 產品 　1. 廣度 　2. 深度：口味	3種口味：起司藍莓、黑森林、提拉米蘇	6種口味：(勝) 瑞士捲18元、萊明頓蛋糕（Lamington）8元，6種
(二) 價格	平手，皆25元	平手，大都25～27元
二、麵包		
(一) 種類		
1. 可頌（或羊角）	－	2種口味：牛肉起司15元、牛角12元
2. 奶油小麵包：司康	2種口味：巧克力、蔓越莓，15元	－
3. 一般	－	－
		另有義式，俗稱拖鞋麵包的恰巴特（Ciabatta），12元
(二) 瑪芬（Muffim）鬆餅		
1. 口味	4種口味：巧克力、藍莓、香蕉核桃、香橙「葡萄乾」（陸稱提子乾，提子是廣東語）	Cheese：N：中國大陸稱芝士，臺灣稱起司
2. 價格	13元 (勝)	32元
三、餅乾	－	提拉米蘇22元 丹麥酥
四、鬆餅	－	3種口味：紅豆16元、起司16元、葡萄乾14元
五、派	－	咖哩派16元
六、優格	－	藍莓優格杯8元

(二) 星巴克在糕點的布局

1. 2012 年，收購布朗熱（La Boulange）

這是星巴克最高金額的收購公司案，在室內設靠牆壁有桌子的 100 平方公尺面積的麵包店，由表 3-10 可見，霍華 · 舒茲的如意算盤。2015 年 9 月星巴克把布朗熱閉店。

2. 2016 年，入股義大利王子烘焙坊

既然美式麵包坊作不起來，星巴克入股義大利的王子烘焙坊（Princi Barkery），走差異化路線。

⊞表 3-10　星巴克在烘焙食品的外部成長方式

時	2012年6月4日	2016年7月17日
地	美國加州舊金山市	義大利米蘭市
人	La Boulange的老闆Pascal Rigo	王子烘焙店，老闆之一Antonio Percassi
事	以1億美元，從Bay Bread Group公司收購連鎖法式麵包店布朗熱（La Boulange），有19家店，生產燕麥、有機麵包、牛排三明治、可頌麵包（Croissant）、餅乾。星巴克也兼賣早午餐： 1. 進可攻：數年內在美國開400家店。 2. 退可守：強化星巴克店內糕點。 2015年9月，星巴克以不符合長期發展為因，關閉23家麵包店、2座工廠。	入股義大利「王子烘焙坊」（Princi Barkery），共有5家店，4家在米蘭市、1家在英國倫敦市。 星巴克的如意算盤有二： 1. 開1000家：2017年起，在全球大幅開店，是「立食」（Standalone）咖啡店。 2. 退可守：在星巴克超級大店臻選店內設麵包烘培攤，在星巴克一般店提供烘焙品。

二、星巴克與瑞幸核心產品新鮮食品 II：餐

17 世紀起，法國巴黎市的咖啡店就開始以咖啡為主，以食物為輔的經營方式。時至今日，飲品成長空間有限，食品成長空間較大，依一天時序分成早餐、午餐、下午茶；晚餐的生意比較難做，因辦公大廈的上班族大都下班了。

(一) 現況與目標

1. 2017 年，6 比 2.27 美元

以美國星巴克來說，平均每位顧客在飲料支出 6 美元，餐點 2.27 美元，即食品佔營收 27.45%。

2. 2021 年目標

2016 年 12 月 6 日，總裁兼執行長凱文 · 約翰遜提出 2021 年食品佔店營收 25% 目標。

(二) 作法一：立足早餐

一般人早餐比較簡單，以漢堡、三明治爲主，而且偏冷食，由表 3-11 可見，星巴克大勝瑞幸。

田表 3-11　星巴克與瑞幸的早餐比較

商品	瑞幸	星巴克
粥品	－	麥片粥（Oatmeal）
三明治	詳見表3-9	1. 2017年1月31日推出真空低溫烹調二顆蛋（Sous Vide Egg Bites），定價爲4.45美元 2. 古巴三明治（Pesto Pinini）
漢堡	－	外帶（On-The-Go）漢堡

(三) 食物中的攻擊性產品：下午茶

下午茶的飲料漸朝能量飲料，食品以糕點爲主，由表 3-12 可見，星巴克大勝瑞幸。

田表 3-12　星巴克與瑞幸的下午茶比較

商品	瑞幸	星巴克
能量飲料	2019年4月，小鹿茶*	－
食品	2019年4月推出「幸運小食」產品	1. 店內用的稱爲蛋白質碗（Protein Bowls） 2. 外帶型的稱爲蛋白質盒（Protein Boxes）
營養（Nutrition）	－	薄餅等

*註：2019 年 10 月起，小鹿茶單獨設店，以三、四線城市爲主。

三、星巴克與瑞幸的食品 III：正餐

咖啡店從早上 7 點開到晚上 10 點，三餐生意都可以做，房租（Occupancy Cost）是營業成本中的固定成本，把營收作大，會降低每件產品的平均固定成本。

（一）咖啡店提供正餐的限制

許多餐飲店供應正餐，皆會有些限制（例如無法明火烹煮），常見有二，詳見表 3-13。

田表 3-13　咖啡店正餐的限制

項目	說明
1. 烹調方式：加熱	1. 微波爐等 不能明火（例如瓦斯爐）加熱，以免油煙味破壞咖啡店內的咖啡香。
2. 服務速度	2. 跟西式速食餐廳同，從「點餐到手」宜3分鐘內，星巴克比麥當勞慢27秒。
有些地區不供餐	午餐以新鮮食材為主，有些地方因氣候、交通因素，無法作到三日一次配送，因此不提供午晚餐產品。

（二）食物中的核心產品：午餐

以星巴克來說。

1. 商機

顧客在 11 點以後才進店，星巴克訪談顧客需求後發現，顧客對於正餐的期待，包括高質感食材、喜歡熱食、喜歡餐後甜點、對中西混搭風味接受度高等。

2. 毛利率

生鮮食材（例如蔬菜、水果等）以冷藏為主，保鮮期 3 天內，食材逾時必須廢棄，例如捐給食物銀行等。因此午餐的毛利率約 50%，比飲品 70% 低。

3. 補強產品線

美國星巴克透過跟外界快餐店等合作方式，一直在補強產品線。

（三）星巴克大勝瑞幸

以午餐來說，星巴克在產品（廣度、深度）皆遠比瑞幸多，價格相近。

3-7　美國健康午餐餐廳

咖啡店要進軍早餐、午餐市場，在上班日（週一～五），會面臨顧客時間有限問題，所以供餐速度要快，稱為「方便食物」（Convience Food），這是（西式）速食店的強項。

2010 年起，星巴克嘗試錯誤式的推出午餐商品，本單元以加拿大股票上市公司 Freshii 為例，說明快速點餐店（Fast Causal Restaurant）的利基。

一、總體環境之三：文化／社會因素

1990 年代，健康意識已到了成長期，餐廳此消彼漲。

1. 垃圾食物（Junk Food）銷售走下坡

三高（高鹽、高油、高糖）食物有害人體健康，逐漸褪流行。

2. 健康食物（Heathy Food）銷售走上坡

一般對健康食物的看法有二：食材新鮮（例如蔬菜水果）、烹調方式（少油炸等）。

二、三種餐廳的行銷策略

由表 3-14 可見，三種餐廳的行銷策略。

1. 一般餐廳（Causal Dinning Restaurant），上菜慢，顧客慢食

一般餐廳在顧客坐下後，才向服務人員點餐，上菜速度約 10 分鐘；一人一餐價位在 15 美元以上，要有閒有錢才吃得起。

2. 速食店（Fast Food Restaurant）

1952 年起，美國麥當勞推加盟連鎖，可說是速食餐廳的典範，這對得來速（Drive-Thru）的顧客是個福音。

3. 快速點餐店（Fast Causal Restaurant）

由表 3-14 可見，快速點餐店（中稱休閒、時尚餐廳）恰巧是一般餐廳、速食餐廳的折衷版，而且比速食店所提供的食物健康。

田表 3-14　美國三種餐廳的行銷策略

行銷策略		速食店（Fast Food）	快速點餐店（Fast Causal Restaurant）	餐廳（Causal Dinning）
時間		1952年起	1990年起	數千年
目標市場		藍領階級	18～34歲	35歲以上
餐廳		麥當勞、肯德基、漢堡王、潛艇堡	美國：Five Guys、Chipotle Mexican Grill、Boston Market	許多
產品策略	食材	冷凍、加工過的食品	新鮮	新鮮
	上菜時間	3分鐘內	3～5分鐘	10分鐘
	人員服務	櫃檯點餐、取餐	櫃檯點餐、取餐	店員到桌點餐、到桌上菜
定價策略	美國成人價	5～7美元	8～15美元 消費者認為7～7.6美元	15美元以上
	中國大陸	人民幣50元以下	50～150元	150元以上
促銷策略	廣告	有	有	較少
	人員銷售	店外發傳單	—	
實體配置策略	策略	連鎖	連鎖	單店為主
	連鎖	一半店有	絕大部分沒有	較少

資料來源：部分整理自英文維基「Fast Causal Restaurant」。

三、顧客三種需求：在商品方面

以加拿大的 Freshii 餐廳來說，在顧客三項要求，皆作得很好。

1. 基本

供餐要快都是半製成品去組合。

2. 食材新鮮以便吃得健康

蔬菜水果是新鮮的。

3. 客製化

「快速餐」也容許小部分的客製化，例如 2018 年 4 月 13 日，在臺灣，麥當勞推出數位自助點餐機，例如顧客可點「薯條去鹽」、「飲料去冰」。

公司小檔案

Freshii公司小檔案

1. 時：2005年9月成立，2017年1月股票在加拿大多倫多股市上市。

2. 地：加拿大安大略省多倫多市。

3. 人：創辦人馬修‧克林（Matthew Corrin），總裁。

4. 事：努力在美洲、歐洲展店，2017年店數約760家，但2018年起，同店營收開始衰退：20國185個城市、300家店。2019年760家店。餐種以墨西哥捲餅、沙拉、湯、優格為主。

3-8 中國大陸快餐市場

　　咖啡店在正餐商品，大都「立足早餐，胸懷午餐」，早餐西方化，吃麵包類還行得通；午餐市場，競爭者多，西方餐飲不容易打進有幾千年的中式料理飲食習慣的中國大陸。

一、政策

1. 產業發展

(1) 時間：1997 年。

(2) 人物：商務部（前身國內貿易部）。

(3) 事情：提出《中國快餐業發展綱要》。

2. 衛生要求

(1) 時間：2018 年起。

(2) 人物：國家市場監督管理總局。

(3) 事情：發布《網路餐飲服務食品安全監督管理辦法》。

田表 3-15　星巴克和瑞幸午餐菜單（各店各年不同）

單位：人民幣

餐種	瑞幸	星巴克
蔬菜	Boss午餐	意式牛肉佛卡夏麵包22元 雞肉義式芝士沙拉21元
一、主食		
（一）內食情況 　1. 肉 　2. 麵 　3. 披薩	—	以2018年9月25日來說，臺灣推5款「星想餐」套餐組合，主食5選1；附餐則有沙拉、水果、原味布丁3選1，再加一杯120元（台幣）飲品，可補差價更換。套餐價格比單點便宜40～50元。「活力組合」餐，任何糕點麵包類加價50元，可有附餐3選1。 1. 香料烤雞溫野菜 2. 烤雞腿粉紅醬斜管麵 　義大利瑪卡多（Mercato）另有專供素食者（Veggie）用 3. 瑪格莉特風味薄餅
（二）外食情況		
1. 捲	皆13元： 1. 義大利烤雞捲 2. 火腿鮮蔬捲 3. 夏威夷菠蘿火腿捲	1. 凱薩雞肉捲 2. 芒果雞肉捲
2. 三明治	皆24元： 1. 雞蛋馬鈴薯 2. 火雞（Turkey Pest）	1. 義式肉醬洋芋吐司 2. 古巴三明治（Panini） 3. 香辣火腿古巴三明治（Helm&Swiss Panini） 4. 雞肉義式起司（Caprese Panini） 5. 三明治 6. 法式雞肉 7. 雞肉和雙培根三明治 8. 鮪魚穀物 9. 鮪魚起司培根
（三）湯	—	—
（四）附餐 　1. 水果 　2. 乳製品	— —	水果杯（Fruit Cups）：16元 1. 優格（Yogurt Parfaits） 2. 番茄與奶酪（Tomato&Mozzarella）

二、全景

1. 全球比率

快餐佔餐飲業比率，根據廣東省深圳市中投顧問諮詢公司發布的「2018～2022 年中國快餐業投資分析及前景預測報導」，美國佔 35%、歐洲佔 30%、日本佔 20%、香港佔 10%。

2. 中國大陸比率

由表 3-16 可見，2019 年中國大陸小吃快餐店佔餐飲業產值 29.8%，市佔率成長極快。

3. 顧客年齡分布

15～20 歲（學生）佔 21.9%、20～30 歲佔 43.6%、30～40 歲佔 18.4%、40～50 歲佔 9.8%、50 歲以上佔 6.3%。

4. 小吃快餐店

餐廳約 800 萬家，小吃快餐業佔餐廳業家數如下：2017 年 45.2%、2018 年 44.3%。由表 3-16 可見，中式與中式以外（主要是西式）比率為 80：20。

田表 3-16　中國大陸小吃快餐業產值

單位：人民幣億元

年	2008	2013	2015	2018	2019
一、產值					
1. 餐飲	12650	25570	32300	42700	4700
2. 小吃快餐	2438	5371	7107	11650	14006
3. 2÷1（%）	19.27	21	22	27	29.8
二、比重（%）					
1. 中式	60	70	–	80	–
2. 西式	40	30	–	20	–

三、近景：快餐店

1. 中式快餐店佔 80%

由表 3-17 可見，中式快餐店主要是以飯、麵為主，偶爾搭上其他（例如水餃等），較偏「熱食」，約須 4 分鐘才能點餐到手。

2. 西式快餐店佔 20%

由表 3-18 可見，西式快餐店主要是以麵粉類食品為主，以玉米類食品為次，較偏「冷食」，一般 2 分鐘點餐到手。

田表 3-17　中式快餐店的主要餐種類

大分類	年	地	餐廳	說明
飯 （32.5%）	1990年	廣東省東莞市	真功夫餐飲管理公司	飯，45秒點餐到手
	1993年4月	江蘇省常州市	麗蒂快餐集團	飯
	2005年	上海市	東方既白	飯，雞腿飯，咖哩雞排飯
	2010年	山東省濟南市	黃悶雞米飯，例如楊銘宇	飯
麵 （11.3%）	清朝	甘肅省蘭州市	蘭州拉麵，各種名稱	牛肉麵，號稱4分鐘點到手
	1995年	上海市	上海永和大王餐飲公司	飯、麵食等
	1996年	上海市	味千（中國）	日本拉麵
綜合 （56.2%）	1992年	福建省三明市沙縣	沙縣小吃	小吃、麵等
	1996年4月	江蘇省常州市	控股公司大娘水餃	水餃

* 資料來源：部分來自餐飲老闆、美國點評，中國餐飲大數據，2020 年 7 月 15 日。

田表 3-18　常見的美式快速點餐店的主餐與餐廳

主食成分		著名快餐店
麵粉類	漢堡	In-N-Out Burger，美國加州等1948年成立 Five Guys，加州阿爾頓郡 Super Duper Burgers，加州舊金山市
	熱狗	Portillo's Hot Dogs，主要是伊利諾州芝加哥市
	三明治	Earl of Sandwich In Vegas，內華達州拉斯維加斯市
	披薩	Blaze Pizza，加州帕薩迪納市
玉米類	墨西哥餅（Taco），音譯塔可	Tacos El Gordo例如拉斯維加斯市
	墨西哥捲餅（Burritos）	Torchy's　Tacos，這是SuccessFoods管理集團公司旗下，公司在德州奧斯汀市

服務業
管理 　個案分析

3-9　星巴克與瑞幸其他產品策略

　　星巴克與瑞幸的店內飲料、食品以外的「其他產品」，佔營收 10% 以內，屬於攻擊性產品，星巴克大勝瑞幸，本單元說明。依販售地點分為咖啡店、商店（零售公司）兩種。

一、咖啡店內攻擊性產品

　　在本咖啡店內銷售產品，大都在點餐櫃檯旁的產品櫃陳列，顧客自取，向收銀店員結帳。

1. 星巴克包山包海

　　上星巴克網站，可以發現星巴克店內「其他產品」主要是咖啡杯、隨行杯等，在中國大陸，大部分一、二線城市都有以城市特徵設計的城市杯。

2. 瑞幸推出小包零食

　　2019 年 4 月，推出「幸運小食」，主要是餅乾（含沙琪瑪）、果乾、堅果，由表 3-19 可見中國大陸零食市場 2020 年人民幣 0.56 兆元以上，由表 3-19 可見，這有二個數字差距很大數字，我們選擇此機構數字，原因是中國大陸總產值約人民幣 104 兆元，消費佔 42%，其中食物約 28%，即人民幣 12.23 兆元，零食佔食物支出 4.58%，實屬合理。

田表 3-19　中國大陸零食市場規模兩家數據

時	2019年1月14日	2020年2月5日
地	中國大陸廣東省深圳市	中國大陸上海市
人	中商產業研究院，商情數據公司旗下	艾瑞諮詢公司，市場調研機構
事	休閒食品2012年人民幣2,625億元，2019年人民幣5,439億元。	發布「2019年中國堅果行業研究報告」，這是以2019年6月商務部發布（消費升級背景下零售業發展報告）為基礎，2006年人民幣4,240億元，2016年人民幣22,156億元，2020年人民幣3兆元。

二、商店的商品

由表 3-20 可見，星巴克有推出零售商店販售的「包裝商品」（Packaged Merchant），依兩種方式分類。

1. 地理範圍：有分為全球通用型商品與國家限定（例如中國大陸）型商品。

2. 商品品項：依產品廣度、深度再分類。

田表 3-20　星巴克跟瑞幸的杯壺產品組合

商品	瑞幸	星巴克
一、水壺		
1. 保溫壺	－	不鏽鋼保溫壺
2. 水壺	－	不鏽鋼水壺
二、杯	2019年8月起	
1. 馬克杯	V	城市杯（依省、市）、杯盤組、娃娃杯
2. 玻璃杯		玻璃杯
3. 隨行杯	V	不鏽鋼杯、玻璃隨身瓶、環保杯
4. 杯墊	V	UBS加熱杯墊、點心盤、咖啡杯造型吊飾
三、餐食罐	－	悶燒罐
四、筆	－	2018年的櫻花筆、鑰匙圈
五、卡、皮夾、衣（Accessory）	－	提袋、托特袋、手提袋、收納袋、Pu材質包、星享卡、玩具公仔、星享卡皮夾、小熊書包、手冊、熊寶寶小熊、聖誕吊飾、咖啡文化節徽章

🔎 **資訊 小 幫手**

星巴克產品展望

1. 基本產品
   咖啡中的冷萃咖啡是明日之星產品，熱量低、咖啡因少，對健康較佳。此外，飲品中的基本飲料的機能飲料也是明日之星。

2. 核心產品
   早餐市場已站穩，午餐市場不好打，主要是店內只能把冷凍（冷藏）食品以烤箱、微波爐方式加熱，大都以堡捲（墨西哥）類、麵粉類主食為主，比較適合美國人，中日等國飲食以飯麵為主。

服務業
管理 個案分析

⊞表 3-21　星巴克包裝產品策略

項目	零售權
一、地理範圍 　（一）全球 　（二）中國大陸	1. 即飲、單品（Ready-To-Drink） 2. 包裝茶與咖啡（Packed Coffee） 　(1)咖啡豆：星巴克與西雅圖 　(2)咖啡粉：星巴克VIA 　(3)茶：泰舒（Tazo）
二、商品 　（一）產品線廣度 　（二）產品線深度	1. 最小存貨單位（Stock Keeping Unit） 2. 單杯咖啡（Single Serve） 3. 膠囊咖啡（K-Cup） 4. 口味多（Flavor Profile）

章後習題

一、選擇題

(　　) 1. 星巴克最好賣的咖啡是？　(A)摩卡咖啡　(B)美式咖啡　(C)拿鐵（中稱那堤）咖啡。

(　　) 2. 冷萃咖啡的好處有哪些？　(A)低熱量　(B)低咖啡因，不會心悸、睡不著　(C)以上皆是。

(　　) 3. 美國 Food & Drinks 雜誌指出星冰樂哪種口味為第一名？　(A)咖啡星冰樂　(B)雙重巧克力脆片星冰樂　(C)摩卡星冰樂。

(　　) 4. 星巴克早餐（星早餐）主食是　(A)飯糰　(B)烘焙麵包類　(C)炒麵。

(　　) 5. 星巴克午餐（星想餐）主食是　(A)飯類　(B)麵包、堡　(C)牛排、拉麵。

(　　) 6. 義式濃縮咖啡跟美式咖啡在沖泡時最大差別？　(A)須要高壓高溫義式咖啡機　(B)手沖也可　(C)加牛奶（義大利音譯拿鐵、中稱那堤）。

(　　) 7. 現煮咖啡為何不適合宅配？　(A)宅配費用較高　(B)咖啡現泡現喝最香　(C)怕宅配途中灑出來。

(　　) 8. 為什麼有些城市星巴克不賣鮮食（早、午餐）？　(A)物流中心物流費用太高　(B)缺人手　(C)顧客不買。

(　　) 9. 瑞幸咖啡為何選擇賣零食？　(A)零食市場大　(B)補強店內烘焙食品少　(C)以上皆是。

(　　)10. 瑞幸咖啡九成營收來自？　(A)外賣（顧客自取）　(B)外賣（宅配）　(C)店內喝（中稱堂食）。

二、問答題

1. 分析便利商店 2019 年起大幅度推出精品（或莊園）咖啡，這對咖啡店的衝擊？

2. 以 80：20 原則來說，好賣的咖啡就哪三樣，星巴克有必要以「咖啡海」策略，包山包海的弄出這麼多咖啡飲品種類嘛？

3. 分析 2014 年星冰樂減糖的產品改良，請跟可口可樂等減糖、代糖、無糖比較。

4. 星巴克在午餐的發展順利嗎？你有什麼妙招？

5. 星巴克包裝商品（如咖啡粉、咖啡飲料）的銷量如何？轉由瑞士雀巢集團當總經銷時，成效如何？

個案4
星巴克促銷策略之
溝通與社群媒體行銷

數位時代,社群行銷的現象級公司:星巴克

　　2019 年,全球主要國家數位廣告金額首度超越傳統廣告(主要是電子媒體的電視廣播、平面媒體的報紙刊物)。2007 年起,美國星巴克迅速跟上時代,以廣告來帶動營收;更以網路行銷、社群行銷等來經營粉絲團等,只差沒有找「網路紅人」或網路名人(Internet Influencer),即沒有採網紅行銷(Influencer Marketing)。

　　許多行銷管理的教科書仍以傳統行銷媒體為主,本章以全球網路、社群行銷的典範公司星巴克為對象,說明其網路行銷策略、組織設計、媒體組合等。

學習影片 QR code

第一篇　咖啡業的行銷與市場

4-1 星巴克的「溝通」

在行銷組合中第 3P 的「促銷策略」，一般分成三中類：溝通（1990 年前稱為廣告）、人員銷售與促銷。限於篇幅，本書聚焦於「溝通」中的小分類「數位（或網路）行銷」（Digital Marketing）中的細分類「社群媒體行銷」（Social Mediab Marketing, Social，中稱社會）。

一、溝通效果

由表 4-1 最後一欄可見，由於人們使用媒體習慣快速改變，因此廣告效果也往網路媒體轉移，尤其是人們滑手機頁面的速度很快，廣告界掀起「抓住眼球」（Catching Eyes And Grab Your Attention）的競賽。

表 4-1 中「總時數」會重複計算，例如開收音機且用電腦上網 1 小時，那數位（電腦）與傳統（收音機）各算 1 小時。

田表 4-1　2010 ～ 2019 年美國 18 歲以上的每日媒體時間分布

年 媒體	2010	2011	2012	2013	2014	2019	在數位媒體比重 （%）
一、數位	29.6	33.8	38.5	43.4	47.1	54.2	14：搜尋引擎、點擊付費廣告
1. 手機	3.7	7.1	13.4	19.2	23.3	–	23：社群媒體
2. 電腦	22	22.6	20.7	19.2	18	–	13：部落格
3. 其他	3.9	4.1	4.3	5	5.9	–	
二、傳統	70.4	66.2	61.5	56.6	52.9	46.8	34：電子郵件
1. 電視	40.9	40.4	39.2	37.5	36.4	29.5	13：部落格
2. 收音機	14.9	13.9	13	11.9	10.9	11	3：DM事件
3. 文字 　刊物	4.6	3.8	3.1	2.5	1.9	1.23	
報紙	3.1	2.7	2.3	1.9	1.6	1.51	
4. 其他	7	5.5	4	2.8	1.9	3.56	

資料來源：Emarketer, Time spend with Media, 2019 年 4 月 29 日；睿博數位行銷公司（TransBiz），「Referral Marketing 推薦行銷是什麼？」中，美國加州舊金山市 Talkable 公司。

二、2008 年注重社群媒體

2008 年 1 月，霍華・舒茲回鍋，董事長兼執行長，在行銷面的重點是注重數位行銷，因為 1980 年代以後出生的人都是數位原住民（Digital Natives），這些人的年齡在星巴克主市場客群（25 ～ 40 歲）、次市場客群（18 ～ 24 歲）內，所以星巴克必須用顧客喜歡的溝通方式跟顧客溝通。

之前，霍華・舒茲不重視廣告，認為顧客在星巴克的「經驗」，會有「一傳三」的口碑效果。但透過網路（例如社群行銷），會把口碑效果放大到「一比三十、三百」等，網路版的口碑效果稱為病毒式行銷（Viral Marketing），詳見表 4-2。

⊞表 4-2　好口碑效果二階段

時	1955年	1992年
地	美國加州洛杉磯市	美國加州賽瓦斯坦波頓市
人	Elihu Karz與Paul Lazarsfeld，前者是美國南加州大學傳播系教授	提姆・歐萊禮（Tim O'Reilly），歐萊禮公司創辦人與總裁
事	在《個人影響》（Personal Influence：The Parts Played By People In The Flow Of Mass Communication）書中提到口碑行銷（Word-Of-Month Communication），俗稱耳語（Bugg），此書2005年10月，由Routloday公司再版，論文引發次數9200次	〈The Whole Internet User's Guide And Catalog〉，在書中，以數位媒體去進行病毒式行銷

資料來源：部分整理自 Linkedin，Tim O'Reilly, It's Not About You：The Truth About Social Media Marketing，2012 年 10 月 2 日。

4-2　星巴克的行銷費用

「錢不是萬能，沒有錢萬萬不能」，談到行銷（品牌塑造只是其中一大部分），最現實的便是公司每年出多少行銷（其中廣告費主要是為了塑造品牌）費用，本單元說明星巴克行銷費用佔營收比率（Marketing Intensity，行銷密度）分二時期。

一、1987 ～ 2006 年，口碑效果為重

這 20 年來星巴克強調霍華・舒茲的「米蘭市咖啡故事」，再加上「好咖啡，好店員服務」帶來顧客的好品牌效果。

二、2007 年起星巴克行銷費用金額大爆發

由表 4-3 可見，2007 年起，總體環境（四大項中的經濟／人口）與個體（異業競爭）太嚴峻了，星巴克只好砸大錢，打廣告、辦活動。2007 年 11 月，首發電視廣告。

田表 4-3　2007 年起，星巴克行銷密度 1% 的背景

項目 ＼ 年	2006	2007	2008	2009	2010
美國經濟成長率（%）	2.86	1.88	− 0.14	− 2.54	2.56
星巴克年度營收（億美元）	77.87	94.12	103.83	97.75	107.07
（年度）淨利（億美元）	5.64	6.73	3.16	3.91	9.41
（年度）每股淨利（美元）	0.36	0.44	0.22	0.26	0.62
股價（美元）　平均	17.62	14.12	7.6088	7.8651	13.08
股價（美元）　年底	17.71	10.235	4.73	7.8651	16.005

4-3　星巴克店內音樂的決策流程

星巴克店內音樂是重要「無形」商品，星巴克慎重其事，本單元說明全球各店音樂的決策流程。

一、投入：不可點播，但可表達意見

星巴克店內音樂由星巴克唱片騎師（Disc Jockey，DJ）決定，但外界人士可以表達意見。

1. 星巴克外部

表 4-4 第一欄中最著名的例子是 2017 年 10 月 7 日，跟天生完美基金會（Born This Way）合作，這基金會是 2011 年女神卡卡（Lady Gaga）跟她媽媽成立，以公益為目的。

2. 顧客可以反應意見

2015 年 5 月起，顧客在店內聽串流音樂（Spotify，瑞典公司）的音樂時，可以按讚，星巴克會收集顧客意見，列入選歌範圍。

3. 星巴克內部

跟許多公司的辦公室、賣場背景音樂的選擇一樣，員工可以提建議，這也跟前述應對顧客方式一樣。

二、轉換：店內音樂的決策

由美國星巴克娛樂部的「店內娛樂處」負責。

三、產出：店內音樂

在星巴克的店內，背景音樂的播放分聲音與文字兩部分。

1. 店內音樂

由表 4-4 第三欄可見，在各星巴克店內，是由副店長以 iPod 方式，按開關來播放音樂。

2. 店內音樂歌單

顧客只要下載星巴克 APP，便可查詢星巴克店內音樂的歌單（Play List），也可瀏覽歌詞。

⊞表 4-4　星巴克店內音樂的「投入－轉換－產出」流程

投入	轉換	產出
一、公司外部 　（一）唱片公司 　　1. 唱片公司會寄歌曲來 　　2. 例如天生完美基金會旗下「Kind ness」頻道 　（二）顧客 　　2015年起在Spotify上按讚	1. 娛樂部：左述80首歌，星巴克美國店隨機播放，強調「愛好美好」	一、店內音樂 　這是顧客的「星巴克體驗」（Experience）部分，店員用iPod來控制店內音樂
二、公司內部 　（一）客串音樂主持人 　（二）其他	2. 透過美國華盛頓州雷德蒙市（Redmund）Playnetworks公司的居禮（CURIO）內容傳達（Delivery）系統	二、顧客下載星巴克App，再下載星巴克「歌單」（Music Play List） 　1. 現在正在播放（Now Playing） 　2. 其他

資料來源：Sarah Perez, Tech Crunch，2016 年 1 月 19 日；星巴克公司網站，Coffee Lovers Music。

4-4 星巴克品牌塑造中的「轉換」：品牌個性

在品牌塑造的「轉換」階段，是指消費者對品牌的知名度、聯想，最好是指品牌個性（Brand Personality），本單元說明之。

一、品牌個性的經典著作

1. 1942 年，美國明尼蘇達大學人格問卷

Personality 俗稱性格、個性，心理學稱為人格，常見的五大人格特性，詳見表 4-5 第一欄。為了方便記憶起見，把字母字首湊成「海洋」（Ocean）。

2. 1997 年，珍妮佛・艾克品牌個性量表

一般在討論品牌個性時，大都以此為基本版，頂多用更新版，詳見表 4-5 第二、三欄。

二、品牌個性以吸引同樣個性的顧客

公司透過品牌的投入，藉以塑造一種品牌個性，讓「氣味相投」的消費者「聞香下馬」。

三、星巴克品牌個性

表 4-5 第四欄可見星巴克品牌個性及其對顧客品牌忠誠度的影響。

🔍 資訊小幫手

品牌個性（Aaker Brand Personality Mode）

時：1997年8月

地：美國加州

人：珍妮佛・艾克（Jennifer Aaker，1967～），美國加州史丹佛大學教授，大衛・艾克的女兒。

事：在〈行銷研究〉期刊上論文 "Dimensions of Brand Personality ality" 第 347～365頁，論文引用次數11,578次。以人格心理學套用在公司的品牌，提出品牌個性五個屬性，後來有學者擴大到15個屬性、42個小類。

田表 4-5 艾克的品牌個性分類與星巴克品牌個性

人格心理學五大項 （OCEAN）	大分類 （一～五順序是慣用）	中分類	對星巴克忠誠度影響
一、經驗開放性 （Openness To Experience） 1. 豐富想像力的 2. 創意的	一、刺激 （Excitement）	1. 大膽的（Daring） 2. 想像力（Imaginative） 3. 有精神的（Spirited） 4. 與日俱進的（Up-To-Date）	高
二、嚴謹自律性 （Conscious ness） 1. 自律的 2. 有組織的	二、有能力的 （Competence）	1. 可依靠的（Dependable） 2. 有效率的（Efficient） 3. 可靠的（Reliable） 4. 有回應的（Responsible）	高
三、外向性 （Ftraversion） 1. 愛交朋友的 2. 親切的	三、強壯、粗獷的 （Ruggedness）	1. 戶外的（Outdoorsy） 2. 耐用的（Rugged） 3. 強壯（Strong） 4. 強悍的（Tough）	負向的
四、和善性 （Agreeable） 1. 信任的 2. 溫厚的	四、純真、真誠 （Sincerity）	1. 愉快的（Cheerful） 2. 戶內的（Dometic） 3. 誠實的（Honest） 4. 真誠的（Genuine）	最高
五、神經質 （Neuroticism） 1. 焦慮的 2. 感情膽小的	五、熟練 （Sophistication）	1. 迷人的（Charming） 2. 有魅力的（Glamorous） 3. 炫耀的、自負的 （Pretentious） 4. 浪漫的（Romantic）	高

4-5 公司對消費者溝通管道

公司的產品、促銷活動等訊息，必須透過媒體（Media）作為溝通管道，才能眾所皆知，最常見的訊息是「新產品」上市。本單元說明之。

一、全景：媒體

媒體是指生活中常說是「大眾媒體」，分成兩大類。

1. 平面媒體（Print Media）與類比媒體（Analog Media），合稱傳統媒體

1991 年網際網路商業使用以前的媒體，分成兩中類：平面（指報紙、雜誌）與類比媒體（電視、廣播）。

2. 網路媒體（Digital Media）

這個英文名詞直譯是數位媒體，但是「數位」太抽象，而且電視、廣播節目都可以數位方式，透過網路（On-line）予以接受。本書以網路媒體方式稱呼，是指透過電腦、手機、網路等構成的媒體。

二、近景：大分類之網路媒體分類

聚焦在網路媒體，公司採取此媒體來行銷，稱為「網路行銷」（Digital Marketing），由表 4-6 可見，網路行銷可以再細分。

田表 4-6　行銷中溝通方式

大分類	中分類	小分類
一、網路或數位行銷（Digital Marketing）：主要偏重電腦、手機、網路	（一）工具：搜尋引擎行銷（Search Engine Marketing, SEM）	1. 關鍵字廣告 2. 網址
	（二）通訊行銷	1. 電子郵件（Email Marketing） 2. 個人化行銷：電子報EDM
	（三）數位廣告：偏重電子商務	付費廣告：谷歌關鍵字、使用者介面、臉書廣告
	（四）資料驅動行銷（Data-Driven Marketing）	由顧客上網、交易的資料，進行精準、個人化行銷
	（五）內容行銷（Content Marketing）	（公司）網路行銷（Website Merbeting）
	（六）社群媒體（Social Media）即社群行銷（Community Marketing）	聯盟行銷（Affilate Marketing）： 1. 部落格（Blogging）等，例如：Infograghic；社群經營，例如：粉絲團經營
二、數位以外行銷	（一）電視 （二）廣播	2. Yedio martaeting：例如IG

資料來源：整理自英文維基百科「數位行銷」；歐斯瑞公司「131 個行銷用語」，2014 年 12 月 29 日。

1. **中分類**：六種以上

   由表 4-6 第二欄可見，網路行銷至少有六種中分類。

2. **小分類**：十二種以上

   由表 4-6 第三欄可見，每中分類網路行銷至少有二種以上小分類，限於篇幅不能詳述。

三、特寫：病毒式行銷

網路廣告中，許多公司夢想的是花小錢反而有大收穫，即像流行性傳染病毒般，快速而普遍的傳播。

1. **投入**：草原（Stepps）病毒

   由圖 4-1 第一欄下方來看，許多人認為人們對六種課題會注意、興趣，美國人把這些字湊字，例如 Stepps 跟 Stepes（草原）字同音，方便記憶。

2. **轉換**：人們透過網路瘋狂轉載、按讚

   網路媒體「無遠弗屆」、「零時差」，一則事件只要能獲得網友青睞，就能被給予瘋狂按讚、轉貼。

3. **產出**：一夕成名

   病毒式行銷最直接的結果是有多少人「瀏覽」，俗稱網路流量，這有些跟馬路上人潮量一樣；再設法「轉換」成購買量。

投入	轉換	產出
消費者：佳評，即好口碑效果 公司：病毒式廣告（Viral Ads） 六種病毒草原（Stepps） Social Currency：社群身價 Triggers：觸發物 Emotion：情緒 Public：曝光 Practical Value：實用價值 Stories：故事	媒體 (一) 社群媒體 (二) 公司自己的網站	1. 公司知名度 　（流量、人氣） 2. 轉換率 3. 網站黏著度

資料來源：整理自英文維基百科，Viral Marketing。

▷▷ 圖4-1　病毒式行銷的傳遞流程

資訊小幫手

病毒式行銷中Stepps的來源

時：2013年

地：美國賓州費城

人：喬納・伯格（Jonah Berger），有譯約拿・伯格，賓州大學商學院教授

事：《瘋潮行銷》（Contagious：Why Things Catch On），2015年臺灣時報出版公司。

4-6　星巴克的網路行銷

2004 年起，全球大企業紛紛在 Line、推特、微信、臉書、IG、抖音等社群媒體（Social Media）上，經營粉絲團，俗稱社群行銷（Social Media Marketing）。一般稱呼社群媒體編輯（Social Media Manager）叫小編。

本單元說明美國星巴克在社群媒體行銷的組織設計，這層級很高大。臺灣的統一超商在二級單位數位創新部負責。

一、組織設計

星巴克的數位行銷組織設計，依性質由數位部負責，本單元說明。

(一) 目標

星巴克在數位方面所做的目標是強化跟顧客的連接，而且唯有靠數位方式才能達成，這是星巴克公司宣示的目標。

(二) 二級部：「數位」部

在星巴克，2012 年 3 月設立「數位部」，人數約 110 人。

1. 數位長（**Chief Digital Officer**）

以星巴克前任數位長 Adam Brotman 來說，2009 年 4 月起任職資深副總裁，2014 年 2 月 3 日起，晉升執行副總裁。2015 年美國數位長俱樂部提名他為年度最佳數位長。2016 年 9 月轉升到全球零售作業部執行副總裁，2018 年 4 月出任 Brightloom 公司總裁，星巴克使用該公司的「數位飛輪」平台，且 2019 年 7 月入股擔任董事。

2. 數位部可能隸屬於下列三個大部門之一

(1) 資訊長：顧客與零售技術，資深副總裁 Jeff Wile。

(2) 技術長：執行副總裁 Gerri Martin － Flickinger。

(3) 行銷長：數位顧客體驗；執行副總裁 Brady Brewer。

（三）三級單位

針對數位行銷，在行銷方面依序有三、四級單位負責。

1. 三級單位：全球數位參與（Global Digital Engagement）。

2. 四級單位處共五個：例如全球社群媒體。

表 4-7　星巴克數位長的工作職掌

二級單位	三級部門主管工作內容
數位長（Chief Digital Officer）兼星巴克全球數位公司總經理	（一）對顧客
	1. 顧客面對星巴克的數位平台，包括星巴克App、電子商務、全球社群媒體
	2. 店內：WiFi、星巴克數位網路、星巴克顧客全球
	品牌忠誠 （二）對店內
	1. 對店 (1) 2014年手機下單、付款處處長（GM Digital Ordering） (2) 銷售點系統（POS） (3) 店內數位與娛樂處處長（In-store Digital） (4) 數位行銷處長：包括顧客關係管理，稱為全球社群媒體處長
	2. 對員工：有員工溝通與投入到總裁

資料來源：整理自 Linkedin，Adam Brotman。

星巴克公司社群媒體處運作

時：2015年5月6日

地：美國華盛頓州西雅圖市

人：星巴克

事：在星巴克公司「故事與新聞」中 "How Starbucks Social Media Team Captures The Personality Of A Beverage"。另2014年5月16日 "Sharing secrecto of the starbucks partnece Social Media Team"。

二、內容與媒體

2000 年起透過網路行銷以塑造公司品牌，稱為網路化品牌塑造（Network Branding），其中與網友互動稱為「互動式網路品牌塑造」（Interaction Network Branding，INB），星巴克在社群行銷的內容、媒體，本單元近景說明。

(一) 特寫：社群行銷的廣告結構

由表 4-8 可見網路廣告二大類（一般、社群）六種方式。以金額來說，2011 年 102 億元，2019 年 458.41 億元。

1. 二中類

一般廣告佔 63.21%、社群廣告佔 36.79%，各分成兩種載體：固定載體主要是指桌上型電腦，和「行動」載體的手機和筆電。

2. 六種方式

在表 4-8 第一欄可見，二中類的網路廣告最多有六種型式，2019 年影音廣告統計合併只剩一種類，全部剩 5 種類。

(二) 網路行銷的內容

由表 4-9 可見，網路行銷的內容（Content）來源依公司內外二分法。

1. 公司內部

稱為「公司原創內容」（Corporate Generated Content），以星巴克來說，是由星巴克上傳的內容，專業製作。

星巴克的網紅行銷中的名人如下：1. 迪蜜翠雅 · 洛瓦托（Demi Lovato），是電影冰雪奇緣主題曲主唱；2. 艾倫 · 狄珍妮（Ellen DeGeneres），是艾倫秀女主持人；3. 尼克 · 強納斯（Nick Jonas），強納斯樂團主唱。

2. 公司外部

公司外部產生的內容，主要是由網路「用戶」（User）所產生的，稱為「使用者原創內容」（User Generated Content），以星巴克來說，大部分是顧客在店內拍照、攝影愉快的星巴克體驗。

顧客食用星巴克飲料、食物照片，述說每位顧客的心情及日常，稱為敘述故事（Narrartive，簡稱敘事）。

⊞表 4-8　2019 年臺灣網路廣告的結構

單位：%

項目／載體	一般廣告		社群媒體廣告	
	手機	桌機	手機	桌機
關鍵字廣告（Search Adds）	13.47	11.15	0	0
展示型廣告（Display Ads）	8.42	3.05	22.58	3.73
影音廣告 I：串流型（Video Ads／Instream）	12.31	6.64	4.65	0.64
影音廣告 II：外展型（Display／Outstream）	—	—	—	—
口碑／內容操作（Bugg／Content Marketing）	5.81	2.04	6.53	0.66
其他廣告	0.28	0.04	0	0
結構（%）	39.58	22.84	32.2	5.38
金額（億元）	40.29	22.92	31.76	5.03
小計458.41	184.68	105.1	145.55	23.08

資料來源：整理自 DMA 臺灣數位媒體應用行銷協會，《2019 年臺灣數位廣告量統計報告》，2020 年 5 月 21 日。

⊞表 4-9　網路行銷的內容分類

大分類	中分類	小分類
一、使用者原創內容（User Generated Content）	依用戶是否收費： 1. 使用者收費用戶（YouTuber） 2. 使用者不收費	－
二、公司 　　又稱「專業製作內容」 　　（Professional Produced Content）	（一）公益行銷英文：（Cause Marketing或Cause-Reltated Marketing），Cause：直譯善因	1. 增進社會福利 2. 社區參與點子 　（Involvement Idea）
	（二）私益行銷以「星巴克點子」（My Starbuchs Ideas）來說	1. 顧客體驗點子 　（Experience Idea） 2. 產品點子

（三）社群行銷的媒體

星巴克的社群行銷媒體有 12 個以上，號稱「全溝通管道」（Omni Channel）由表 4-10 來看，至少有三種分類方式。

⊞表 4-10　星巴克的數位行銷的 12 個媒體

形式	文字（Text）	音（Podcast）	照片（Photo）	影片（Vedio）
一、公司外 （一）社群媒體 （二）其他媒體	1. 推特 2. Line 3. Reddit，社群新聞 4. Quora、維基（Wiki）即部落格新評論，星巴克 APP	播客 （Pod Casts）	1. 臉書 2. Pinterest 3. Google ＋	1. IG 2. YouTube 這是谷歌旗下公司
二、公司內	－	－	－	店內數位網路

資料來源：整理自 Abhijeet Pratap，"Social Media Strategy of Starbucks Coffee"，Notematic，2019 年 8 月 26 日。

1. 媒體性質

一般分為文字、聲音、影像（又分成照片、影片）。

2. 依公司內外

公司「自有媒體」（We Media 或 Owned Media）主要包括公司網站（含部落格）、APP、店內網路等。另外是指公司外部，這包括兩種。

3. 依是否付費

(1) 賺得媒體（Earned Media）：最簡單的例子是星巴克的粉絲們，各自組成的粉絲團群組。

(2) 付費媒體（Paid Media）：最常見的付費媒體有二種，一是關鍵字檢索的谷歌，另一個是臉書的廣告。

4-7 星巴克的社群行銷

有關各大公司（例如麥當勞）或社群行銷顧問公司如何進行社群媒體行銷，大談如何的文章如過江之鯽。本單元有系統把美國星巴克社群媒體行銷作法「說滿說好」。

一、星巴克的社群行銷 I：溝通、促銷活動

每次談到社群行銷，許多人浮上的念頭，大都如下：

1. 請知名部落客發業配文（Sponsored 或 Promoted Post）。

2. 請網路紅人（Internet Celebrity）來個網路上玩遊戲、對談等，俗稱「蹭網紅」。

（一）資料來源

討論星巴克社群行銷的文章很多，其中兩篇較深入，詳見表 4-11。

田表 4-11　星巴克社群行銷的兩篇重要文章

時	2010年4月1日	2011年10月29日
地	美國紐約州紐約市	美國華盛頓州西雅圖市
人	Mikal Belicove（公司雜誌的專欄作者）	1. Dan Berank星巴克全球數位行銷處處長 2. Ryan Turner全球社群媒體與數位創意處處長
事	在〈American Express〉上文章 "How Starbucks Builds Meaningful Customer Engage ment via Social Media"	在「西雅圖24x7」網路的互動研討會 Inside Starbucks Digital Marketing-Going Beyond the Big Idea

(二) 星巴克社群行銷管理

由表 4-12 可見星巴克社群行銷管理活動。

田表 4-12　星巴克社群行銷管理

規劃：投入		執行：轉換		控制：產出	
消費者研究	1. 社群媒體聆聽（Social Listening） 2. 社群監視（Social Monitoring） 3. 資料分析：社群分析（Social Analytics） 4. 消費者研究：這部分得到「消費者調查」（Consumer Insight）	創意（Creativity）	1. 內容（Content）2008年推出「我的星巴克點子」（My Starbucks Idea），以部落格方式呈現 2. 行銷活動（Campanigns）社群媒體每年5月的入夏促銷檔期，透過推特上推出「星冰樂快樂時光」 3. 轉換（Conversion）又稱轉換行銷，把網路流量轉成成交量	顧客情感參與（Engagememt）尤其是星巴克迷（Fans）	1. 強化社群（Social Community） 2. 喜悅（Fun）由星巴克「迷」變成超級「迷」（Super Fans），稱為粉絲資產（Fans equity）
兩方參與（Partiipation）	1. 顧客 2. 星巴克公司的社群媒體處擔任社群媒體編輯	社群媒體	1. 付費媒體（Paid Media） 2. 粉絲媒體（Earned Media） 3. 星巴克自有媒體	品牌塑造 更形而上	星巴克是「網路品牌塑造」（Network Branding）的操作實務典範，以便於關係行銷 利用星巴克的影響力作公益，這部分可稱為「品牌聲譽」（Brand Reputation）

(三) 以愛心杯（Red Cup）為例

社群行銷的老梗之一是「情人節」代送巧克力，星巴克是在咖啡杯上標上紅色愛心，從情人節延伸到各種名目：

1. 2月14日情人節。

2. 顧客 Dan Dewey 每週四買咖啡送癌症病患。

3. 其他節日依樣畫葫蘆。

二、星巴克的社群行銷 II：公益行銷

社群行銷這種一下子就讓網友看破手腳，星巴克採用公益行銷，這專有名詞兩岸說法如下。

1. 公益（或善因）行銷（Cause-Related Marketing）。

2. 中國大陸稱為公益營銷（Public Welfare Marketing）。

(一) 星巴克公司的原創內容

一般來說，由於星巴克公司榮譽董事長霍華·舒茲山身紐約市中低收入家庭背景，因此他很有「已渴人渴」的同理心，在社會公益作法大都是「樂知好行」。由表 4-13 可見，我們依經濟學上一般均衡架構，分成生產因素市場、商品市場，來說明星巴克公益活動範圍。

⊞表 4-13　星巴克在公益行銷的主要內容

投入：生產因素市場		產出：商品市場	
自然資源	水電空氣俗稱環境保護		
勞工	(一) 教育 　1. 2014年針對星巴克員工推出員工念大學計畫 　2. 2016年在美國密西根州鮑德溫鎮募款作大學生獎學金 (二) 退伍軍人 　1. 請前美式橄欖球員訓練受傷退伍軍人 　2. 2014年宣布，迄2018年雇用10,000位退伍軍人 (三) 年輕人 　2015年宣布到2018年雇用10,000位年輕人	消費	1. 種族平等 2. 男女平等：2013年強調婚姻平等

（二）使用者原創內容

2016 年星巴克贊助外部人士拍公益「微電影」（Micro Movie）。

1. 民間申請

透過民間申請來執行拍攝。

2. 星巴克贊助拍片

由星巴克贊助拍片，所以拍出的影片規格（例如 4K）、長度（例如 8 分鐘）皆同。

3. 結果

詳見表 4-14，2016、2017 年各推出 10 支、13 支影片。

田表 4-14　美國星巴克的原創自製公益影片

內容	媒體	產出
1. 2016年9月16日，在美國星巴克推出第一支原創影片，稱為「平凡人做大事」（Ups tanders）第一季共10個平凡人作「不平凡」（Etrdordinary）事，創造正面改變。	1. 影片：亞馬遜公司黃金會員免費下載影片。 2. 照片：臉書Watch，2017年8月9日，美國；2018年8月4日全球。	2016年10月10日，Peter Lauria 在《策略與經營》網路雜誌一篇文章 "Branding Emotion" 上，說明星巴克這些影片效益如下： 1. 對營收：塑造顧客經驗 2. 對品牌：贏得品牌聲譽（Brand Reputation）
2. 2017年10月10～28日推出第二季，共13集，主要是對社區帶來正面改變。	3. 音樂：Audible。	3. 月暈效果（Halo Effect）：行銷、財務

三、星巴克社群行銷 III：績效

星巴克、外界都很喜歡討論星巴克社群行銷的績效，本單元分三階段說明。

（一）里程碑績效：流量

網路流量、黏著度（Portal Site Stickiness）比較容易衡量，但這些許多是「空氣票」，星巴克狀況如下，以 2020 年 8 月為例。

1. 文字

推特追蹤者 2020 年 1 月 1,130 萬位，，2020 年 8 月 1,100 萬位，詳見圖 4-2。

2. 照片

在臉書上愛用者照片分享 3,650 萬人，詳見圖 4-3。

3. 影片

在 IG 訂閱者有 15.3 萬位追蹤者，1,826 萬人，號稱全球第二大公司，Trackalytics 天天統計；在 YouTube 上則有數百萬人。

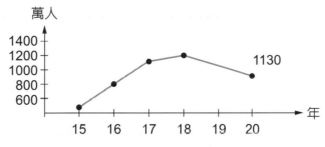

▷▷ 圖4-2　星巴克在推特上的追蹤人數

資料來源：Twitter statitics，15 天 個數字。

▷▷ 圖4-3　2019年星巴克在臉書上的粉絲數

資料來源：Trackaeytics、socialinside。

（二）經營績效I：形而上

1. 社會公益、社會責任

主要是透過社群行銷中的公益行銷，去達成社會公益目標。

2. 社區意識建立

星巴克全球社群媒體處長 Matthew Guiste（任期 2008 年 5 月至 2011 年 7 月）說，星巴克跟顧客互動可建立關係，而不是行銷。

（三）經營績效II：營收

星巴克社群行銷對營收、淨利的效益有待觀察。

 **資訊小幫手**

星巴克社群媒體行銷權威報告

時：2018年3月28日

地：美國伊利諾州曼德萊恩（Mundelein）鎮，Unmetric公司（2010年成立）
　　的所在。

人：Kavya Ravi，印度裔美國人。

事：在《Unmetric Analyze》上的文章"5 Ways Starbucks Creates An Enviable
　　Social Media Strategy"，分析2017年星巴克社群媒體行銷的效果。Unmetric
　　Analyze追蹤有用社群媒體上的10萬個品牌，每月訂閱費1,000美元起。

章後習題

一、選擇題

(　　) 1. 星巴克行銷費用佔營收 1%，這在同業平均來說如何？　(A) 低　(B) 普通　(C) 高。

(　　) 2. 星巴克為何那麼重視店內音樂？　(A) 塑造氣氛　(B) 替賣 CD 打歌　(C) 老闆是樂迷。

(　　) 3. 星巴克店內音樂由誰決定？　(A) 各店店經理　(B) 公司　(C) 顧客點歌。

(　　) 4. 星巴克為何重視社群媒體行銷？　(A) 主顧客群 28 ～ 45 歲是數位原住民　(B) 社群媒體行銷成本比較低　(C) 以上皆是。

(　　) 5. 如何衡量星巴克社群媒體行銷績效？　(A) 粉絲人數　(B) 會員人數　(C) 消費人數。

(　　) 6. 星巴克找哪位女美國歌手一起促銷歌曲？　(A) 女神卡卡 (Lady Gaga)　(B) 凱蒂·佩芮　(C) 瑪丹娜。

(　　) 7. 在什麼社群媒體上，星巴克的粉絲最多？　(A) 臉書 (FB)　(B) 微信　(C) Instgram (IG)。

(　　) 8. 星巴克為何不用抖音（TikTok）行銷？　(A) 美國市場為主　(B) 怕得罪美國總統　(C) 不知道原因。

(　　) 9. 2014 年 4 月，星巴克辦了一個在星巴克咖啡紙杯上畫圖比賽，名稱？　(A) 白紙杯　(B) 灰紙杯　(C) 無色紙杯。

(　　) 10. 星巴克主力社群媒體是臉書，如何使用呢？　(A) 下載 APP　(B) 申請加好友　(C) 好友推薦。

二、問答題

1. 把星巴克的行銷費用、密度表更新，即列出 2015、2020 年度，分析其趨勢。

2. 把星巴克行銷密度跟同業、異業，如麥當勞的比較，為何有差別？

3. 比較兩篇星巴克品牌個性的實證論文，為何會有差別？（提示主要是地區、顧客人文特性）

4. 試舉二個星巴克採用「病毒式行銷」的例子，差異何在？

5. 比較星巴克與同行（例如瑞幸、在臺路易莎）在社群媒體行銷差異。

個案5
中國大陸餐飲業中的火鍋業－現象級「企業」海底撈、「管理」海底撈

南韓炸雞店、中國大陸和臺灣火鍋店

餐飲業進入門檻低（尤其是路邊攤），因此是各國人士創業的第一名的行業。餐飲業分餐廳、飲料兩種類行業，餐廳再細分餐廳、路邊攤。在中國大陸、臺灣，餐廳有三種分類方式，一是依菜色（中式 VS. 中式以外）、店數（連鎖 VS. 獨立）、營業方式（點餐 VS. 快餐）。

中國大陸餐廳業中，火鍋業佔 13.7%，中式餐廳中單一菜式最大的是川菜；開曼群島註冊的海底撈國際控股公司是火鍋業中最大，市佔率 3.5%，比第二名呷哺呷哺 0.8% 大很多。海底撈在臺灣至少有 15 家店，北中南部皆有。海底撈符合「現象級」定義，本書以四章篇幅說明：現象級企業家張勇、現象級企業海底撈、現象級管理海底撈。

學習影片 QR code

第二篇　餐飲業中的服務霸主

5-1　中國大陸最大中式餐飲公司海底撈

　　中國大陸餐飲業與其中最大行業火鍋業龍頭－海底撈國際公司是本書第五～八章的主角，本單元說明公司大概情況。

一、公司

　　從公司小檔案可見海底撈的基本狀況，表 5-1 可見中國大陸餐飲業產值。而由表 5-2 可見海底撈公司組織型態的演變，海底撈是家外國公司。

公司小檔案

海底撈國際控股（0862）（Hidilao International Holding Inc.）

成立：2015年，2018年9月26日香港股市上市

住址：中國大陸北京市昌平區

公司註冊地：英屬開曼群島

資本額：港幣51億元

董事長、總經理：張勇

營收（2019年）：人民幣265.5億元

淨利（2019年）：人民幣23.47億元

主要產品：中高價火鍋

2019年768家店，5,473萬位會員

主要顧客：二線城市（人口800～1,000萬人）佔營收50%，佔店數69%

員工數：10萬人

標語口號：來自四川的火鍋，好火鍋自己會說話（2008年2月18日，四川省版權局登記）

⊞表 5-1　中國大陸餐飲業產值

單位：人民幣億元

四層次金額	2014	2015	2016	2017	2018	2019
國內生產毛額	643567	688858	746395	832096	919281	990865
社會消費品零售	262394	300931	332316	366262	381156	411649
餐飲	27860	32310	35779	39644	42716	46721
中式餐飲	22648	22848	25080	13.7	30029	32855
火鍋佔中式餐飲比率（%）	13.3	13.5	13.6	13.7	13.8	13.9
餐飲員工（萬人）	234.5	222	221	223	234	243.57

參考資料：整理自中國大陸國家統計局，每年 1 月 20 日；中國飯店協會，每年 4 月 8 日「中國餐飲會年度報告」。

⊞表 5-2　海底撈公司組織型態變遷

時	地	名稱
1994年3月	四川省簡陽市	海底撈火鍋城
2001年4月16日	四川省成都市	海底撈餐飲公司
2013年	英屬開曼群島	海底撈關係人公司頤海國際公司轉註冊地
2015年	英屬開曼群島	海底撈國際控股公司

資訊小幫手

海底撈三字對員工、顧客代表意義

1. 海
   對員工：（品牌）如大海寬闊，無窮無盡
   對顧客：海底撈火鍋像大海一樣
2. 底
   對員工：用人原則，員工從底層做起
   對顧客：無窮無盡的食物
3. 撈
   對員工：用勤勞的雙手去改變自己命運
   對顧客：應有盡有給顧客品嚐

二、三權合一的公司

公司有三權,海底撈是三權合一的公司,由張勇夫婦擁有。

1. 所有權

張勇、舒萍夫婦持股 57.27%。

2. 經營權

董事會 8 席中,張勇夫婦一派佔 7 席。施永宏夫婦持股比率 8%,當選董事,其餘五席都是張勇夫婦控股公司的法人代表。

3. 管理權

張勇擔任總經理。

三、市場地位

1. 營收

2015 年起,中式餐飲營收第一;2017 年,人民幣 106.57 億元,首家破百億元的餐飲公司。

2. 火鍋業

市佔率第一,約 3.5%。

四、策略雄心

1. 時間:2019 年 8 月 20 日。

2. 人物:海底撈高階主管。

3. 事情:在「上半年業績會後的電話會」宣布「在中國大陸可以容納海底撈 3000 家店」。

五、海底撈經營績效

中國大陸海底撈的經營績效詳見表 5-3,由於公司 2018 年 9 月才在香港交易所股票上市,2015 年以前細的資料(例如每年消費人次)較少,表中 2020 年資料為本書參酌上半年數據所估,為了節省篇幅起見,表 5-3 中只列大項。

田表 5-3　海底撈歷年經營績效

貨幣單位：人民幣

損益表	2008	2010	2011	2012	2013	2014	2015
(1) 營收 　　（億元）	3	15	22.5	31.3	43.5	49.9	57.57
(2) 店數	20	39	60	70	93	111	146
(3) 餐廳收入比重（%）	－	－	－	－	－	－	－
損益	2016	2017	2018	2019	2020*	2021*	2022*
(1) 營收	78.07	106.37	169.7	265.6	340	408	476
(2) 店數	176	273	466	769	1000	1200	1400
(3) 餐廳收入佔比（%）	97.8	97.76	97	97	96.5	96	96
(4) 淨利	9.781	11.94	22.6	23.46	5	36	50.1

* 參考資料：中國大陸中信建設證券，2020 年 1 月 26 日的海底撈研究報告，2020 ～ 2021 年。

六、海底撈前景

　　海底撈是香港交易所的餐飲股權值工，也是中國大陸餐飲業的一哥，影響許多的投資人、顧客等。中國大陸證券公司對其前景的分析報告很多、很細，詳見表5-4。

　　消費者追求餐種多樣化，火鍋只是餐飲的一種，加上海底撈價值中上，中國大陸一、二線都市上班族大約一個月消費一次。再加上排隊等待，也會逼退一些有消費意願但「不願」久候的人。

　　海底撈也知道，2019 年起，想方法增設營業項目，例如低價位快餐店，採取戰鬥品牌，但是就是做不大。（詳見五暉，2020 年 5 月 27 日，品牌觀察記）

田表 5-4　有關海底撈的中國大陸證券公司研究報告

時	2019年7月15日	2020年3月26日
地	四川省成都市	北京市東城區
人	國盛證券	中信建設證券
事	海底撈新開店以小店為主。 （註：三線城市）	3,000家店，每年顧客人次12.3億人次，營收約人民幣934億元，員工人數35萬位，薪資成本人民幣272億元，另2022年估計店數768＋850家店。

5-2 現象級企業海底撈

　　美國職業籃球（NBA）聯盟有 30 隊，每隊有 15 位球員，加州湖人隊的雷霸龍‧詹姆士（LeBron James），名人堂明星等各界認可他是現役中的現象級籃球球員，歷史地位僅次於籃球大帝喬丹。

　　美國運動電影很喜歡拍這類百年一遇的球員、球隊，因為看了令人勵志、感動，重點在於過程精彩。同樣在企業中，海底撈國際控股公司也是現象級公司（Phenoment Company），本單元說明之。

一、海底撈成功有過程

　　長江起源自中國大陸青海省唐古拉山北麓的各拉丹多冰峰下的高山沼澤，長江源頭之一很小，電視新聞曾播出一個人用一隻腿踩下去，便可斷流。長江廣納百川，長度 6,300 公里，僅次於非洲尼羅河 6,670 公里、南美洲巴西的亞馬遜河 6,400 公里。

　　海底撈公司董事長張勇是「知無不言，言無不盡」的人，從 1994 年 3 月 25 日，在四川省簡陽市（在省會成都市東 48 公里，農業縣級市，2020 年人口約 150 萬人）開第一家店。一路走來，辛苦、睿智經歷過程皆有文字紀錄。

二、海底撈的成功是眾所公認的（表 5-5）

1. 電視節目

電視新聞喜歡做餐飲業新聞，跟每個人生活息息相關，火鍋業是中式餐飲最大品類，市佔率 13.7%。海底撈在火鍋業中市佔率 3.5%，為市場龍頭，遙遙領先第二名呷哺呷哺 0.8%。

2. 書

在中國大陸，有關海底撈的書 30 本以上，小至《海底撈店長日誌》，許多書都有具體的實務。其中最著名的是黃鐵鷹的《海底撈你學不會》，號稱銷售量破 100 萬冊，這書本質上是連載短文的合訂本，偏重每個人、每件事的零散描述。

3. 網路聲量

以 2019 年 8 月底累計，在抖音上影片播放 37.3 億次（14 個項目），小龍坎 0.7246 億次，呷哺呷哺 0.107 億次。（詳見子然餐飲品牌設計公司，財經，2019 年 9 月 30 日）

⊞表 5-5　海底撈的重要電視台報導

洲／區域	國家、電視台
一、國外	
（一）美	美
（二）歐	英、德、西班牙
（三）亞	日本、南韓
二、中國大陸	
（一）全國	中央電視台〈財富故事會〉、〈商道〉，例如2011年2月13日（對話）
（二）地方	1. 衛視：北京、上海東方、湖南、廣東深圳

三、海底撈的影響

　　海底撈是餐飲業中的火鍋店，2004 年 7 月因進軍北京市，顧客在微博等社群媒體上分享愉悅消費過程而形成病毒式行銷，有「肉麻式」、「逆天式」服務等形容詞。由表 5-6 可見，當海底撈營收人民幣 3 億元（2008 年）、店數 20 家，還是餐飲業的小型公司時，許多巨型餐飲公司使登門取經；2008 年，已擴大到餐飲業以外公司。

　　有很多公司把《海底撈你學不會》列為員工必讀書，當你上中國大陸「文秘網」會看到十篇的「讀書心得」（2018 年 8 月 14 日）。

⊞表 5-6　幾波活動帶動海底撈、張勇熱潮

時	地	人	事
2007年6月26日 共3小時	北京市	張勇、海底撈董事長兼總經理	1. 百勝（中國）地區經理（約每位管36家店）200位，在海底撈牡丹園店「參觀學習，提升管理水準」 2..張勇形容這是大象向螞蟻（20家店）學習
2007年6月27日	北京市	張勇	百勝集團2007年上半年地區經理大會，邀張勇擔任特別嘉賓
2008年3月21日	海南省三亞市	苟軼群，海底撈決策委員會委員	應聯想集團之邀分享關於海底撈文化如何貫穿顧客服務
2008年	北京市	李森斌，王品公司中國大陸事業群執行長	帶同仁到海底撈參訪

時	地	人	事
2009年4月	北京市	麥克法蘭（F. Warren McFarlan, 1937～）哈佛大學商學院退休教授	〈哈佛管理論〉中文版，中國大陸服務業第一個個案分析，主要北京大學黃鐵鷹寫的「海底撈的管理智慧」
2011年	北京市	黃鐵鷹，北京大學光華學院教授	出版《海底撈你學不會》，銷售100萬冊以上

田表 5-7　張勇答應黃鐵鷹訪談寫書三條件

時	2010年2月	2020年2月
地	北京市	北京市
人	張勇、黃鐵鷹	張勇、黃鐵鷹
事	黃鐵鷹想出一本海底撈的書，想訪問張勇，張勇回答：「海底撈名聲在外，盛名之下，其實難符。再出一本書，（恐）怕吹（捧）過（頭）」。	張勇答應在下列三條件下，接受黃鐵鷹、孫雅男小姐（中國企業家雜誌編輯）訪談 1. 真實呈現：好與不好的一面、問題和疑惑 2. 海底撈不出錢 3. 張勇不審核

 個人小檔案

黃鐵鷹

出生：1955年，中國大陸吉林省長春市

現職：2001年起，北京大學光華管理學院兼任訪問教授

經歷：21世紀通公司執行副董事長、香港華潤創業公司董事總經理
　　　（1993～2000年）、深圳市萬科董事、北京市華遠公司董事

學歷：人民大學工業經濟管理系碩士

著作：2010年10月《海底撈你學不會》，中信出版社：這是50幾篇短文合集。在
　　　臺灣，2012年7月，大地出版社。這書他訪談了張勇、張勇的太太舒萍、
　　　母親、鄰居、同學和員工。
　　　2009年4月，哈佛大學出版〈哈佛商業評論〉中文版「海底撈的管理智
　　　慧」。

［資料來源：整理自華人百科、百度百科黃鐵鷹］

5-3　海底撈董事會與公司治理

2018 年 9 月 26 日，海底撈國際控股公司在香港交易所股票上市，新股上市競價均價港幣 18.8 元，重點是在重大訊息揭露。公司治理方面皆須遵循法令，本單元簡單說明。

一、所有權

2020 年 8 月海底撈董事長張勇、舒萍夫婦三家家族控股公司 SP、LHY NP 公司與 NewPei（新派）持股比率 57.21%。簡單的說，張勇夫婦擁有海底撈「一般多數」（50% 以上）經營權。

二、經營權

董事會成員 8 席，除四位創辦之一施永宏夫婦是個人持股 8% 外，其他 5 席都是張勇夫婦家族控股公司的法人代表。在這情況下沒有必要分析董事的學經歷，你上「東方財富」，可以查到海底撈 8 席董事的學經歷。

📍 資訊小幫手

一個藏有利空的訊息

時：2020年4月27日

人：海底撈

事：公告佟曉峰辭任三個職位（執行董事、財務長（即財務總監）、聯席公司秘書），理由是「多點時間陪伴家人」。

　　佟曉峰2018年1月17日擔任董事，並於5月2日調升執行董事，2017年7月13日起擔任財務長。

〔資料來源：新浪新聞，2020 年 4 月 27 日〕

三、公司治理：審計（核）、薪酬、提名委員會

提名委員會主席張勇，薪酬、審計委員會召集人（中稱主席）皆獨立董事。

四、董事會運作方式

餐飲業大部分只要發生一次 30 個人以上的顧客食物中毒的食品安全事件，可能消費者就失去信心而倒閉。

海底撈董事會下轄「食品安全管理委員會」，主要是監督考核食安有關的三個核心部門（採購、中央廚房、營運），另加風險管理（原字風險控制）。

五、三權集於一人

張勇擔任董事長、總經理，一人集所有權、經營權、管理權於一身。

伍忠賢評論：三權分立才能落實董事會決策、監督。套用在宋太祖派兵滅南唐時所說的名言：「臥榻之側，豈容他人酣睡」。三權合一，最大的管理盲點是當總經理張勇管理失當，董事長張勇與董事（除了施永宏）是不會對總經理課責的，如此就失去董事會監督功能，內部控制等形同虛設。

六、這樣的退休宣言，意義不大

1. **時間**：2020 年 4 月 27 日。

2. **人物**：張勇。

3. **事情**：在對員工電子郵件中表示在 2030 ～ 2035 年時，張勇要退休，並排除施永宏、楊利娟、苟軼群接任。有些人評論，10 年後的事，誰敢保證？

5-4 現象級企業家海底撈董事長張勇—《富爸爸窮爸爸》書架構

海底撈國際控股公司四位創辦人之一、董事長張勇是現象級企業家（Phenomenal Entrepreneur），本單元以「現象級」三個標準來說明。

一、資料來源（表 5-8）

有正確資料再加上分析方法，才有可能有正確推論、正確資料的「開始」。有關張勇的網路文章如繁星，表 5-8 是有關張勇創業過程比較有考證的文章。

例如針對 1994 年張勇向公司其他三位創辦人提議，由他擔任經理，〈新京報〉記者採訪董事施永宏的身旁人士，得到結論是「協商出來的」，沒有鄉野（網路）傳的戲劇化。

△表 5-8　有關海底撈早年創業成功較平實詳細文章

時	2014年3月18日	2014年12月15日	說明
地	北京市	廣東省深圳市	時：1983年1月10日 人：經濟日報 事：由中共國務院創立的報紙
人	－	深圳人才網	－
事	在〈勵志達人〉上文章「海底撈成功的秘密」，這篇原始出處是黃鐵鷹，在〈中國企業家〉雜誌（半月刊）上受訪	〈壹讀〉上文章「電焊工張勇：建立海底撈帝國的故事」	時：1985年 人：經濟日報社 事：創立〈中國企業家〉雜誌，2005年由月刊改為半月刊

二、現象級標準－成功過程－套用《富爸爸窮爸爸》一書 10 原則（表 5-9）

套用 1993 年，日裔美國人羅勃特‧清崎《富爸爸，窮爸爸》一書成功致富十原則，把張勇 1993 ～ 1995 年創立海底撈前後幾年的成功因素整理成表。

△表 5-9　海底撈張勇 1980 ～ 1995 年

富爸爸窮爸爸 一書10原則	說明
一、欲望與野心	1. 張勇父親是廚師，母親是小學老師，上有祖母，下有2個弟弟。 2. 父親收入不多，張勇從小就嚐到貧窮的滋味。 3. 沒考上高中，進高工學電銲，1988年畢業後進四川拖拉機廠，月薪人民幣93.5元。 4. 張勇鄰居靠賣燻鵝年收入人民幣萬元以上。

富爸爸窮爸爸 一書10原則	說明
二、學習	1. 他小時，家中有訂（文化少年）月刊等，養成他閱讀習性。 2. 1985年，張勇到圖書館看書看報…他讀了法國哲學家盧梭的《社會契約論》，接受「人生而平等」觀念。
三、勤於思考	1994年一家店四人合夥時，張勇希望其他三位合夥人讓他當家做主，他許下承諾「5年內店資產人民幣15萬元」。
四、看見未來趨勢	1. 1990年，張勇四處找生意機會，在四川省成都市看到「押大小」的賭博機台，這是違法的，他在（參考資料報）上找到廣告，他在成都市找，他回簡陽市湊借了人民幣5,000元，去成都市途中被騙人民幣1,300元買了假金手錶，錢不夠，第一次創業失敗。 2. 1991～1992年，他在成都市發現麻辣鍋很有錢途，這是他日簡陽市在1屋2樓開「小辣椒」麻辣燙，一年多，賺了人民幣1萬元。因追女友舒萍（後來成為他太太）麻辣燙店也關了。
五、遠離負面人與事	張勇打牌（麻將）輸錢，「小辣椒」火鍋店4張桌子，張勇希望創業賺錢，還清賭債。2020年第六度戒酒。
六、勇於冒險	張勇說「像我這樣沒學歷、沒背景，又不認命的人，就只能靠雙手改變自己的命運」。
七、努力	1. 張勇說，我這樣沒大學學歷、沒背景，還不認命，只有一條路可以走，就是不怕辛苦，不怕伺候別人。 2. 在1992～1997年小辣椒麻辣燙時，張勇幾乎「以店為家」 3. 2003年公司大了，他早上、中午、晚上開會，基本上除了睡覺，張勇都在工作，執行力強。
八、誠信	1994年3月，海底撈第一店成立，由4個人合夥，張勇完全信任合夥人（主要指施永宏，跟張勇在1985年國二時同學），很少過問店面收支（帳本）。這也讓其他合夥人全心為店服務，這持續到公司壯大後，張勇「疑人勿用，用人勿疑」。
九、面對挫折的能力	1. 1999年4月，陝西省西安市海底撈出資人民幣20萬元，跟當地人出資人民幣60萬元，開了雁塔店，虧損了7個月，金主要求退股，海底撈吃下了，第8個月損益兩平。 2. 2004年海底撈在北京市開店，一位副總誤信一位假房東，被騙人民幣300萬元。
十、耐心、堅持下去的紀律	2020年9月14日，在五位企業家座談會，張勇今年開始慢跑，自開始每天2公里，已經跑到12公里。

三、現象級標準二：公認－創業成功結果（表 5-10）

如何衡量一位企業人士的成功，至少有兩種方式。

1. 美國財星、富比士雜誌

8 家報紙周刊，每年皆會全球、主要國家「最佩服」、「最具影響力」、「CEO排榜」等，2020 年 4 月 13 日，〈財富〉中文版中國最具影響力 50 位商業領領袖，張勇排第 49，前三名阿里巴巴馬雲、華為任正非、比亞迪王傳福，鴻海（中稱富智康）郭台銘第五。

2. 財富（身家）

用貨幣金額來衡量一位企業家的成功，是全球大部分報紙刊物作法。

田表 5-10　2020 年張勇與舒萍夫婦的財富金額

地	人	事
2020年4月6日全球	胡潤全球百強企業家	張勇與舒萍夫婦以人民幣1150億元財富，名列第62名
2020年4月7日全球	美國〈富士比〉雜誌	全球億萬富豪榜，排118名
2020年8月29日新加坡	美國〈富士比〉雜誌	在（富士比亞洲）雜誌，新加坡50大富豪，2019年起，張勇夫婦成首富
中國大陸	美國〈財星〉雜誌中文版	張勇入列中國大陸最具影響力的50位商業領袖之列，第49名

四、現象級標準三：影響

以「立德、立功、立言」來說，張勇主導下，把海底撈現象級企業、海底撈管理成型。

5-5　現象級管理 I：全景－策略性人力資源管理、組織管理到行銷管理

日本豐田汽車公司的豐田生產系統（Toyota Production System, TPS），又稱豐田式生產管理（Toyota Production Management, TPM），主要是大野耐一在擔任副總裁（任期 1975 ～ 1978 年），把「即時生產」、「看板管理」等予以系統化。豐田式管理在全球的工業中的許多公司是取經的對象。豐田式管理是現象級管理（Phenomenonal Management）的典範之一。

在中國大陸餐飲業，海底撈控股公司靠「創新細緻」服務落實事業策略中的差異化策略，透過店員服務以建構「品質」差異化的競爭優勢。本單元拉個全景鏡頭，先看海底撈式管理這個現象級管理的「投入－轉換－產出」架構，詳見表 5-11。之後 6 個單元再拉個近景甚至特寫鏡頭，詳細說明這三階段。

一、產出：競爭優勢（Competitive Advantage）

以顧客體驗分數區分兩種類。

1. 顧客體驗 41 分以上，顧客價值（Customer Value）

這區分二個層級。

(1) 顧客體驗 81 分以上：顧客推薦（Customer Recommendation），俗稱好口碑（Words of Mouth, WOM），一呼百諾的網路效果稱為病毒式行銷（Viral Marketing）。

(2) 顧客體驗 41 ～ 80 分：顧客續購（Customer Repurchase）。

2. 顧客體驗 40 分以下：顧客滿意程度

(1) 顧客體驗 21 ～ 40 分：指顧客滿意度 50 分以上。

(2) 顧客體驗 20 分以下：指顧客滿意度 50 分以下，即「不滿意」大於「滿意」，這種顧客不會再來下一次，更不滿的顧客會抱怨（Customer Complaint）。

表 5-11　從人力資源、組織管理到顧客體驗（投入層級排序由高至低）

得分	投入：滿足員工馬斯洛需求層級	轉換：幸福企業	產出：顧客體驗
	五、自我實現：授權	一、員工投入程度	一、顧客價值
100	10. 中階員工 內部創業制度	（一）樂於宣傳公司 （say）	（一）顧客向別人推薦
90	9. 基層員工	樂意留在公司上班	有創意的對待顧客：待客如「賓」（賓至如歸）
	四、自尊	（二）肯拚肯做 （strive）	－
80	8. 計畫性晉升 員工訓練、工作多樣化	1. 在公司工作有意義	－
70	7. 員工認同 每月、季、年模範員工	2. 工作成就感	－
	三、社會親和	（三）留任意願 （stay）	（二）顧客續購 真誠的對待顧客：待客如「彬」（彬彬有禮）
60	6. 領導技巧 員工關懷 （employee caring） 溫情式管理	1. 對公司有歸屬感、組織承諾	－
50	5. 員工協助（EAP）	二、工作樂趣	－
	二、生活	三、員工滿意程度	二、顧客滿意程度
40	4. 相關制度：工作條件（請假等）	（一）滿意程度81分以上	（一）滿意程度81分以上
30	3. 福利津貼：食衣住行育樂	及格的對待顧客	待客如「檳」（檳榔）
	一、生存		
20	2. 薪資，包括論件計酬	（二）滿意程度80分以下	（二）滿意程度80分以下
10	1. 工作環境（舒適度、安全感）	－	應付式對待顧客：待客如「冰」

® 伍忠賢，2020 年 8 月。

二、轉換、核心能力（Core Competence）－透過幸福員工 以讓顧客滿意

由表 5-11 中第二欄可見這是以快樂員工（Employee Happiness，臺灣譯爲幸福企業），有人認爲員工幸福由低到高有三層：滿意、樂趣、意義。

1. 幸福分數 71 ～ 100 分，稱爲員工投入程度（Employee Engagement）

這分三個中分類層次。幸福分數 91 分以上：樂於宣傳（Say）公司的好；幸福分數 81 ～ 90 分：肯拚肯做（Strive）；幸福分數 71 ～ 80 分：以公司爲家（Stay），詳見小檔案。

2. 幸福分數 41 ～ 70 分，稱爲樂趣（Delight in Work）

員工覺得工作有趣味與同仁相處愉悅。

3. 幸福分數 40 分以下，稱爲員工滿意程度（Employee Satisfaction）

這分爲二個中分類層級。

公司小檔案

員工投入程度的權威人資顧問公司（Employee Engagement）

時：每年1月
地：英國倫敦市
人：怡安・翰威特（Aon Hewitt）公司，1919年成立。
事：在 "Aon Hewitl's model 56 employee enagement"，每年推出全球70家中小型公司、5,100位員工投入報告，由74個問題組成六大項。

三、投入：公司組織、人力資源管理－馬斯洛需求層級的架構

有幸福程度高的員工來自公司花錢花心思，透過組織、策略人力資源管理，以滿足員工在馬斯洛需求層級的需求。

1. 第一層級：生存

(1) 第 1 項工作環境值得信賴（Credibility）。

(2) 第 2 項薪資（Reward），讓員工一家「吃飽穿暖」。

2. **第二層級：生活**

(1) 第 3 項福利津貼，讓員工一家生活「從有到好」。

(2) 第 4 項相關制度，能幫員工排憂解難（Address Problem Area）。

3. **第三層級：社會親和**

(1) 第 5 項同事關係（Camaraderie）。

(2) 第 6 項領導技巧：以對員工「公平」（Fairness）為例，包括薪資、晉升公平。

4. **第四層級：員工自尊**

(1) 第 7 項員工認同（Acknowledge Efforts）。

(2) 第 8 項員工升遷（職涯發展），透過員工訓練、工作多樣化，讓員工往上爬升，覺得自己職涯有希望。

5. **第五層級：自我實現**

員工在公司內上班，很自豪（Pride），這對兩種層級員工，有兩種「當家做主」的措施。

(1) 第 9 項對基層員工授權，讓他（她）覺得能作一些事。

(2) 第 10 項中高層員工內部創業，讓他（她）當家作主。

5-6 現象級管理 II：產出競爭優勢－海底撈跟美國西南航空比較

每家公司各有其資源，經過董事會、管理階層的運用，對外形成與對手一拚的競爭優勢。

1. **投入**：生產因素市場中五項，自然資源、勞工、資本（機器設備）、技術和企業家精神，在策略管理中稱為「資源依賴理論」。

2. **轉換**：主要是管理、生產函數等。

3. **產出**：向顧客訴求的「價量」、「質時」，以麥可‧波特的事業競爭策略來說，即「成本」、「差異化」。

一、比較對象：美國西南航空

每次談到對顧客眞誠親切服務都會以美國第三大航空公司西南航空（Southwest Airlines）爲例。

1. 六項成功因素

由表5-12第三欄來說，西南航空在1995年年報中說明其成功因素，我們依「投入－轉換－產出」架構呈現。

2. 聚焦在第5項的員工服務

西南航空靠機組員服務在平價航空業崛起，旅客體會員工的自然（不做作）、幽默、有創意的對待顧客。

西南航空對地勤、空中服務人員，沒有規定制式的笑要露幾顆牙齒、鞠躬要彎腰幾度。

田表 5-12　美國西南航空公司「投入－轉換－產出」架構（投入排序由高至低）

投入：員工行銷、馬斯洛需求層級	轉換：顧客服務	產出：顧客體驗、競爭優勢
五、自我實現 　1. 我們鼓勵創新和創造，以增進西南航空的效能。 　2. 平等的學習（員工訓練、輪調）、自我成長機會。	我們期待員工，對外以同樣態度，對待西南航空的每一位顧客。	1995年西南航空年報中，說明6項成功因素。 一、投入：生產因素市場 　1. 勞工：雇用優秀的人。 　2. 資本：飛機維修易，成本低，單一機型，波音737。
四、自尊 三、社會親和 　3. 最重要的是以關懷、尊重和愛心，平等對待每一位員工。		二、轉換：核心能力 　3. 永不停止：尋求改善。 三、產出：競爭優勢 　4. 價：降低成本，以降低票價。 　5. 質量：待客如賓。 　6. 時：點對點、2小時內短程，航班準點率高。
二、生活 一、生存 　4. 我們承諾提供員工穩定的工作環境。		

二、海底撈張勇的看法

由表 5-13 可見，張勇對店員服務構成「差異化」競爭優勢。

田表 5-13　張勇對海底撈「投入－轉換－產出」的看法

投入：公司的作為	轉換：核心能力	產出：競爭優勢
顧客需要員工服務，海底撈透過下列二種方式激發員工的熱情、滿意服務。	員工只要「勤奮敬業誠信、進步和忠於公司」。 員工真誠的對顧客等，才有用，是能保證、實現顧客滿意程度的。	價「量、質」時中的「質」 1. 餐飲是個競爭非常激烈的行業，顧客的體驗非常重要。
1. 親情式管理 　重要的是要滿足員工的需求，想辦法讓他把公司當成家，員工就會把心放在顧客身上。		2. 品質中三項中的店員服務在餐飲業（包括火鍋店）產品中的環境、食品安全、餐飲口味都不是海底撈的競爭優勢，店員服務才是。
2. 人力資源管理 　人力資源管理，進而形成企業文化，這是核心能力。 　餐廳店員服務的技術含量不是很高，員工訓練不是最重要的。	當員工相信在海底撈工作可以「雙手改變命運」，就會發自內心地對顧客付出，海底撈服務水準大幅提升，牢牢抓住顧客的心。	3. 人心都是肉長的，你對人家好，人家也就對你好。員工服務態度影響顧客滿意程度，店員服務是取勝關鍵。

5-7　現象級管理 III：張勇對員工管理的哲學

公司創辦人的經營理念（Business Philosophy）會影響公司目標、策略、組織設計、獎勵制度。麥肯錫公司的成功 7 要素，其中針對公司文化、用人、領導型態、領導技巧等做出規範。海底撈董事長兼總經理張勇的「認知」，影響其「態度」，表現出在員工管理各方面，本單元說明。

一、張勇的認知

由表 5-14 可見，在 1985 年，張勇 15 歲時，有兩本書深刻影響其形成「平等」的觀念。

表 5-14　1985 年張勇在簡陽市圖書館讀二本人生而平等的書

時	1762年	1776年7月4日
地	法國巴黎市	美國賓州費城
人	盧梭（1712～1778）	湯馬斯・傑佛遜，美國第三任總統（任期 1801～1809）
事	出版（社會契約論） 社會契約是人們對成員的社會地位的協議	在美國（獨立宣言），傑佛遜是主要起草人

二、張勇的態度

在管理員工時，張勇「己渴人渴」，以同理心方式，對待員工，詳見表 5-15。

表 5-15　張勇對給員工「希望」的看法、作法

投入：農民工	轉換：海底撈	產出
（一）農民工的劣勢 　　三沒（沒學歷、沒背景、沒專長）	海底撈提供農民工一個舞台。	一個生在都市的年輕人，職業生涯有許多發展空間，一個（特別是貧困）農村青年改變命運只有一條路，即成為都市裡的人。
	海底撈對優秀員工的回報。	
（二）農民工投入 　　讓員工「信任」海底撈，進而相信雙手改變命運，只要能肯幹、能吃苦、不斷進步、忠於公司。	成為海底撈的管理者，領高薪。	怎樣才能成為都市人，必須在都市裡買房子，子女在都市裡上學。在都市裡買房，他們就能藉由雙手改變命運。

資料來源：部分摘自談茶論道，「把他們當人對待：海底撈的服務文化」，資訊，2019 年 1 月 23 日。

三、海底撈作法：組織設計，以 2006 年各市各區成立工會為例

在成立工會時，張勇去致詞：「海底撈絕大部分員工來自農村，大都高中以下學歷，沒法擔任公務員或公司上班族，過著體面、受人尊敬生活。

因此，我們必須有工會來幫助和關心基層員工的成長。每個工會的員工都必須明白一個道理，關心員工源自人生本平等的信念，我們都是人，每個人都需要被關心。」

四、權威（曹新宇）評論

1. 開宗明義

文中最一語道破的是「張勇是我見過的，把馬斯洛需求層級運用得最為充分的一個人」。

2. 海底撈不難學，涉及願不願意、敢不敢

願不願意花心思在員工身上，給他們發揮的空間，把普通人變成不凡的人。

敢不敢花錢「滿足員工需求」，進而提高顧客體驗。

曹新宇的權威評論

時：2019年2月25日

地：中國大陸北京市

人：曹新宇

事：在「CHO首席人才營」商業與管理評論（2015年11月創刊）
文章「海底撈張勇的用人哲學：尊重事最好的激勵」，他的公司2011年承接海底撈顧問案，跟張勇有數次談話。

曹新宇

出生：約1975年

現職：北京合力東方諮詢公司總經理、北京航天航空大學MBA班教授

地址：公司在北京市朝陽區，2008年成立

頭銜：著名策略管理和人力資源專家

經歷：IBM大中華區副總裁，曾在聯想集團、Hay人資部服務

學歷：英國謝菲爾德大學人力資源碩士

〔資料來源：部分整理自百度百科，曹新宇〕

田表 5-16　張勇對滿足員工馬斯洛需求層級看法（由高至低）

人需求層級	張勇看法
五、自我實現	我們海底撈給員工一個舞台，讓他們憑雙手去改變命運，脫離社會底層，也讓子女不重複我們的命運。
四、自尊	當一個學歷不高的員工發現在海底撈工作有助於： 1. 計畫式晉升 　還可以成為領班、店經理時，可能就會併發出格外的激情。要想留住員工，歸根究柢就是公平、公正、合理的升遷體系，除此之外，沒有其他機制。
三、社會親和	2. 員工訓練 　張勇看書時，一篇有關麥當勞的文章，有句話「要關注員工成長」。2010年6月海底撈大學成立，成為副理級晉升店經理的踏板。
	3. 平等 　我相信世界上八成的人都是好人，我花時間在如何激勵那八成的員工。不花管理成本在監控另二成的員工。張勇相信：「平等的意識將激勵員工更大的工作熱情，把海底撈當作自己的事業來做。」
二、生活	真正引導員工為公司理想而奮鬥，首先要解決員工需求。
一、生存	每個人來公司上班是想掙錢的，「要讓員工肯作，首先要滿足他（最基本）的生存（生活）需求，讓他比別人過得更好一些。」

5-8 「員工導向」程度量表：西南航空 76 比海底撈 60

　　美國西南航空、迪士尼度假區公司與海底撈國際控股公司皆自稱採取「員工導向」，本單元以伍忠賢（2020 年）的員工導向程度量表來評分，西南航空 76 分，海底撈 60 分，詳見表 5-17，以由下至上的遞進方式說明之。

一、1930 年代，美國行為學派興起

　　1938 年起，在美國的企管學者，興起「員工導向」（People Centered）的研究。這很自然，之前公司大都是「工作導向」（Task-oriented），最簡單的說法是「一將功成萬骨枯」，員工不是最重要的，公司目標達成才是。

田表 5-17　策略人資管理中的員工導向程度量表

投入（由高至低） 1. 馬斯洛需求層級 2. 策略性人力資源管理	依麥肯錫7S順序	1分	10分	海底撈	西南航空
五、自我實現：授權					
10.中高層員工	1. 策略：授權程度	少	多	10	9
9. 基層員工	2. 組織結構：組織層級	多	少	3	9
四、自尊					
8. 員工發展	5. 用人II：員工訓練	少	多	6	5
7. 公司認同員工	5. 用人I：平等	不平等	平等	7	8
三、社會親和					
6. 領導技巧	4. 企業文化：人家庭	顧客第一	員工第一	6	6
5. 同事關係	7. 領導技巧：團隊精神	勞資衝突	勞資和諧	7	9
二、生活					
4. 相關制度	6. 領導型態：主管支持	低	高	8	9
3. 福利津貼	3. 獎勵制度II：處罰、解雇員工	解雇員工	終生雇用	4	8
一、生存					
2. 薪資	3. 獎勵制度I：獎勵	財務	精神	4	6
1. 工作環境	0. 目標：營收、淨利	財務	遠景	5	7
小計				60	76

® 伍忠賢，2020 年 8 月 1 日。

二、大部分公司都講自己「以人為本」

1. **時間**：1998 年 9 月 31 日。

2. **地點**：美國德州達拉斯市。

3. **人物**：凱利（Gary Kelly, 1955 ～），時任西南航空公司財務長，2008 年 5 月 21 日起，出任董事長。

4. **事情**：在〈華爾街日報〉上說，「許多公司皆宣稱員工是公司最寶貴的資產，西南航空有作到。」

三、員工關懷導向程度量表

　　由於大部分公司講到「以人爲本」時都是「心戰喊話」、「作文比賽」，爲了可以跨公司比較，2020 年伍忠賢開發出「員工導向」量表。限於篇幅，只說明海底撈的一些項日得分的依據。

1. 第 2 項獎勵員工（reward），4 分

2014 年起，論件計酬方式，以保證效率，這偏向「任務導向」。

2. 第 3 項獎勵制度 II，處罰、解雇員工，4 分

火鍋店店員是工作時數長的勞力工作，如果主管覺得你缺乏服務熱誠、抗壓性，會勸退員工。

3. 第 8 項員工訓練，6 分

張勇或許多文章談讓員工讀大學 EMBA 班，例如楊利娟、袁華強去北京大學光華管理學院唸書，這人數必須擴大到 1,000、10,000 人，像美國迪士尼度假區公司等支持員工讀亞歷桑納州立大學（網路班）。

四、趨勢分析

　　根據資料來源分爲以下四點。

1. 時間：2018 年 9 月 3 日。

2. 地點：中國大陸北京市。

3. 人物：易才集團，2003 年成立，人力資源公司，母公司易才實業。

4. 事情：在「搜狐」上文章「告別親情化管理，海底撈的 180 家大轉彎」，1994 ～ 2014 年，員工導向；2015 年起，工作導向，張勇表示：「我們在管理方面，效法標的是華爲的『狼性管理』。」

5-9 現象級管理 IV：投入「組織與人力資源管理」－兼論公司關懷員工，員工幸福程度 51 ～ 60 分項目

中國大陸餐飲業中火鍋業龍頭海底撈對顧客「以客爲尊」、「賓至如歸」的服務，許多人認爲三大主要動力來自公司關懷員工（Employee Caring），對員工「無微不至」的照顧，讓員工推己及人的「推送關懷」給顧客。

這屬於行銷管理學門範圍，員工行銷（Employee Marketing），本書不用 Internal Marketing 一詞，進而顧客行銷（Customer Marketing）。

在公司營運，員工關懷主要由人力資源部負責，其次一部分涉及總經理下轄總經理室所轄組織管理。

一、員工快樂對公司的重要性

有許多文章討論員工快樂對公司的重要性，主要表現在對外（生產力、效率提高），對內士氣提升（留任）等。

二、學術研究：人力資源管理

針對關懷常見有三個領域，詳見表 5-18。

田表 5-18　關懷三領域

行業	目標
1. 教育業關懷（Educational Caring）	學生更高學習績效
2. 醫療業治療關懷（Nursing Caring）	病人身心更健康
3. 組織關懷（Organizational Caring） (1) Supporting Management (2) 認知對工作的重要性 (3) 公司對員工認同 (4) 授權	員工投入（Employee Engagement） 更高生產力 1. 員工激勵 2. 留任 3. 提升工作滿意程度 4. 抵抗壓力的恢復力（Resilience）

資料來源：整理自愛達荷州立大學教授 Michael Kroth & C. M. Keller。

三、海底撈董事長張勇

張勇對員工管理的理念:「海底撈在管理最大的創新是把人當人,人包括顧客、員工。」

四、不能無限上綱到「家文化」

1. 家文化

例如北京市的長江商學院朱睿、李夢軍在《未來好企業》(2020 年 4 月,中信出版)中,「海底撈從創立之初,採用一種家文化進行管理,創辦人之一張勇是大家長。」

2. 張勇的說法

張勇認為:「家文化是媒體、(黃鐵鷹)教授,還有員工想像的。」

3. 伍忠賢看法

張勇的說法很容易印證,他 1971 年生,1994 年創立海底撈時才 23 歲,還是年輕人,不太可能有家長式想法。

五、2020 年,伍忠賢「公司對員工關懷程度」量表

1. 量表題目

詳見表 5-20 以由下至上的方式遞進說明。

2. 如何評分,最重要的是大量、客觀、明確的資料來源,這分為兩種。

(1) 月暈式文章:絕大部中國大陸網路文章都是這種

(2) 平實文章:中國大陸最大電子書公司「知乎」上,知乎日報「在海底撈做服務員的工作體驗是怎樣的,」有 192 位海底撈員工(包括離職)回答,有人寫到 7 頁。另外,臺灣的「痞客幫」上留言。

3. 當不知評分時,給安全分 5 分

當上網找不到明確且大量資料時,我們對沒把握的分數會給 5 分,即不高不低。

⊞表 5-19　美臺對於公司關懷員工的論文

年	2009年	2014年
地	美國愛達荷州	臺灣臺北市
人	Michael Kroth and C. M. Keller，前者愛達荷州立大學教授	黃艾婷
事	在「心理、人力資源發展評論」期刊上論文 "Caring as a Managerial Strategy"，論文引用次數104次。 1. 員工授權 2. 公司（主管）認同員工（Employee Recognition） 3. 認知對工作的貢獻 4. 支援管理（Supportive Management）	文化大學會計系碩士論文： 「以員工觀點探索提升企業社會責任之員工關懷關鍵要素」說明依序如下。 1. 平等雇用機會 2. 良好員工關係與福利 3. 員工訓練 4. 員工安全與健康

 資訊小幫手

知乎網站

時：2011年1月26日成立

地：中國大陸北京市

人：北京智者天下科技公司

事：推出社會化問答網站「知乎」，跟美國Quora很像。

5-10　現象級管理 V：投入「組織管理」－美國西南航空 75 分比海底撈 62 分

有關海底撈對員工採取親情式管理（Family Relation Management）如過江之鯽，相關文章都來自海底撈，換個轉載。

本單元以伍忠賢（2020 年）公司對員工關懷程度量表（表 5-20），來分析海底撈，得分 62 分；對照組是美國西南航空 75 分。限於篇幅，只說明海底撈各項得分的依據。海底撈員工高職率 10%，低於餐飲業的 28.6%。

一、第 1 項員工安全與健康，5 分

找不到很強資料，安全給分 5 分。2020 年 1 月 23 日，中國大陸湖北省武漢市「封城」，1 月 26 日（農曆春節初二），海底撈宣布境內 550 家店「休業」，通告上理由是「配合國家疫情防控，保障顧客和員工的健康和安全。」

二、第 2 項良好員工服務，10 分

以員工宿舍來說，有煮飯阿姨、打掃阿姨等，打掃阿姨會幫員工鋪床。

三、第 3 項員工家庭照顧，10 分

海底撈至少得 8 分以上，有三項措施。

大約 1995 年起，員工主要來自農村，員工父母在農村，因農民沒有勞工「五險一金」，而且國民年金金額極低，海底撈每月給店大堂經理（含優秀員工）家鄉父母寄人民幣 200 元以上津貼，如果員工要離職，員工的父母會幫海底撈說話，請他（或她）留在公司。

如在四川省簡陽市海底撈子弟國中小學，這共分三階段發展，第三階段 2009 年人民幣 3 億元，買下校地建立通材實驗中小學（2001 年 6 月），員工子女一月書本費人民幣 300（一般人一年人民幣 2 萬元）。

此外，每年海底撈撥人民幣 100 萬元，治療員工和直系親屬的重大疾病。2012 年 11 月 5 日留守（鄉下）兒童關愛行動啓動，以解決員工後顧之憂。

四、第 4 項員工參加工會比率，3 分

在美國，一家公司員工加入工會比率須超過 50%，才會夠力跟資方談判，以西南航空公司來說，85% 員工加入工會。海底撈 2008 年各省市以各行政區為單位，成立工會與工會專員，海底撈沒有公布數字，假設 30% 員工加入工會，此項得 3 分。網路上文章宣稱「承諾終身任職海底撈，才能加入工會」。

五、第 5 項工作與生活平衡，5 分

海底撈每店每日開店營業 14 小時以上，所以有白班、大夜班（晚上七點到早上四點），有員工專作大夜班。一般來說，白班、大夜班須輪班。這就會造成「工作與生活不平衡」，員工離職原因之一在此。

六、第 6 項良好員工關係（勞資、同事間），7 分

大部分網路文章都誇店經理照顧員工，然而有些網路留言也會抱怨師徒制情況下，有些師傅會偷懶，讓徒弟多作些。

七、第 7 項員工協助方案，5 分

2011 年 3 月 2 日海底撈成立員工呼叫中心，這有部分像員工心理諮商電話，我們給五分，是這只有電話服務，是為了省錢，最好要有人面對面服務更好。

八、第 8 項雇用晉升平等，5 分

海底撈董事長張勇強調「把人不等對待」的經營理念，實際執行，你上網大量看幾百則員工留言，以晉升店經理來說，有很嚴重的「省籍情結」，四川省（簡陽市）、陝西省（西安市）的同鄉會優先提供同鄉繼任店經理；甚至還細到「姓張」的等。

九、第 9 項員工訓練、計畫晉升，7 分

海底撈新進員工訓練 4 天，儲備店經理訓練 14 天，大約入店，三年可升到店經理。這是因為公司快速開新店，2018 年起每年約需要 300 位店經理，所以必須有計畫培養人才。

由於海底撈是餐飲業，工作難度低，所以員工訓練以現場實作為主。有多家餐廳經驗員工認為這些訓練「不算多」。

十、第 10 項工作有趣有意義，5 分

我找不到海底撈擔任服務人員「有趣」、「有意義」的實證研究。

表 5-20　公司對員工關懷程度量表（由高至低）

馬斯洛需求層級	1		10	海底撈	西南航空
五、自我實現					
10.工作有趣、有意義	把員工當工具		把員工發揮	5	9
9. 員工訓練、計畫晉升	放任員工表現		定期考核、晉升	7	5
四、自尊					
8. 雇用（含晉升）平等（性別、族群）	性別歧視		一視同仁	5	9
7. 員工協助方案（EAPs）：偏重心理健康	不聞不問		心理諮商師	5	9
三、社會親和					
6. 良好員工關係（勞資、同事間）	勞資衝突		勞資和諧	7	10
5. 工作與生活平衡（白夜班、工時、工作量）	日夜輪班	固定班	朝九晚五	5	6
二、生活					
4. 員工工會：員工參與比率（%）	9以下		90以上	3	9
3. 員工家庭生活照顧（幼兒園等）	不處理照顧		盡力照顧	10	5
一、生存					
2. 良好員工福利（對員工健身房、員工餐廳）	員工餐自理		員工餐廳	10	5
1. 員工安全與健康	職災多		零職災	5	8
小計				62	75

® 伍忠賢，2020 年 8 月 1 日。

資訊小幫手

員工協助方案（Employee Assistance Programs，EAPs）

時：2007年

地：美國維吉尼亞州阿靈頓郡

人：美國員工協助專業人士協會
　　（Employee Assistance Professional Association，EAPA，1971年成立）

事：提出員工協助方案。

目標：提升員工生產力。

方法：由員工顧問協助員工解決其影響工作表現的議題，包括兩類。

家庭問題：夫妻、子女、財務。

員工自己：健康、法律、壓力、酒毒癮。

5-11 現象級管理 VI：投入「組織管理」－員工幸福程度 60 分以上，顧客價值 81 分以上

每年 3 月，美國運通公司旗下一本旅遊雜誌（Travel + Leisure），會刊出全球最佳十名旅館，評估項目包括位置、環境（設計、設施）、商品（餐飲、性價比）、服務，後三者是本書所指的「產品力」，都是小眾飯店，較大的是中國上海市的半島飯店，235 間客房，1920 年代上海元素。

在餐飲業，比較有名的評比市每月 1 日法國米其林指南（Michelin Guide）。2016 年起，中國大陸火鍋業龍頭海底撈還沒摘星，原因很多。本單元說明海底撈透過組織管理三招與人資管理一招，以提升員工幸福在 60 分以上。

一、產出：顧客體驗

在顧客體驗 41 分以上屬於「顧客價值」，比「顧客滿意程度」高。

1. 顧客體驗 61 ～ 80 分

顧客對海底撈的店員服務大都是正面的，續購（回頭）率 85%。

2. 顧客體驗 81 分以上

一半顧客願意上網呈現出消費過程,向別人推薦。

二、轉換:員工幸福程度 61 分以上

在員工轉換面,這屬於員工幸福三大類中最高的「員工投入程度」(Employee Engagement),這是指員工對公司目標有情感上承諾(Emotional Commitment)。

三、投入:滿足第四級員工需求

在公司「投入」面:這屬於組織、人力資源管理。

1. 第 7 項公司認同員工(Employee Cognition),幸福程度 61 ～ 70 分

公司對員工認同、基層員工授權、中高階管理者內部創業屬於組織管理,最正式的公司對員工認同有兩項,本月模範員工、幾週年久任員工表揚。

2. 第 8 項員工發展與涯職晉升(Development and Career Progressing),幸福程度 71 ～ 81 分

計畫式晉升屬於人力資源管理。

四、投入:滿足第五級員工心理需求:幸福程度

1. 第 9 項授權員工,幸福程度 81 ～ 90 分

店員對顧客免單,這在一般餐廳至少是領班,至多是大堂經理才有的權力。

2. 第 10 項員工內部創業,幸福程度 91 分以上

這是「員工目標與公司目標」最高程度的契合。

五、美國西南航空是員工投入、顧客創意服務的典範公司

1. 員工參與程度市調公司

在美國,評估員工投入程度的公司至少有六家。

2. 美英的員工投入程度模範公司

(1) 美國:谷歌、美國運通、君悅(Hyatt)、西南航空。

(2) 英國:約翰・路易斯百貨公司(John Lewis)。

章後習題

一、選擇題

( ) 1. 「海底撈」這字源自中國大陸哪一省的麻將術語？ (A) 四川省 (B) 廣東省 (C) 香港。

( ) 2. 四川火鍋跟重慶火鍋最大不同在哪？ (A) 不麻 (B) 不辣 (C) 不油。

( ) 3. 海底撈強項在哪裡？ (A) 火鍋 (B) 店員服務 (C) 環境美氣氛佳。

( ) 4. 2020年海底撈的店數大約多少？ (A)1,000家店 (B)2,000家店 (C)3,000家店。

( ) 5. 海底撈對員工關懷程度如何？ (A) 下班後，沒公司的事 (B) 有宿舍與專人照顧生活起居 (C) 中等程度。

( ) 6. 海底撈什麼員工父母每月有人民幣200元父母津貼？ (A) 通通有獎 (B) 領班 (C) 大堂經理（含續優員工）。

( ) 7. 海底撈員工主要身分是什麼？ (A) 農民工 (B) 都市戶籍 (C) 常駐移工。

( ) 8. 海底撈張勇自認在員工管理最大創新是什麼？ (A) 對員工平等 (B) 把員工當資產 (C) 把員工當合夥人。

( ) 9. 海底撈的高階管理者國籍為何？ (A) 全部是中國大陸籍 (B) 中外各半 (C) 中國大陸七成，外國人三成。

( ) 10. 海底撈在臺灣的店經理主要來自於哪裡？ (A) 全部中國大陸 (B) 中臺各半 (C) 中國大陸七成、臺灣人三成。

二、問答題

1. 海底撈的店員創新服務，請你挑五樣「顧客手機袋、圍裙、髮帶」作表，分析點子來源。

2. 海底撈所有權、經營權、管理權皆由張勇夫婦掌握，小股東如何確保權益呢？

3. 張勇董事長兼總經理，如何解決董事長監督總經理執行的問題？

4. 比較中國大陸海底撈與美國迪士尼度假區公司員工上大學計畫差異。

5. 以臺灣一家幸福企業跟海底撈作表評分比較。

NOTE

個案6

海底撈公司的組織管理（能力衡量）－
跟臺灣的王品餐飲公司比較

一流企業解決明天問題，二流企業解決今天問題

　　賺機會財的公司只能賺一陣子，慶幸「生逢時」；賺技術財的公司大都是高科技公司，砸大錢請幾百位博士，拚產品、製程技術。發管理財的公司，便引進新管理工具，在公司成長階段都能及時因應，才能「關關過」，不致發生「大人穿小孩衣服」情況。

　　1994年3月成立的中國大陸海底撈公司成立成立已26年，以人來說，已歷經「嬰兒－兒童－青少年－青年－成人」五階段，以公司成長階段「導入－成長－成熟－衰退」來說，如果以2006年2,000店算成熟期，2020年的1,000家店算「成長中期」，各階段的組織架構、管理方式都不同，本章分階段說明。

學習影片 QR code

第二篇　餐飲業中的服務霸主

6-1 海底撈組織設計

　　全球所有公司的組織圖都是大同小異：事業部（依產品、地理區分）、企業功能部（依核心、支援功能區分）。美國咖啡店龍頭星巴克是單一業務，事業部以地理區分，火鍋業龍頭海底撈控股公司的組織表原理相似。一般上市公司公布的組織圖有簡易版、一般版，大都是一級「部」（副總經理級）、二級「部」（協理級）。至於二級的名稱大都是處、室等。

　　許多中國大陸公司對公司主管的名稱是不合邏輯的：

1. 首席「某某官」（**Chief XX Officer**）：例如首席財務官，既有「首」席，那就有「次」席，事實上「沒有」。

2. 第二公司是「民」，只有政府（含軍隊）才有「官」：本書稱「某某長」即可。主管名稱 Director 中文譯成總監，是錯誤，既有「總」，那一定下轄多位「分」監，但事實上沒有。

一、總經理（表 6-1 第一、二欄）

　　海底撈董事長張勇兼總經理。

二、總經理幕僚部

　　一般主要是「策」（中稱戰）略（規劃）長，主管稱「策略長」，海底撈策略長的轄區很大，還兼管公關、食品安全和法務。

三、事業部級二個層級（表 6-1 第一、二欄）

　　一般全球公司以洲（四洲）當區域總部第一級組織、區域（例如東亞、南亞）作第二級。但從人員級職來看，中國區、美國區、臺灣區看似同一級，但長期來看，店境內與境外數比率約 9 比 1，一個北京「片區」就比美國區店數大太多。

　　只有「片區」（三個：北京市、陝西省西安市、河南省鄭州市）等地區層級。

⊞表 6-1　海底撈的組織設計與主管

總經理		四、企業功能部	
部門	主管	部門	主管
一、總經理	張勇	一、核心活動	
二、策略功能 　（一）策略長	周兆呈	（一）研發	
		研究院 院長	張勇
		執行院長	唐春霞
		下轄幾位總監 研發總監	韓非鵬
		總監	王倩
（二）創新中心總監		（二）生產	
		1. 大宗採購部	—
		2. 物流、公關	—
三、地區事業部	—	（三）營運	
		1. 拓展	—
		2. 工程	—
		3. 創新發展部	唐春霞
（一）中國區		二、支援活動	
總經理	楊利娟	（一）財務總監	李朋
副總經理 　1. 北京片區 　2. 西安片區 　3. 鄭州片區	謝英	2020.4.21起	—
（二）美國區	袁華強（1980年生）	（二）人力資源（中稱人事）	—
（三）臺灣區	李瑜	（三）資訊（中稱信息）	—
		（四）法務	—

四、企業功能部（表 6-1 第三、四欄）

由表 6-1 第三欄可見，從 2005 年起，我以「價值鏈」表取代任何一家公司組織圖。每家公司部門名稱皆大同小異，因此固定架構很容易把二家公司組織作表比較。

1. 核心功能

這包括研發、生產（包括採購、倉儲、工廠、物流）、業務（包括營運、行銷、公關等）。

2. 支援功能

包括財務（包括會計）、人力資源、資訊管理，有些還包括總務。

6-2 海底撈組織管理能力評分

公司跟職涯發展一樣，選對行業職務加上努力（俗稱贏在執行力），就可以成功。這是指公司運用公司資源（硬實力）加上能力（俗稱軟實力），本質上本章第一單元以自創的「組織管理能力量表」說明。論結果來說，在滿分 80 分化成 100 分計分的情況下，海底撈 61 分、王品 54 分，海底撈「佳」、王品「普通」，彼此差一級。

田表 6-2　公司組織力量表分數涵義

小計	1～16	17～32	33～48	49～65	66～80
分數含意	極差	差	普通	佳	極佳

一、組織能力量表

如何衡量一家公司的執行力（Execution），從基本的管理活動（規劃 - 執行 - 控制）架構切入，或中分類的 1972 年，美國麥肯錫公司成功公司七要素（McKinsey 7-S Model）切入，這其中有四項需要額外說明。

1. 第 3S 獎勵制度

研發屬於企業功能管理，不屬於組織管理範圍，但餐飲業的菜單需要推陳出新，才能提高顧客回頭率。研發費用涉及「錢」，放在跟錢有關的「獎勵制度」。

2. 第 4S 企業文化

企業文化包括公司經營理念、核心價值，但最強有力移風易俗的是控制型態，由低至高依序為行政、財務與文化控制。

3. 第 5S 用人

我們以公司年報上公司高階主管（包括事業部、部分一級主管）來源衡量「將」才水準，以外部來源比率來衡量，背後邏輯是「江海不擇細流故能成其大」。

1967 年，美國密西根大學教授利克特（Rensis Likert, 1903-1981）把公司領導型態分成四類。

二、王品原始得分 43 分，組織能力「尚可」

1. **策略**：王品在餐廳菜色主要是美式（牛排類）、日式（和風料理、鐵板燒、火鍋、豬排飯等）、中式（火鍋等）三類。營業地區臺灣佔 60%、中國大陸 40%。事業策略差異化，得分 10 分。

2. **研發密度約 0.1%**：王品一年約花 0.15 億元在做菜色研發，金額小，佔營收比例極低，即千分之一。

3. **員工分紅**：比率極低、得一分。

4. **控制型態**：從 1993 年公司成立，王品牛排實施各店「利潤分享制度」。

5. **用人**：王品的一級主管（13 位）、旗主大多數都是「老面孔」（17 家餐廳總經理），比較無法帶來新能力、觀念。

6. **領導型態**：號稱「中常會」，包括公司一級主管、旗主，約 30 人。

7. **領導技巧**：王品的店員考核績效指標有 8 大項（100 多細項）。

三、 海底撈原始得分 49 分，組織能力「佳」

1. **策略**：海底撈幾乎「單賣一味」，即六大火鍋口味的川渝火鍋，90% 收入來自中國大陸，事業策略得分 8 分。

2. **組織設計**：2006 年起，把「成本中心」轉型為利潤中心，盤活其動機。

3. **研發密度**：海底撈年報中損益表沒有研發費用這項目，自稱花錢研發菜色，推論研發密度比王品高，得 2 分。

4. **員工分紅**：年報查不到。

5. **企業文化**：2010 年，海底撈宣稱採取利潤中心制，套用日本京瓷公司稻盛和夫用詞「阿米巴組織」。但有許文章宣稱張勇注重三項指標（二項學習績效、一項顧客滿意度）。

表 6-3　公司「組織能力」量表：海底撈與王品

管理活動	中分類	1 2 3 4 5 6 7 8 9 10	海底撈	王品
一、規劃	（一）策略 （事業策略）	低成本、成本領導、差異化集中、差異化	8	10
二、執行	（二）組織設計	不採責任中心制、費用中心、成本中心、營收中心、利潤中心	10	9
	（三）獎勵制度 1. 投入：研發密度（%）	0.5、0.6、1、1.5、2、2.5、3、3.5、4、4.5	2	1
	2. 產出：員工分紅比重（%）	0.5、1、1.5、2、4、6、8、10、12、14	8	6
	（四）企業文化	行政控制、財務控制、文化控制	4	4
	（五）用人 多元性：以高階管理外部來源比率（%）	10、20、30、40、50、60、70、80、90、10	5	2
	（六）領導型態 利克特分類	壓榨權威、仁慈威權、諮商式、參與式	5	4
	（七）領導技巧 壓力水準	低、中、高、適當	7	7
小計			49	43

® 伍忠賢，2020 年 7 月 28 日。

6. **用人**：海底撈年報上列的一級功能部門主管，有一半是任期 10 年內的，高階主管來源多元，比較會有「活水」。

7. **領導型態**：以公司來說，並不明確，我們給予中間值 5 分。

8. **領導技巧**：以員工感受的壓力水準來說，中間值 6 分。

6-3 高階管理者能力量表－美國星巴克 67 比中國大陸海底撈 39 分

你看美國職業籃球隊（NBA）30 隊，每隊 15 名球員，一般來說，明星球員越多的球隊，戰力越強，少數情況下會有例外，例如 2018 年輕球員的加拿大多倫多市暴龍隊。

光用公司組織圖看不出公司高階主管者能力強弱，為了衡量公司高階管理階層的能力，本單元套用 2020 年伍忠賢高階管理階層能力量表（表 6-4），表層級排列方式依序由高至低呈現。以滿分 100 來說，美國星巴克 67 分，百分五級距中第四級，中國大陸海底撈 40 分，第二級。

田表 6-4 公司高階主管階層能力量表（由高至低排序）

大分類／小分類	1	10	海底撈	美國星巴克
三、客觀性（創新性）				
10.新舊組合	老臣	新舊一半	7	5
9. 跟執行長關係（一言堂）	親朋	不相干	5	10
二、包容性（多元性）				
7. 國籍	1國	5國	1	2
6. 族裔	1族	多族	1	3
5. 性別	男生佔100%	男女50%	4（9位佔7）	8（44位中25位）
4. 年齡組合	集中	分散	3	5
一、專業能力				
4. 擔任高管、公司職務	空降	三年以上	3	6
3. 年薪（意願）	行業後10%	行業前10%	10	10
2. 經歷	未入流公司	一線公司	2	9
1. 學歷（尤其是大學）	未入流學校學士	名校碩士	4	9
小計			40	67

® 伍忠賢，2020 年 8 月 3 日。

一、高階管理者階層範圍

上市公司的高階管理階層比較容易釐清。

1. 上市公司年報上

人數有限。

2. 公司網站上

在谷歌你打「Starbucks Top Management 或 Leadership」，會出現美國星巴克 44 位高階管理者，每個人再點進去，會有現職、經歷、學歷。

3. 報刊上，海底撈張勇的說法

海底撈董事長兼總經理張勇曾說，海底撈重大經營管理決策每月舉辦一次「總經理辦公會」，我們由公司年報，食安危機（包括 2020 年 1 月 26 日）管理名單，鎖定 8 人，詳見表 6-6，依重要程度排列，楊斌是外加的。

二、高階管理者能力量表

限於篇幅，本處只說明海底撈情況。

1. 第 12 學歷，4 分

由於中臺許多企業家、高階管理者喜歡「漂白」（或洗）學歷，有錢付高學費。因此本處以大專學歷為準，以這來說，邵志東、周兆呈、唐春霞學士（或碩士）以上，皆屬於「995」名校，但都只限於中國大陸的學校。

2. 第 4 項是否空降公司高管，3 分

海底撈 9 位高管中，周兆呈、唐春霞屬空降高管，這有可能對公司業務不熟，犯了「外行領導內行」的錯。以唐春霞來說，她缺乏公司經歷，由表 6-6 可見，張勇一口氣任命她擔任研發長、品牌長（對外稱發展長），二個部的副總，這樣的任用對內對外皆缺乏說明。

3. 第 7 項國籍，海底撈 1 分

海底撈九位高管全是中國大陸人，只有周兆呈是新加坡人，他原籍是江蘇省人，1999 年去新加坡唸碩士，在報社待，後來在大學教書。2018 年 4 月擔任海底撈策略長，2020 年 4 月接佟曉峰離職的執行董事。他對餐飲、企業經營都是新人，這樣的空降任命，對內對外皆缺乏說明。

4. 第 9 項跟執行長親朋關係，3 分

海底撈九位高管中，有兩位（李朋、周兆呈）是新進，唐春霞是張勇在北京市長江商學院唸書時，該學院的職員，算舊識。

5. 第 10 項新舊組合，7 分

一般來說，當公司老臣（任職 10 年以上）過多，比較容易因交情之故，不敢有話直說、就事論事，以致成為「一言堂」。9 位高管中老臣佔 6 位，新臣三人周兆呈、唐春霞、李朋。

田表 6-5　兩次食安危機 - 海底撈的主管分工

公司人員	2017年8月25日	2020年1月23日
一、董事	處理通報	－
施永宏	門市設計 蟲害治理公司	✓
苟軼群	法令遵行	決策委員會 苟軼群 資金調度 周兆呈
二、高階主管 (一) 核心活動 　1. 研發 　2. 生產 　3. 行銷	－	－
營運 清潔 公關	楊利娟 謝英 楊斌	✓
(二) 支援活動	－	－

資料來源：部分整理自關雪菁，「損失 30 億也要做」，商業周刊，2020 年 2 月 11 日。

表 6-6　海底撈七位高階主管學歷與經歷

時	1991～2000年	2001～2010年	2011年～
公司	四川海底撈	四川海底撈	開曼群島海底撈
施永宏 （1970年生）	1994.4～2001.3 四川海底撈副總	2001.4～2008.6 同左 監察人 2009.7起 董事	2018.5.2執行董事 2015.7.14董事 2015.12頤海董事 2017.1董事長
苟軼群 （1972年9月生）	1999年9月加入海底撈，升任財務總監	人民大學EMBA （2010.6）	董事（2016.11～2019.11） 海底撈旗下兩大供應公司董事長：蜀海（北京）（2011年6月至今）、頤海國際（2014年4月至今）
楊利娟 （1979年9月生） 員工中持股比率 最高3.68%	1995年簡陽店、西安店經理、董事	副總 *2016.9長江商學院兩課程結業	2018年1月17日起營運長兼海底撈中國大陸區總經理 2015.7～2018.1董事
邵志東 （1975年生）	2000年7月山西省山西大學電腦碩士，2012年7月北京市師範大學政府經濟管理（人力資源）博士	2010年4月加入四川海底撈，歷任人資、資管、新技術創新部「部長」（副總級） 2010年4月～2013年6月海底撈大學校長	2018年5月2日執行董事、1月17日董事 2014年7月9日創新中心總監
周兆呈 （1973年生）	新加坡人 2007年南洋理工大學博士，本籍是中國大陸江蘇省人，大學念南京師範大學中文系	―	2020年4月27日執行董事（接任佟曉峰職位） 2018年4月3日策略長兼管公關、品牌、法務
唐春霞 （1977年生）	2000年12月重慶大學管理碩士	2002.7～2018.4在北京市長江商學院多個職務	2018年4月2日起研發長、品牌長。
李朋 （1981年生） （江西省南昌市）	2002.3～2012.3中糧可口可樂飲料公司（陝西省西安市）財務經理等	2014年加入海底撈店大堂經理，財務部 2018年9月，西安交通大學會計系學士（網路版）	2020年4月27日擔任財務總監，接任佟曉峰職位
楊斌	東北財經大學金融學士（2012～2017年）、北京大學光華管理學院EMBA碩士（2012～2015年）	2010年3月，海底撈餐飲副總 2010年1月起，新浪（上海）餐飲公司副總	海鴻達（北京）餐飲管理公司

資料來源：大部分整理自海底撈 2018 年年報。

6-4　海底撈各個成長階段的組織管理

　　公司從初成立的「小貓兩三隻」，經朝夕相處，初期員工也跟公司創辦人有革命情感，依的靠方向對，老闆衝、員工挺，業務很快做成功。當公司員工30人以上，超過老闆管理幅度時，必須分工，這時便進入組織成長第二階段。本章以1972年7月美國學者格萊納（Larry E. Greiner）在〈哈佛商業評論〉上的組織成長階段五階段（Organizational Life Cycle）為架構，分析海底撈帶各階段及董事長張勇的想法與做法。

一、資料來源

　　2018年9月25日，海底撈股票在香港交易所掛牌，海底撈是家「知無不言，言無不盡」的公開透明公司，外界人士有許多資料可以大作文章。以組織管理來說，下列公告很完整。

1. 時間：2018年8月10日。

2. 地點：中國大陸北京市。

3. 人物：海底撈公司。

4. 事情：公布「高質量成長（中稱增長）的核心」。

二、組織成長階段

　　由表6-7第二、三列可見兩種把海底撈成長階段斷代方式。

1. 海底撈的斷代方式

表中第三列可看出海底撈的斷代方式，時間不連續，分類標準一再變更。

2. 伍忠賢斷代方式

伍忠賢對海底撈的組織成長階段斷代主要依其營業地區，例如導入期才四家店，分為中國大陸（西、西北部）、成長初期（華中、華北）、成長中期（華東、華北、華南、國際化）、成長末期（全中國大陸）。

田 表 6-7　海底撈成長五階段動力與問題

成長階段	導入期	成長期	成長中期	成長末期
一、期間（本書） 　1. 海底撈期間命名	1994～2002年9月	2002.10～2009	2010～2016年	2017年起
2. 店數	1994～2002年 創業、直營連鎖化	2006～2009年 精細化運作	2010～2015年 企業化、國際化	2016年起 門店擴張、渠道下達
二、組織成長階段 　1. 成長動力來源	創業家	自主	授權	協調、合作
2. 成長危機	領導	財務	控制	官僚化
3. 控制型態	行政控制	－	財務	財務、文化
三、7管 　1. 組織設計	師徒制 輪調制	2004年 約30家，分大區管小區，小區經理管五家店	2011年撤銷大小區，改成教練組這是組織扁平化	2016年 一市的一區的5小家店組成脫困小組，以解決彼此間惡性競爭
2. 獎勵制度	薪資福利 績效考核	2003年7月員工激勵計畫	2011年6月實施阿米巴經營計件工資制 末位淘汰制 （餐廳分ABC三組）	－
3. 企業文化	員工讀書心得 〈把信送給加細亞〉、〈性格決定命運〉	海底撈	2010年6月成立海底撈大學	海底撈文化月刊

三、張勇對制度、機制的看法

詳見表 6-8。

田表 6-8　海底撈董事長張勇對管理的看法

時	2015年11月17日	2017年4月22日
地	北京市	河南省鄭州市
人	張勇	張勇
事	在口碑網主辦、天下網商協辦的「口碑，致匠心」餐飲峰會中，張勇表示：「公司（餐飲管理）管理要回到彼得。杜拉克（中稱德魯克）的基本管理原理，沒有特殊的管理原理，沒有特殊的管理（包括員工訓練）方式。」	在第十屆的中國大陸綠公司年會中，張勇講題「讓成本中心創造價值」，對員工的管理紐織和獎勵（考核）至關重要。

6-5　海底撈第一成長階段（1994 年 3 月到 2002 年 9 月）

萬事起頭難，海底撈第一階段走了 8 年半，從一省一市二家店到二省二市四家店，終究還是小公司，缺資金、少戰將級管理者。

一、狀況：兩省 4 家店

這階段海底撈只有四家店。

1. 四川省簡陽市兩家店

這是創始店，72 家平方公尺大，1994 年 3 月 25 日。1998 年 8 月，在簡陽市絲棉小區開第二店，9 月引進撈派「豆花」（臺灣稱豆腐），以味型佔領市場，二家店變成簡陽市火鍋一哥。

2. 陝西省西安市兩家店

陝西省西安市雁塔店（1999 年 4 月）、建國路店（2002 年 9 月），後者在 2006 年 9 月遷址到高新區高新四路，成為西安市旗艦店（1,400 平方公尺大）。

二、成長動力：創業家

　　主要是張勇、舒萍、施永宏、李海燕四位創業人士（夫妻）帶頭來做，大家股權比率各佔 25%，一樣大。顧客來時，大家努力工作；顧客走了，就喝茶聊天打麻將。合夥、家族企業忠誠度高，但也容易起爭執而散。

　　張勇認為：「一家公司必須有人當家」，他向其他三位創辦人提議由自己擔任經理，這樣才能提高效率。

1. 2004 年，女眷退出

　　舒萍（張勇太太）、李海燕（施永宏太太）卸任。

2. 2007 年，杯酒釋兵權

　　張勇以原始出資額，從施永宏夫婦取得 18% 持股；張勇夫婦持股比率 68%。

三、組織設計

　　透過組織設計的師傅制傳承經驗等，這是中式餐廳的老習俗，老鳥帶菜鳥，在海底撈比較著名例子為以下兩點。

1. 四川省簡陽市張勇帶出楊利娟，陝西省延安市楊利娟帶出袁華強（1980 年生），1999 年加入海底撈，6 年內做到北京大區總經理，2013 年 3 月出任美國海底撈總經理。

2. 北京市袁華強帶出林憶（1996 年生，北京市小區經理，管理 5 家店）。

四、獎勵制度

　　店員跟店經理薪資差距不大，每早開會時，會針對昨天被顧客誇獎服務人員給予獎金，起跳人民幣 5 元，約是底薪人民幣 70 元的 7%。

五、成長危機：領導

　　當公司員工人數越來越多，創業家分身乏術。

6-6 第二成長階段（2002 年 10 月～ 2009 年）

這是海底撈由導入期（嬰兒階段）進入成長初期（兒童階段），店數 39 家、八大地區中由二區（西部、西北部），增加三區（華中、華北、華東），員工人數近 6,000 人。

一、狀況

1. 開店地區：進入華中、華北、華東

2002 年 11 月，河南省鄭州市經八路店開業；2004 年 7 月，北京市海澱區大慧惠寺店開幕，提前實現海底撈成功目標。2006 年 12 月，上海市關行區吳中路店開幕。2007 年 4 月，四川省簡陽市海底撈公司成立，張勇擔任董事長。

2. 店數：約 39 家

由於地理區域已涵蓋三省，幅員過大，必須設立地區管理單位。

二、成長動力：管理

當店數、店員變多，管理制度也從無到有，從簡到繁，出一個事情就出一個規定。2004 年 7 月海底撈在北京市開出第一家後，對內的生產流程、制度，便逐漸到位，以員工出勤管理為例，詳見表 6-9。

三、組織設計

此時店數已突破 20 家、分散在中國大陸八大區中的四大區，已不是位居北京市的公司可能夠管理。於是產出三級地區組織。

1. 片區：陝西省西安市、河南省鄭州市、北京市。「片區」在這是指「橫跨幾個大學」，即管幾個「大區」。

2. 大區：一級城市內數個行政區。

3. 小區：一市之內的一個行政區。

表 6-9　海底撈對員工執勤時規定

嚴重程度	事務	處理（處罰）
嚴重過失	4項，工作時喝醉酒、打架、貪污（受賄、行賄、竊盜）、故意損害公物或顧客用品。	1. 法律責任 2. 除名 3. 扣薪
較重過失	10項，對顧客不禮貌（包括跟顧客爭辯）、賭博、搬弄是非影響團結等、工作時睡覺（或做跟工作不相關事）。	1. 罰款 2. 期限改正 填寫過失單
輕度過失	11項，例如：食（上班時間吃東西）、衣（帶手錶、衣衫不整）、行（用店內電話打電話辦私事）。	1. 相關處理 2. 訓誡
遲到	分為3項： 1天內遲到幾分鐘。 1個月遲到3次。 未請假。	1. 遲到1～15分鐘，扣人民幣0.5元 2. 只能領基本工資 3. 曠職半天扣人民幣20元

資料來源：整理自海底撈員工培訓手冊。

四、獎勵制度

詳見表 6-10，此時針對店一級主管有明確業績分紅。

五、用人：基層做起

除了工程、財務總監外，所有管理者必須從基層做起。

六、成長危機：自主

1. 行政控制造成虛應故事

問題出在制度太多，員工無法理解相關制度，許多權力集中在管理者手上，管理者可以詮釋公司發出的命令，詳見表 6-11。

2. 財務控制不夠力

由有表 6-10 可見，2003 年 7 月起二波員工激勵計畫適用對象只有各店員工的三成以內，即一級員工以上，對另七成員工起不了激勵作用。

3. 文化控制

2010 年 5 月 14 日，海底撈設立員工榮譽勳章制，採取秦朝商鞅變法。

⊞ 表 6-10　海底撈員工激勵計畫

時	說明
2003年7月	1. 試點：陝西省西安市東五路店（2003年6月成立）。 2. 事：一級員工以上享受店淨利3.5%分紅。
2005年3月	1. 試點：河南省鄭州第三店，從這店算起，每新開第三家店均作為員工獎勵計畫店。 2. 事：給優秀員工配發股票。

資料來源：整理自職業餐飲網，海底撈員工激勵計畫，2013 年 7 月 4 日。

⊞ 表 6-11　海底撈服務人員標準化服務規定

服務標準	員工負面行為
1. 替顧客水杯加水，例如當水低於一半時，　定須加水。	1. 官僚主義、形式主義（一切為KIP而KIP） 例如顧客說：「我不喝了，不用加水，沒關係」，服務人員會說：「不行，必須加水」。
2. 給戴眼鏡顧客眼鏡布。	2. 每一個KPT背後都有一個（希臘神話）復仇女神。

資訊小幫手

時：2010年5月（月份是本書作者推估的）

地：北京市

人：張勇

事：接受黃鐵鷹教授訪談時表示：

「別人都以為海底撈很好，可是我卻常常感到危機四伏，有時會在夢中驚醒。以前店數少，我自己能親自管，現在這麼多店要靠高層幹部去管，有些很嚴重的問題都不能及時發現；加上，海底撈出名了，很多同行在學我們。我總擔心搞不好我們十幾年的心血毀於一旦。」

［資料來源：BU 大姨夫，「海底撈張勇的關鍵時刻」，美食，2018 年 9 月 27 日］

6-7　海底撈第三成長階段（2010 ～ 2016 年）：財務控制－企業活動部門獨立

當公司營收大到一定程度，公司各功能部門與員工數的成長速度往往大於營收成長，一部分是因人設事，針對開國功臣設部門，以示尊重。2010 年起，這問題在海底撈逐漸嚴重，直接數字是「公司 - 店面」人數，由 3 比 97，提高到了 5 比 95。

一、狀況

1. 經營地區：進軍東北、海外

東北首家店 2010 年 2 月 28 日，在遼寧省瀋陽市潮匯購物中心 6 樓，潮匯店。

2010 年 6 月，外賣業務 Hi 撈送開業；

2010 年 5 月 5 日，第二品牌優鼎優（U 鼎）開業；

2012 年 9 月 4 日，組建海底撈集團；

2012 年 12 月，新加坡開海外第一家分店，2015 年，臺灣臺北市。

2. 店數：從 40 店到 173 店

二、問題：以公司人力資源部為例

1. 水漲船高

這時店數從 2010 年 40 家起跳，分布在中國大陸八大區中的六大區，採取各省各市「小區」（比較像是一個行政區）、「大區（跨數個行政區）」，地區編制出來，頭銜越搞越大，例如大區總經理。

2. 問題

張勇認為，隨著地區組織膨脹，公司各功能部門的主管層級往上墊高，部門越來越多，費用墊高，但效率變差，公司恐龍症（Corporate Dinosaur Syndrome）出現，部落主義嚴重，詳見表 6-12 第二欄。（參考中國大陸經理世界，2016 年 8 月 20 日）

⊞ 表 6-12　中國大陸流行阿米巴經營

時	1964年	2012年2月起
地	日本京都市	中國大陸北京市
人	稻盛和夫（1932～）	中央電視台
事	針對京瓷、（1959年成立）KDDI公司等採取利潤中心等，把公司部門拆到如同阿米巴（Amoeba）的單個原生體。 在公司培養具營業意識的管理者，以實現全員參與的經營方式。	7次訪問稻盛和夫，例如「與稻盛和夫談經營阿米巴經營」，在中國大陸紅了。 《阿米巴經營》書銷量60萬冊以上、《愈挫愈勇的自傳》（系列五本書），銷量150萬本以上。

三、解決之道

　　海底撈公司人員看到日本四位經營之神之一的稻盛和夫的書《阿米巴經營》，自行運用，宣稱採取「阿米巴經營」（Amoeba Management）。張勇表示，人盡量把功能部門分扳成子公司，而對市場競爭壓力。

1. 核心活動公司

　　最有名、最大的有三家。

　　2011 年 6 月的屬食材供應鏈管理公司，這是「一條龍」。

　　2013 年頤海國際公司，前身是 2005 年海底撈餐飲成立的成都分公司。

2. 支援部門

　　最著名的是人力資源部門分出去，詳見表 6-13 第三欄。

四、公司：對下授權

　　在財務控制情況下，公司的功能萎縮，部門人員編制減少，俗稱組織扁平化（Flat Organization），其中特色是擴大授權，詳見表 6-14。此時董事長兼總經理張勇號稱主要決策在每月總經理辦公會中處理。

田 表 6-13　海底撈的人力資源部

時	2014年	2015年3月25日
地	北京市	北京市
人	邵志東，人資部副總	朱小聰，董事長
事	問題 (一) 公司、大區 　　1. 部門多：公司的部門總經理、 　　　片區經理變多 　　2. 人員多 　　3. 費用多 (二) 員工招募成本 　　儲備員工從人民幣1,800元，2015 　　年降到1,500元、2018年1,200元	微海管理諮詢公司2016年1月，對外營業， 員工人數約90人，主要負責： 1. 員工招募 2. 員工訓練 3. 其他資本額：人民幣6,282萬元

資料來源：整理自創業家，「海底撈高層揭密，作了三件得罪人的事，招人成本減少三分之二」，職
　　　　　場，2018 年 2 月 5 日。

田 表 6-14　海底撈總經理辦公會

時	每月一次
地	北京市
人	張勇
事	七個功能、地區部副總（每人年薪人民幣100萬元以上）。 公司重要事在此討論。 1. 授權各級審核批准權（Examine and Approve）如下： 　　(1) 公司副總：人民幣200萬元。 　　(2) 大區總管：人民幣100萬元。 　　(3) 店經理：人民幣30萬元。 2. 財務總監 　　負責授權外的支出審批。 　　張勇表示：「海底撈每年支出人民幣數十億元，如果我事必躬親，會累死。」

資料來源：整理自海底撈掌門人張勇自述：我的愉快管理學 21 世紀商業評論，2013 年 12 月 5 日。

6-8 海底撈第三成長階段（2010 ～ 2016 年）：財務控制－各店細分責任中心

這階段一如人生成長階段已到了國中階段，有自己想法，父母給的每月零用錢，要學習量入為主，替自己負責。

一、問題

員工拿死薪水，中焉者會逐漸「拿多少錢，做多少事」；下焉者會「混水摸魚，偷工減料」。對顧客來說，不會感受到店員服務熱誠。

二、大幅度的財務控制：2011 年 4 月 10 日起，利潤中心 - 阿米巴經營第一階段

1. **連住利益**：一手抓顧客。

2. **鎖住管理**：一手抓員工。

三、組織設計：廢掉地區經理

採用公司營運部教練組。

1. **時間**：2010 年。

2. **人物**：外部顧問邱偉（可能是 1962 年生，經濟金融學博士，曾任深圳發展銀行人力部，總經理助理）。

3. **事情**：張勇接受他的建議，即地區經理是由大店師傅級經理晉升，但一人能力有限（展店、店面工程等），由公司營運部教練組以低務編組方式，比較能全面解決問題。

四、店經營績效考核

1. **考核負責單位**：公司營運部教練組。

2. **頻率**：每季 1 次。

3. **考核項目**：分成員工、顧客兩方面，針對店經理，隱含一項，即店淨利。但每家店的標準「因地制宜」。

4. **考核資料來源**：(1) 針對顧客：包括兩種評論網（例如大眾點評）、顧客投訴。(2) 外包公司：沙利文顧問公司，詳見表 6-15。(3) 教練組，詳見表 6-16。

5. **評估結果**：評估結果分成 A、B、C 三級，海底撈「獎勵 A 級店，處罰 C 級店（經理）」，詳見表 6-17。

⊞ 表 6-15　2018 年 3 月海底撈委託沙利文公司評估

地	25個省74市	15市
人	868位員工進行網路問卷	1810位顧客，隨機路上訪問，和網路問卷。
事	1. 84.1%員工認為扁平化組織有助於激勵 2. 企業文化90.1%的員工認同 3. 工作環境85.1%滿意 4. 薪資和福利82.9%滿意 5. 職涯發展： 　94.3%認為海底撈提供累積工作機會、技能機會	一、滿意程度：中式餐飲第一 　　就餐滿意度： 　　1. 極滿意50% 　　2. 滿意49.3% 　　　最大項在店員服務 二、顧客忠誠 　　再購意願98.2% 　　每月消費一次佔68.3%

資料來源：主要整理自海底撈上市說明書「高質量生產的核心」。

⊞ 表 6-16　海底撈每季 6 對各店兩項調查

地	對員工滿意程度	對顧客滿意程度
人	教練組	教練組
事	員工流失率 右述補充，以2017年為例 海外：200位 中國大陸：1,600位	每店由教練組派出15位神秘顧客加上一般顧客評估，各店三個項目： 1. 環境 2. 產品 　發生食品安全事件餐廳列為C級店。 3. 人員 　服務員服務「品質」（中稱質量）。 　服務員敬業程度，主要是服裝儀容。

⊞ 表 6-17　海底撈針對每季評比 A、C 級店獎勵處罰

項	罰：C級店	獎：A級店
一、獎勵		
(一) 分紅 　1. 分紅	不能	可以
2. 開店	不能	可以
(二) 精神	兩個月一次店經理大會公司會透過影片揭發店面之缺點喝苦茶、店長走天堂路、喝苦茶。	公司會找演員來拍攝個人「形象短片」，介紹店經理從農村一路奮起，令人受得光榮。
二、行為修正	1. 店經理須提出「檢討報告書」，每2個月考績（等店列入教練組輔導） 2. 連續三期，仍名列末位（最後面10家），店經理汰除。 3. 各店經理被汰除，採取連坐制，師傅、師爺的分紅刪除。	分紅制度（海底撈稱業績提成），二選一： 1. 當店經理沒有徒弟、徒孫時：本店淨利2.8%。 2. 當店經理有徒弟、徒孫時： 　(1) 自己店0.4%。 　(2) 徒弟店3.1%。 　(3) 徒孫店1.5%。

公司小檔案

弗若斯特·沙利文公司（Frost & Sullivan）

時：2003年1月23日成立

地：中國大陸北京市朝陽區

人：弗若斯特·沙利文諮詢公司

事：號稱全球最大的市場顧問公司，1961年成立，住址在美國加州聖荷西市。

6-9　海底撈第三成長階段（2010～2016年）：財務控制－兼論強化基本服務品質的機制－論件計酬制與用人

責任中心制的運用，不會只針對單位（一般來說，阿米巴是指最基層單位，例如分區領班帶10位服務人員），也可針對個人，本單元聚焦在店內二種職務人員論件計酬。

一、問題

2010年起，海底撈築間出現餐飲業碰到的服務「品質」（中稱質量）七折八扣事，最明顯的是週末晚上用餐時，廚房的傳菜窗口堆了很多菜，傳菜人員來不及送，看似「兵來將擋」，可增聘兼職人員。

二、張勇的主張：連住利益，鎖住管理（詳見表6-18）

以「連住利益」來說，是指店經營績效要能連住店裡每位員工，以某些職位（例如前場門口迎賓區的招待人員、傳菜人員）論件計酬制度。

張勇表示：「我們只要計算清楚，各店在薪資佔營收比率不變情況下，員工付出的勞動量跟薪資正比，員工會越發積極進取，動機、態度，這部分多做的員工薪水會增加」。（整理自李雅筑，商業週刊，2018年9月20日）

三、解決之道

1. 採取論件計酬的方法詳見表6-18。
2. 採取員工論件計酬決策過程詳見表6-19。

四、店2種基層人員論件計酬

1. 服務人員每接待一位顧客，人民幣3.3元。
2. 傳菜人員，每傳一個菜收入人民幣0.2到0.4元。

五、用人

人資管理從基層員工（大堂經理以下），聚焦在店經理。

1. 成立訓練機構

2010 年 6 月成立海底撈大學，培養一級員工往上升遷。

2. 處罰

員工分三級「初 - 中 - 高」，初級晉升中級、中級晉升高級，皆須在 8 個月內晉級，否則將淘汰中高階店員，每月汰除 4%。

⊞表 6-18　張勇針對論件計酬的兩次演講

時	2010年10月31日	2017年12月28日
地	中國大陸廣東省青島市	－
人	張勇	張勇
事	在2010年「稻盛和夫經營哲學青島國際論壇」，張勇講題「海底撈的服務創新」。	Winnil登在「life」投資理財生活網上「海底撈董事長：我做了那麼多親情化舉動，卻敗給一個吧檯小姑娘」。

⊞表 6-19　海底撈實施員工論件計酬

時	人	事
2010年	各店	員工人數突破1萬人。 週末人手不夠，上菜窗口有菜，沒人傳。
2011年	楊利娟 （營運部副總）	請全球著名人力資源顧問公司美世（Mercer）提供意見。
2012年	張勇與高階主管	到美國許多城市的餐廳考察，發現店內服務人員靠小費過活，所以上菜服務等皆很努力。
2013年1月	楊利娟	以陝西省西安市旗艦店（高新四路店）店試點，108張桌子，週末翻桌6.1次。
2014年	餐飲人必讀	1. 論件計酬前 　傳菜工週間六人，週末另加兩位兼職。 2. 實施論件計酬後 　傳一道菜人民幣0.4元，廚房的洗碗間、小吃部員工都比較有空，會出來端菜。 　員工人數破2萬人 　論件計酬成效如下：「每店店員從240人降至180人，某些店員月收入成長30%，公司薪資成本一樣，上菜窗口變成服務員工等菜」。
2018年10月31日	餐飲人必讀	在（美食）上文章「學不會的海底撈：計件工資沒你想像的那麼神！」

6-10 海底撈第三成長階段：公司教練組

有關海底撈公司營運部教練組員對店的經營管理的監督、輔導，本單元說明。

一、資料來源

由表 6-20 可見，有關海底撈教練組的相關資料來源。

二、教練組功能

由表 6-21 可見教練組的功能。

田表 6-20　有關海底撈公司教練組文章

時	2018年5月1日	2018年5月20日
地	香港	－
人	海底撈	人力資本
事	海底撈向香港交易所遞交新股上市申請書四百多頁，說明許多管理制度。	在（資訊）上「海底撈一飛沖天，企業教練功不可沒」，約七頁。

田表 6-21　公司營運部教練組功能

	針對所有店	針對新店
一、核心活動 （一）研發	菜色（產品）	海底撈稱為「新門店支持」包括主源
（二）生產	研發協調店的裝修（翻新）	給店經理綜合指導
（三）行銷	顧客滿意	選址與租賃，海底撈稱為「新店開拓戰略」
二、支援活動 （一）人力資源管理 　　1. 海底撈大學 　　2. 跟微海諮詢公司 　　　聯絡	針對大堂經理、儲備店經理	由教練組面試店經理候選人
（二）財務	－	－
（三）資訊	－	－
三、績效 （一）評估	職責對員工、顧客兩邊程度調查	職責對員工、顧客兩邊程度調查
（二）修正針對所有店	負責給C商店提供指導	－

三、公司營運部

1. 組織隸屬於營運部

營運部職權包括店面開拓、營運，至於食品為管理委員會由董事會直轄。

2. 教練來源

(1) 全職：主要之前擔任店經理，約當於之前的大區經理。

(2) 兼任：公司部門副總（或協理），有餐廳的工作經歷。

6-11 海底撈第四成長階段（2017 年起）

2017 年起，海底撈店數成長已經到達強弩之末，2019 年，成立滿一年以上的「既有店」（Established Store, 又稱同店）營收衰退、日翻桌率 4.8 次（2018 年 5 次）。

一、狀況

1. 營收地區：全中國大陸與海外以 2019 年來說，768 家店，中國大陸佔 93%、境外包括臺港澳 7%。

2. 店數：從 273 家到 1,000 家店。

二、問題：成長速度有限，人才晉升機會變少

各店利潤中心制，造成同一市同一區的店互相競爭，甚至惡性競爭。

三、組織設計：成長動力來源合作，成立抱團小組

由表 6-22 可見，這是「自己 - 徒弟 - 徒孫」三級店經理組成的家族，由「自己」（師爺）擔任家族族長規模：5 到 18 家店組成一個小組，組長又稱家族族長，平均 8 家店一個小組。

四、獎勵制度：2019 年 10 月起族長的限高令

2019年，768家店，儲備幹部1,360個人，但要在幾年內開1,360家店是很難的。

這表示抱團小組組合的收入有天花板，如果有想賺更多，可以選擇讓兩條路：

1. 內部創業：海底撈往快餐店等發展。

2. 晉升到公司（中稱輪崗）：到財務部、採購部、技術部。

五、用人：積分制

以篩選出優秀人才，以便獎賞、升遷。

田表 6-22　抱團小組的功能

項目	2016年起	2018年起
組長	由師爺等級店經理擔任	
一、核心活動		制定長期計畫包括「抱團小組」分組-如蜜蜂分巢，由一變成二個，海底撈用「裂變」一詞。
（一）研發	共用資源	
（二）生產	共同解決地區問題	
（三）行銷	新店開拓 拓展經營新店	
二、支援活動		
（一）能力	人才培養	
（二）財務	共用資料	
（三）資訊		抱團小組有2004到2010年大區經理性質。
三、績效		
（一）績效衡量		
（二）行為修正	落後店輔導	

六、張勇經營管理風格

張勇身兼董事長、總經理，倒像是退居第二線，詳見表 6-23。

田表 6-23　張勇的經營管理風格

項目	說明
時	每週開幾次會剩下時間看書、旅遊、看社區老人打麻將。
地	強調「自己沒有辦公室，不太愛上班」。
人	用人不疑，疑人不用，充分授權，人力資源部最重要，張勇兼人資長兼分公司總裁。
事	把海底撈策略、高階主管、價值觀確定後。

章後習題

一、選擇題

( ) 1. 海底撈公司在四川省簡陽市大堂前場員工努力工作的動機是什麼？
(A) 子女有安親班 (B) 每天顧客誇獎有獎金 (C) 休息日郊遊。

( ) 2. 海底撈公司到陝西省西安市開二家店，此時員工努力工作的動機是什麼？ (A) 升店經理 (B) 績效獎金 (C) 股票分紅。

( ) 3. 海底撈到河南省鄭州市開店，進入成長初期，此時組織管理方式？
(A) 老闆張勇親力親為 (B) 靠理制度 (C) 加盟，加盟主自重。

( ) 4. 海底撈到成長初期此時組織型態如何？ (A) 成立地區（大區、小區）管理組 (B) 教練組 (C) 委外管理。

( ) 5. 海底撈到成長中期，此時員工（尤其傳菜、接待人員）努力工作動機是什麼？ (A) 升官 (B) 論件計酬 (C) 當選模範員工。

( ) 6. 跑堂人員論件計酬的主要方式主要來自 (A) 人力資源顧問 (B) 上網查的 (C) 參考美國餐廳的小費制。

( ) 7. 海底撈公司 300 家店以後，組織管理採取什麼方式？ (A) 抱團小組 (B) 公司運營部 15 位教練 (C) 大小區經理。

( ) 8. 海底撈 600 家店後，如何避免附近各店「同類相殘」？ (A) 劃分責任區 (B) 放任惡性競爭 (C) 成立（倫理領導的）抱團小組。

( ) 9. 海底撈員工薪水（含福利）在同業來說 (A) 高於平均數 (B) 選平均數相近 (C) 低。

( )10. 2018 年起海底撈已近成長末期，如何逼迫抱團小組組長拚搏？ (A) 限高令 (B) 屆齡退休 (C) 分封（拆散）。

二、問答題

1. 海底撈公司各階段組織管理（制度等）都是誰（包括部門）的點子？

2. 海底撈在各組織成長階段是一流（超前部署）、二流（今日事今日畢）、三流公司（深陷昨日問題泥沼）。

3. 海底撈在各階段如何運用外界顧問公司以解決問題？

4. 套用「彼得原理」來說，當初海底撈打天下的老臣是否有這問題？

5. 評論限高令、抱團小組功與過。

個案7
海底撈行銷管理Ｉ：
跟呷哺呷哺、臺灣王品產品比較

中國大陸火鍋特色：川渝麻辣鍋佔 62%

　　中式料理中川菜最辣，40 萬家火鍋店，2019 年年營收人民幣 4,800 億元，看似百花爭鳴，四川、重慶的川渝鍋特色是辣、麻辣，營收市佔率 62%。套用俗語：「天下武功，惟快不破」，同樣的：「天下火鍋，川渝不敗」。

　　火鍋店龍頭海底撈營收市佔率 3.5%，二哥呷哺呷哺 0.8%，差距很大。為了接地氣，本書順便說明臺灣王品餐飲公司旗下的石二鍋（約 63 家店），聚焦在產品。

學習影片 QR code

第二篇　餐飲業中的服務霸主

7-1 海底撈、石二鍋跟呷哺呷哺基本資料

有比較才知道差別，基於資料可行性，最好是中國大陸股票上市公司，本章挑選英屬開曼群島海底撈（6862, KHG）、中國大陸呷哺呷哺（0520, HKG），和臺灣王品餐飲公司（2727, TW）旗下的石二鍋。

一、比較

1. 全景：餐飲

在上海、深圳、香港上市的餐飲公司約 40 家，其中海底撈市值約人民幣 2,150 億元，約是其他 39 家餐飲公司市值之和。唯一市值相近的只有紐約證交所掛牌的「百勝中國控股公司」（YUMC.NYSE.）。

2. 近景：火鍋類

上市餐飲公司中火鍋餐飲只有海底撈、呷哺呷哺。其中小肥羊集團公司，2008 年 6 月在香港股票上市，2012 年 2 月 2 日，股票下市，成為美國百勝餐飲集團旗下子公司，營收約人民幣 3 億元，店數萎縮只剩 300 家。2020 年 4 月，百勝中國控股人民幣 13 億元，收購黃記煌（主要是燜鍋菜）。

3. 特寫：2019 年規模 4 比 1

(1) 店數：768 比 1,020。

(2) 營收：人民幣 265 億元比 60 億元。

(3) 股價：港元 43.45 比 8.45。

(4) 股票市值：人民幣 2,150 比 84 億元。

二、海底撈 VS. 呷哺呷哺

海底撈每家店營業面積約是呷哺呷哺的 3 倍，每天營業時間多 2 小時以上。店屬性也不同，海底撈有服務人員帶位和桌邊點菜，全部店自營；呷哺呷哺比較像快餐店（偏重櫃台點餐、付款），而且一部分是加盟店。

⊞ 表 7-1　海底撈跟呷哺呷哺比較

單位：人民幣

行銷組合	海底撈	石二鍋	呷哺呷哺
一、產品策略 （一）硬體 　　1. 營業面積 　　（平方公尺）	600～1,000	150～200	200～300
2. 桌	2～8人	U型吧檯	U型吧檯
3. 容量	300～500人	40人	100人
（二）產品 　　鍋	多人一鍋	一人一鍋為主	同左
（三）店員服務 　　員工數	超預期特色服務 100～150人	核心、基本服務 10～15人	標準化服務、U型吧檯 20～30人
（四）其他 　　營業時間	14小時（11：00到 03：00）	10小時	12個小時以上
二、定價策略 　（一）人均客單價人 　　民幣	105元	55元	54元
三、促銷產品			
四、實體配置策略	購物中心（百貨公 司為主）	在臺灣，僅63家店， 在量販店、捷運站出 口等。	北京、天津 上海市佔50%以上
五、收入（2019年） 　1. 店年營收（萬元）	5,000	－	500
2. 日翻桌率（次）	4.8（2018年4.9）	－	2.4次 （2018年2.8次）
3. 設店成本（萬元）	800～1,000	－	130
4. 回本期間	1～3個月損益兩平 6～12個月回本	－	3個月損益兩平 14個月回本

資料來源：整理自每日頭條，2019 年 6 月 6 日。

三、王品餐飲公司旗下石二鍋、聚火鍋

1. 臺灣的平價個人鍋

1997 年錢都日式涮涮鍋鍋帶動平價個人鍋，1998 年，三媽臭臭鍋順勢跟上，價位人民幣 30 元。

2. 王品旗下二家火鍋店，進入市場太晚

王品餐飲公司旗下約有 20 個餐廳，其中有三家餐廳，分兩種火鍋種類。

(1) 中國大陸南部火鍋之臺式火鍋，有二種餐廳「石二鍋」，2009 年成立，63 家店；有兩種鍋底石頭鍋、涮涮鍋，另有低價版的「12 經典即享鍋」，2018 年成立，12 家店，客單價人民幣 40 元，採自助式，已經煮好，沒有顧客自煮火鍋。

(2) 日式火鍋，「聚」北海昆布鍋，2004 年成立，12 家店。

3. 中國大陸石二鍋 5 年鎩羽而歸

(1) 時間：2012 年，跟菲律賓快樂蜂集團合資，客單價人民幣 55 元。

(2) 地點：上海市。

(3) 人物：曹原彰，石二鍋總經理。

(4) 事情：2017 年 10 月關閉 16 家店，累計虧損人民幣 0.25 億元以上。

四、呷哺呷哺

2014 年 10 月，在香港交易所股票上市，是中國大陸第一家火鍋股票上市公司。

1. 低價臺式涮涮鍋呷哺呷哺

營收成長率 20% 原因，絕大部分來自開新店，開店目標 4000 家店。至於既有店營收成長主要靠推出新鍋底、火鍋料。

2. 中高價臺式麻辣火鍋湊湊

這是呷哺呷哺的川式火鍋品牌，2016 年 6 月開的，2018 才賺錢。2019 年 102 家店，約佔公司營收 15%。這是複合店，加上「茶米飲」的手搖茶吧檯。

公司小檔案

呷哺呷哺餐飲管理公司(Xiabu Xiabu Catering Management Co.)

成立：1998年，2014年12月17日香港交易所股票上市（股號0520），股價約
　　　10港元。

住址：中國大陸北京市大興區黃村鎮孫村工業區

資本額：港幣10.82億元，賀光啓持股比率約42%

董事長：賀光啓（1963～），臺灣桃園市人。

總經理：趙怡

營收：（2019年）人民幣60.3億元(+ 27.38%)

淨利：（2019年）人民幣2.91億元(– 37%)

每股淨利：（2019年）人民幣0.27元

產品：臺式火鍋

主要營業地區：中國大陸北部，北京市佔37%，天津市佔10%。

店數：1,022家快餐型火鍋店，副品牌川渝火鍋湊湊。

員工數：約30,000人

〔資料來源：小穀粒兒讀財報，「呷哺呷哺」，財經周刊，2020 年 6 月 11 日〕

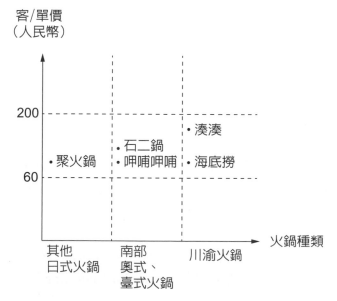

▷▷圖7-1　海底撈、石二鍋與呷哺呷哺市場定位

7-2　全景：公司供給與顧客的評價

印度佛經中《涅盤經》、《長阿含經》中內容，是成語「瞎子摸象」的起源。在企管中，我最常見瞎子摸象的領域有二：行銷管理中的消費者滿意程度、人力資源管理中的員工滿意程度。在本單元以表 7-3，讓你一次「看飽看滿」行銷管理教科書、論文中的「大圖」、「全景」。

由表 7-3 可見，這分為三欄，跟任何公司的損益表缺口分析一樣，以營收來說，第一欄是營收「目標」（例如 2020 年 100 億元），第二欄是實際經營績效（80 億元），第三欄是「缺口」，80 億元減 100 億元是「負 20 億元」，即低於目標值，是「負缺口」（Negative Gap），或目標達成率 80%，未達標。

一、需求端：消費者期望

影響消費者消費前所形成的「期望」（Expectation），文謅謅的說，在顧客「消費時」旅程（Customer Journey）中的顧客體驗藍圖（Customer Experience Blueprint），套用建築藍圖，是指這是在施工前，只是大概樣子。

表 7-3 第一欄中是顧客端所設定的體驗「目標」，這受兩個環境影響。

1. 總體環境

表中只列出總體環境四大類中兩大類、另「政治 / 法令」、「經濟 / 人口」沒列出。

2. 個體環境

這包括公司、同業、消費者自己（行為、心理特徵），這部分有個重點稱為購前階段（Prepurchase Stage），主要來自過去體驗（Previous Experience）。

3. 行銷研究

行銷研究越來越向網路問卷等傾斜，其中從網友網路文章採「深度研究」（Depth Study），稱為「社群聆聽」（Social Listening）。

二、海底撈的顧客

由表 7-2 可看出海底撈顧客中人文屬性的年齡層結構，中高價餐廳怎符合以年輕人為主。

1. 39 歲以下佔 80%

這是因爲海底撈有推出大學生特價方案，點餐型火鍋店是年輕人結群引伴的社交場所。

2. 40 歲以上佔 20%

40 歲以上的人大都成家，大都在家吃飯，而海底撈店數比較不普及，要特地前往才能吃到，這對一家子比較勞師動眾。

⊞ 表 7-2　海底撈顧客年齡結構

單位：%

年齡	20歲以下	20～29歲	30～39歲	40～49歲	50歲以上
佔比	5.12	26.17	46.12	20.17	2.41
火鍋業		24歲以下 －	25～34歲 51.25	35～44歲 28.85	45歲以上

資料來源：整理自中國大陸國會研究所，華威證券，2019 年 5 月。

三、供給端：公司

公司以市場研究，了解目標市場的顧客體驗藍圖，再進行「產品」、「服務」設計，這包括 CPI（套用消費者物價指數的英文簡寫）內容（Content）、呈現形式（Presence）、附加誘因（Incentive）。文謅謅的說，便是提出服務藍圖（Service Blueprint）。

服務藍圖具體內容便是行銷組合，俗稱行銷 4Ps，在表 7-3 中第二欄中，各項比重如下。

1. 產品策略佔 50%，分三中類；環境、商品、店員服務。

2. 定價策略佔 30%，主要是價格水準，其次支付方式、付款條件。

3. 促銷策略佔 10%，包括廣告、人員銷售、促銷三種類，其中「顧客忠誠計畫」容易操作性定義。

4. 實體配置策略佔 10%，包括外賣宅配、店址兩種類。

個案分析

田表 7-3　顧客滿意程度等「投入、轉換、產出」架構

(1) 投入：顧客端：影響期望服務品質因素	(2) 轉換：公司端：行銷4Ps	(3)=(2)-(1)產出：顧客滿意缺口
顧客體驗藍圖（Customer Experience Blueprint）	（公司）服務藍圖（Service Blueprint）	左述是顧客旅程（Customer Journey）
一、總體環境 （一）社會／文化參考團體、個人所屬族群（Trible） 　　上網看本公司評語（網路評分） （二）科技／環境（情境因素）季節	一、產品策略 （一）零售環境（Retail Blueprint） 　1. 硬體 　　建築、停車場、廁所 　2. 軟體 　　色（顏色）、香（味道）、味 （二）商品品類（Assortment） 　　產品、唯一性、品質 （三）人員服務（介面） 　　公司與顧客共同創作 　　客製化、科技、服務人員	一、顧客旅程中：顧客體驗（Customer Experience）
二、個體環境 （一）消費者在本公司同業的體驗 （二）消費者來自本公司之前的體驗	二、定價策略 （一）價格水準 （二）付款條件（例如分期付款等） （三）支付方式（信用卡等）	二、消費後顧客滿意程度（Customer Satisfaction,CS） （一）認知面（Recognition） 　　認知品質 　　認知價格 （二）情感面（Affective）
三、消費者本身 （一）社會人文屬性 　　所得、性別、學歷、種族 （二）心理屬性 　　價格敏感性、創新性 （三）消費動機 （四）消費者生活型態	三、促銷策略 （一）廣告 （二）促銷 （三）顧客忠誠計畫 四、實體配置策略 （一）外賣宅配 （二）店址	三、顧客價值（Customer Value） （一）再購（回頭率）（Return Rate） （二）推薦（Recommendation）

® 伍忠賢，2020 年 6 月 27 日。

四、產出面二缺口分析

1. 第一層：消費者滿意程度

購買階段（Purchase Stage）中的現在體驗（Current Experience），一般用五等分衡量「很滿意」（86 分以上）、滿意（75～85 分）、普通（60～74 分）、不滿意（41～59 分）、很不滿意（40 分以下）。

2. 第二層：顧客認知價值，消費者滿意程度的貨幣化

顧客花了 100 元來喝咖啡，覺得星巴克咖啡值 150 元，150 元減 100 元，正缺口 50 元，在大一經濟學稱為「消費者淨利」（Consumer Surplus，俗譯消費者剩餘），簡單的說：「賺到了」！

一般用顧客認同、忠誠度來形容，會表現在消費者重複購買（Repeat Repurchasing）與口碑（向別人推薦）。當然，消費時的現在體驗會影響下一次的購後階段（Post Purchase Stage）的未來體驗（Future Experience）。

7-3 行銷組合力衡量：海底撈 63 分、石二鍋 56 分、呷哺呷哺 47 分

2015 年，陸劇瑯琊榜中，瑯琊閣（主要是少閣主蘭晨）把武林人武功排名列出，依序為（梅長蘇、蘭晨、蒙摯、飛流等）。（詳見娛樂八卦時光，娛樂周刊，2017 年 12 月 30 日）

一般分析一家公司的行銷面的競爭優勢，大都以行銷的「功能面」（Function Approach）的行銷組合（Marketing Mix）為基礎，由此建構出「價量質時」的競爭優勢。

伍忠賢（2024 年）顧客體驗得分量表現，由表 7-4 最後小計可見，海底撈 66.55 分，石二鍋 59.25 分、呷哺呷哺 52.15 分，後二者屬於同一組。

表 7-4　海底撈跟石二鍋、呷哺呷哺在顧客體驗得分

顧客體驗項目	1 2 3 4 5 6 7 8 9 10	海底撈	石二鍋	呷哺呷哺
一、產品策略50%	10題量表			
（一）硬體10%	同上	39.55	23.25	18.15
（二）商品25%	同上	7.3	3.5	3.8
（三）店員服務15%	高 中 低	20.25	17.75	10.75
二、定價策略30%		12	24	3.6
（一）價格水準	高	8	10	10
（二）價格廣度	中	4	7	5
（三）價格	低	5	8	8
三、促銷策略10% 顧客忠誠計畫	未實施集點送	5	5	5
四、實體配置策略10% 地點方便性	20000人 一家店	5	5	6
小計		66.55	59.25	52.15

® 伍忠賢，2020 年 6 月 27 日。

一、伍忠賢（2020 年）行銷力量表

這個量表是由表 7-2 中的「轉換」（公司端）的行銷組合爲架構。

1. 產品力佔 50%

做正餐的基本是要好吃，下限標準是便利商店的 18 度 C 產品中的便當。

2. 價格力佔 30%

受限於人均所得，以 2020 年來說，人均可支配所得約人民幣 65,000 元，其中食品菸酒 29.1%，每年人民幣 19,000 元，每月約人民幣 1,600 元，每天約人民幣 52 元，這是三餐，平均午、晚餐各人民幣 20 元。以 7-11、全家來說，價格帶人民幣 8.8 ～ 15.8 元。這是工廠大量生產的，價格低。餐廳量產少，成本高，正餐的售價在人民幣 20 元以上。依此來看，人民幣 60 元以下算低價，60 ～ 200 元算中價位，200 元以上算高價位。

3. 促銷力佔 10%

促銷包含三項：廣告（一般稱爲溝通）、人員銷售與贈品等，本處以「顧客忠誠計畫」爲例，這些集點折扣，主要是爲了提高再購率（Return Rate）。

4. 地點力佔 10%

商店的普及率、方便性很重要，但方便性還是比不上便利商店。一般快餐店都開在捷運站、公車大站附近；至於點菜餐廳（像海底撈），如果是以晚餐、宵夜為主要時段，大都開在購物中心（含百貨公司）。

二、專家評分

在打分數時，可請三家公司的熟客或產品專家評分。

三、海底撈得分 66.55

贏在產品力，輸在價格力。海底撈屬於點菜餐廳，有服務店員，一人服務 4 ～ 5 桌。

四、石二鍋得分 59.25

贏在價格力，得 10 分，由表 7-4 可見，這二項得分較高；以價格水準來說，人民幣 50 元視為 10 分，每 20 元一個級距，例如 50~70 元 10 分，70~90 元 91 分，91~110 元 98 分。

五、呷哺呷哺得分 52.15

強在價格力、地點力，呷哺呷哺店數多、店面小，地點如同便利商店般方便。

資訊小幫手

行銷組合4Ps（Marketing Mix）
時：1960年
地：美國麻州劍橋市
人：E. Jerome McCarthy（1928～2015）
事：在〈Basic Marketing：A Managerial Approach〉書中，整理出，起源於1940年代美國，包括哈佛大學。

〔資料來源：部分整理自英文維基百科 Marketing Mix；E. Jerome McCarthy.〕

7-4 海底撈對產品力的努力

　　海底撈國際控股公司認爲火鍋店的產品力是根本，在損益表中的營業成本率77.4%，可以看的出來，很捨得砸錢，把好「環境、商品、服務」給顧客，有點「薄利多銷」的想法。

一、董事長張勇的主張

1. **時間**：2015 年 11 月 1 日。

2. **地點**：中國大陸北京市。

3. **人物**：張勇，海底撈國際控股公司董事長。

4. **事情**：口碑網（2009 年 6 月起，淘寶旗下）主辦〈天下網商〉協助的「口碑，匠心」論壇中，張勇應邀演講，針對海底撈行銷組合的看法，詳見表7-5。

⊞表 7-5　張勇對海底撈行銷組合看法

行銷組合	張勇的看法
一、產品策略 　　第三中類店員服務	好的店員服務建立在公司經營理念、機制，員工訓練只是一個基礎。
二、定價策略	顧客在乎的是餐廳的菜好不好吃，不是很關心價格折扣； 海底撈創業至今生意一直很好，不怎麼思考折扣問題。
三、促銷策略	把產品做到極致，自然就有口碑。

二、全景：投入 - 轉換 - 產出架構

　　由表 7-6 中的三欄，可見三項。

1. **投入**

詳見表第一欄產品策略。

2. **產出**

表第二欄，顧客認知海底撈產品力。

3. 產出：損益表

以表第三欄損益表上營業成本為例。由表第二欄可見，2019 年海底撈的食材佔營收 42.3%，這在餐飲業中算高，簡單的說「捨得用好料」。員工薪資佔 30% 這在點菜（相對於快餐）餐廳也算高的，最簡單說法，一位服務人員照顧 4 桌，你一定找得到服務人員。

田表 7-6　海底撈產品力組成依損益表架構

單位：%

投入（由高至低排序）	產出	產出
產品策略（依表7-2第二欄順序）	顧客滿意績效	財務績效
（三）商品策略：以火鍋為例 　1. 融合南北火鍋特色 　2. 鍋底新：鍋底油 　　用單獨包裝，新油，較健康 　3. 菜品創新，新鮮 　4. 菜色環保，綠色	顧客認知 產品力 1. 商品力	損益表 營收（佔營收比率） 營業成本佔77.4 原料42.3
（二）店員服務 　1. 店員服務 　　服務理念：顧客至上：三心服務：貼心溫馨 　　舒心 　2. 服務宗旨 　　細心、耐心、周到、熱情 　　顧客的每件小事要當大事做	2. 服務力	直接員工30.1
（一）硬體 　1. 座位 　2. 裝潢 　3. 廁所	3. 硬體力	製造費用5 房租 折舊

三、近景：產品策略中的商品

　　把鏡頭聚焦在產品力三項中第二中類的商品，海底撈的基本商品是中式點餐中的火鍋，由表 7-7 中的商品力表現三項。

1. 色香味

　　（表第一欄）純以色香味中的「味」來說，海底撈訴求二樣：川味、菜品。

2. 對顧客效益

（表第二欄）三樣。

3. 品牌管理

（表第三欄）二樣。

田表 7-7　海底撈火鍋在商品的主要訴求

色香味：口感	效益	品牌
一、川味 　1. 嫩脆 　2. 鮮香 　3. 麻辣	一、綠色商品 　1. 綠色食品上海青（油菜的一種）、番茄、豆腐等 　2. 其他	一、品牌目標：成為中國大陸第一流的餐飲管理集團、成為中國大陸第一火鍋品牌
二、菜品 　1. 鮮美 　2. 純正 　3. 獨特	二、健康 　1. 鍋底配料清淡，減少脂肪量 　2. 儘量用植物油取代牛油 三、營養	二、品牌價值主張 　1. 企業核心理念 　　體驗美味、享受生活、擁有健康、共赴卓越。宣傳詞：你的健康與我們同在 　2. 為顧客提供優質的服務

資料來源：整理自領袖思維，「深入剖析海底撈商業模式和成功要素」，財經，2017 年 8 月 2 日。

7-5 產品力評比：全景

　　電子商務的產品力跟商品力是一樣的，因為只賣商品，任何實體商店有硬體環境（店面、店內）、商品、店員，這三者組成商店的產品力。

　　本章比較中國大陸火鍋公司中的一哥海底撈、二哥呷哺呷哺，至於王品餐飲公司旗下最多店（63 家）的石二鍋，是本書在臺灣接地氣的方式。

一、無謂的文獻回顧

　　寫學術文，一定要有文獻回顧，絕大部分社會理論都是實務歸納的，觀念是歷代演進的。以商店的產品中分三中類：環境、商品與店員服務來說，由小檔案來說，一般人很常引用 1978 年這本書。但人類歷史上有商店至少五千年，五千年前的商店老闆知道這三樣是影響顧客近悅遠來的產品力。

資訊小幫手

產品力分三中類的經典書

時：1978年

地：美國麻州劍橋市

人：W.E. SasserbJr等三人，美國哈佛大學商學院講座教授。

事：在書《Management of Service Operations：Text，Cascs and Readings》，
把服務品質分成三種類：

　1. 硬體（Supporting Facility）。

　2. 商品（Faciliating Goods），餐飲業促成商品。

　3. 店員服務（Service）：外顯內含服務。

二、產品力量表

1. 伍忠賢（2020 年）實體商店的產品力（Product Power）量表（表 7-8）

由三種項目構成：硬體環境佔 20%、商品（以跟產品力有分別）佔 50%、店員服務佔 30%。

2. 三中類各分 5 個層級，比重 20、40、20、10、10%

由表 7-9 可見，依商品五層級觀念，把硬體環境、服務力也分五個層級，而且分 10 小項，各項佔比重 10%。但是各項題號由低往上排，號碼越小代表越基本。

田表 7-8　產品力綜合評比：海底撈、石二鍋、呷哺呷哺

中分類	(1) 比重	(2) 得分	海底撈 (3) = (1)*(2)	(4) 得分	石二鍋 (5) = (1)*(4)	(6) 得分	呷哺呷哺 (7) = (1)*(6)
硬體力	20	73	14.6	3531	7	38	7.6
商品力	50	81	40.5	27	13.5	43	21.5
服務力	30	80	24	16	4.8	24	7.2
小計	100	–	79.1	–	25.3	–	36.3

® 伍忠賢，2020 年 7 月 11 日。

田表 7-9　產品力三中類、五個層級（由高至低）

層級／量表／題號	硬體佔20%	商品佔50%	店員服務佔30%
五、未來佔10% 第10項	停車位	水果點心、冰淇淋	店員免單和其他
四、擴增佔10% 第9項	等待區遊樂設備	飲料	個人服務：修指甲、按摩
三、期望佔20% 第8項 第7項	店內音樂 店內裝潢	主食、湯、小菜	－
二、基本佔40% 第6項 第5項 第4項 第3項	等待區氣味控制上網 手機充電 上網	蔬菜種類加工食品種類	宅配（外賣）表演 紀念日服務特殊服務 其他桌邊服務 上茶、上菜
一、核心佔20% 第2項 第1項	平均客席面積 消防逃生設施	肉種類 沾料種類 鍋底廠家種類 火鍋鍋底特色	點餐 帶位

® 伍忠賢，2020 年 7 月 11 日。

三、海底撈得分 79.1 分

海底撈是中高價位餐廳，整個產品力近 80 分，比應有的平均得分 50 分高（超標）。

1. 硬體環境 73 分：詳見表 7-10 第二欄

海底撈的硬體環境以典型來說有「包廂」、「通鋪」，通鋪有 4 人桌爲主，環境設計偏中國式。

2. 商品力 81 分：詳見表 7-11 第三欄

3. 店員服務力 80 分：詳見表 8-8 第三欄

四、石二鍋得分 25.3 分

石二鍋產品力得分 25.3 分，這比低價位餐廳平均得分 17 分高，但比呷哺呷哺 36.3 分低太多，被 ko 掉了。

1. **硬體環境 35 分**：詳見表 7-10 第三欄

2. **商品力 31 分**：詳見表 7-11 第四欄

3. **店員服務力 16 分**：詳見表 8-8 第四欄

五、呷哺呷哺得分 36.3 分

以低價位餐廳的平均分數 17 分來說，呷哺呷哺產品力得分高。

1. **硬體環境 38 分**：詳見表 7-10 第四欄

2. **商品力 43 分**：詳見表 7-11 第五欄

3. **服務力 24 分**：詳見表表 8-8 第四欄

7-6 硬體評比：海底撈、石二鍋與呷哺呷哺

商店產品力評比時，我們把「硬體」放在三中類第一中類，店外觀、內在環境窗明几淨是必要的，這是商店比路邊攤、外賣外帶多的效益。

以餐廳來說，中稱「堂食」（這是唐朝官方用語），臺灣稱「內用」、「店內消費」。另一邊稱為「外帶」、「外賣」。以在店內用餐來說，環境太差，會讓顧客「沒食慾」甚至「倒胃口」，骯髒環境（有老鼠蟑螂蒼蠅）會滋生細菌，造成顧客「病從口入」（食物中毒）。

一、硬體評分量表

（一）核心硬體佔20%

1. **第 1 項消防逃生設施佔 10%**：2020 年 4 月 27 日臺灣臺北市林森北路錢櫃 KTV 大火，造成 6 人死亡、55 人受傷。（詳見中文維基台北林森錢櫃大火）

   公共場所防災防疫是最基本的，至少要看得到滅火器。

2. **第 2 項平均客席面積**：這涉及顧客是否有寬敞空間。

（二）基本硬體佔40%

1. **第 3 項廁所**：這項比較頭痛，百貨公司各樓層的公共廁所在樓層固定位置，各店顧客常需跋山涉水去上廁所。

2. **第 4 項上網、手機充電，佔 10%**：在臺灣、南韓，網路普及率高，人民手機上網成習。到處喜歡用免費的 Wi-Fi 上網，而且最好有免費充電（分有線、行動電源，中稱充電寶）。

3. **第 5 項氣味控制，佔 10%**：燒烤、火鍋等類餐廳，各桌上方或鍋側方都有抽風口，快速排煙排氣，以控制進餐區的氣味。

4. **第 6 項等待區，佔 10%**：大部分餐廳在午晚餐時間，大都人滿為患，如果沒有等待區，顧客要在室外等，夏熱冬冷，很不舒服，有些顧客過門不入。

（三）期望硬體佔20%

1. **第 7 項店內裝潢**：一般餐廳都很注重裝潢，以紅色等為主，透過視覺去刺激食慾。

2. **第 8 項店內音樂**：一般餐廳不會放音樂，以免打擾顧客間說話。

（四）擴增硬體佔10%

以等待區的設備來說，椅子是最基本的，在此之上，有許多設備可幫助顧客殺時間，不會度日如年。

（五）潛在硬體佔10%

以停車場為例，百貨公司地下室可停車，跟餐廳合作，消費一定金額可抵停車費。

二、海底撈店面硬體得分 73 分

用餐不限時間。

1. 第 3 項廁所，得分 9 分

海底撈店面積大，有提供廁所，而且備品（漱口水、乳液）多、人員清潔服務好。

2. 第 4 項上網、手機充電，得分 7 分

以長條椅背上方有 USB 插座，可以替手機、筆電充電。

3. 第 5 項抽風機，8 分

每桌的爐子座側邊，都有抽風口，把重味道的火鍋味抽走。

4. 第 7 項店內裝潢，7 分

2018 年起，針對新開的旗艦店，在進餐區透過 360 度立體投影、「數位」（中稱數字）傳感器六種主題場景互換替顧客帶來浸潤中就餐體驗（Immersive Experience）。

三、石二鍋得分 35 分

石二鍋的店數很少，絕大部分人沒去過，跟大型 7-11 的用餐區很像，有 4 桌 4 人座，其他是面壁的長桌、U 型吧檯。這跟大部分的快餐店（例如日本的吉野家）硬體環境都是最基本的，所以都是塑膠的。

四、呷哺呷哺得分 38 分

呷哺呷哺是個人式快餐店，大店 2 個 U 型中島，小店 1 個，顧客坐在很小的圓椅。

1. 第 2 項客席面積，4 分

分吧檯與卡座（靠牆邊又稱散檯）兩種，客席面積力 4 分。

2. 第 3 項廁所，1 分

在百貨公司內的店，要到店外公共區域的廁所。

3. 第 7 項店內裝潢，3 分

呷哺呷哺「老店」都是桌椅，2017 年推出四種店面（文藝小清新、小資輕奢華、極簡工業風、現代中國禪）。

7-7　商品力比較：海底撈、石二鍋、呷哺呷哺

打開各家餐廳的菜單，分成幾大類，有價碼；可在各單位空格處填上數量，作為點菜用。餐廳核心、基本、期望商品是「吃飽」，擴增商品是「喝足」，所以用「酒足飯飽」來形容。由伍忠賢（2020 年）餐廳硬體量表，由金字塔般層級排列來評估三家火鍋店。

海底撈是本書焦點，其商品力 81 分，單獨一個單元詳細說明，詳見表 7-10。

表 7-10　餐廳硬體量表：海底撈、石二鍋和呷哺呷哺

硬體層級（由高至低）	海底撈	石二鍋	呷哺呷哺
五、潛在佔10%：停車位	1	1	1
四、擴增佔10%：等待區設備	10	3	3
三、期望佔20%			
8.店內音樂	1	1	1
7.店內裝潢（色）	7	3	3
二、基本佔40%			
6.等待區	10	5	5
5.氣味控制	8	3	5
4.上網、手機充電	9	3	3
3.廁所	9	2	1
一、核心效益佔20%			
2.平均客席面積	8	4	4
1.消防逃生設施	10	10	10
小計	87	35	38

® 伍忠賢，2020 年 7 月 11 日。

一、王品的石二鍋

2012 年，在中國大陸開石二鍋店，從沒賺過錢，2017 年 10 月，16 家店閉店，本處以臺灣的店為對象。（王子承，信傳媒，2018 年 9 月 12 日）

1. **第 1 項鍋底特色，3 分**

   石二鍋等日式、臺式火鍋，強調鍋底清淡，才能吃得出食物原味，如此一來便缺之特色。

2. **第 2 項鍋底種類，3 分**

   基本款兩種石頭鍋（人民幣 15.86 元）、涮涮鍋（人民幣 17.56 元）；另加價人民幣 7 元，可選味噌湯、蔬食湯鍋、辣鍋；另有燒酒雞火鍋（人民幣 69.5 元）。

3. **第 3 項沾料，3 分**

   有 8 種可組合，其中有和風醬。

4. **第 9 項飲料，3 分**

   飲料有付費飲料各有二種：無糖黑豆茶、檸檬多瓜冰沙，各人民幣 2.3 元，可以續一杯。

二、呷哺呷哺

有兩種點茶方式，底下先說明「單點」。

1. **第 1 項鍋底特色，3 分**

   清淡鍋底為主，優點是可以喝湯；不過，一般醫生不鼓勵人喝火鍋湯。

2. **第 2 項鍋底種類，3 分**

   分 7 種，大多人民幣 6 元。

   (1) 川渝火鍋：重慶。

   (2) 南部火鍋：臺式火鍋，包括番茄鍋、菌湯、清湯。

   (3) 其他火鍋：泰式酸辣、印度咖哩、浙式火鍋中的豬肚雞火鍋（人民幣 28 元）。

3. **第 3 項沾料，7 分**

   沾料有 20 種，有獨家醬料：麻醬、鮮辣兩種；另功夫調料 6 種（各人民幣 5 元）。

4. **第 6 項蔬菜，5 分**

   顧客可以自選蔬菜種類。

5. **第 8 項飲料 6 分**

以品類來說，沒有賣酒（啤酒 1 種），酒類以外四種類的三種類很強，茶飲（清茶、奶茶、水果茶）、果汁（4 種）、水與碳酸飲料。

6. **第 10 項潛在商品，1 分**

主要是瓶裝火鍋沾料：山椒、香茶、松茸牛肉醬、辣醬。

點套餐有兩種份量，一為單人餐（人民幣 49 ～ 59 元），主要是牛羊豬魚肉，鍋底 6 種（人民幣 6 元以下）任選；二為雙人套餐 4 種（人民幣 99 ～ 128 元）。

7-8 特寫：海底撈的商品五層級

以伍忠賢（2020 年）餐飲業商品力五層級量表（表 7-11）分成五層級依序排列，並依核心商品的品項，由最下至最上遞進說明來評估三家火鍋店。

你上網去看海底撈的菜單，時空差距大。

1. **時間**：自創菜色越來越多，主要表現在肉、丸（滑類）、小吃類。
2. **地區**：因地制宜，主要是各地顧客偏好不同。

一、核心商品，佔 20%

1. **第 1 項鍋底特色，10 分**

川渝火鍋市佔率 64%，重慶火鍋麻辣油鹹重口味，夠刺激；四川火鍋辣而不加花椒，顧客更容易接受，海底撈是四川火鍋，但是「因地制宜」。

2. **第 2 項鍋底種類，10 分**

鍋底種類可用鍋具來分享，有兩種口味的鴛鴦鍋、四種口味的宮格鍋。甚至少數店備有自動櫃員機大小的自動配鍋機，號稱可量身訂做，千人千鍋。

表 7-11　餐飲業商品力五層級量表

商品層級	1～10分	海底撈	石二鍋	呷哺呷哺
一、潛在商品10% 　　10.水果、點心、冰淇淋		10	1	1
二、擴增商品10% 　　9. 飲料		8	3	6
三、期望商品20%：小吃類 　　8. 主食		5	3	3
7. 湯、小菜		5	1	1
四、基本商品40%：火鍋菜 　　6. 蔬菜		6	1	5
5. 加工食品（丸子等）		8	3	8
4. 肉（牛、羊肉）、海（河）鮮		9	5	5
3. 沾料		10	3	7
五、核心商品20%：鍋底 　　2. 鍋底種類		10	4	4
1. 鍋底特色		10	3	3
小計		81	27	43

® 伍忠賢，2020 年 7 月 10 日。

二、基本商品，佔 40%

1. 第 3 項沾料，10 分

分兩種。

(1) 免費：麻辣鍋本身就有夠味，麻辣鍋以外火鍋，皆有附配搭醬料。

(2) 付費：顧客付費人民幣 11.5 元後，在小吃吧自取，蔥薑蒜、調味料（醬醋、沙茶醬、菌王醬豆花醬、專用醬料）等 28 種。

火鍋菜分八中類，下列三者各佔 117 個最小存貨單位（sku）的三分之一，菜分 3 層次，「配方」、「加工方式」、「呈現方式」。

2. 第 4 項肉（牛羊豬肉、河鮮海鮮），9 分

選擇範圍很廣。

3. **第 5 項加工食品，8 分**

這包括兩項，主要針對四川火鍋配菜，分二小類，另外粥與蒸蛋兒童則免費。

(1) 常規菜：毛肚、重慶火鍋的黃喉（牛豬左心室主動脈）。

(2) 新菜品：丸滑中的主力蝦「滑」（蝦肉加肉）。

4. **第 6 項蔬菜，5 分**

分三小類：葉菜、根莖菜，菌類（金針菇等）。

三、期望商品，佔 20%：以小吃為例

1. **第 7 項小菜、湯，8 分**

(1) 三樣小菜（中稱涼菜）：醃蘿蔔、涼拌黑木耳、黃豆。

(2) 三樣水果：柳橙、小番茄、香蕉、西瓜、鳳梨等，有時甘蔗。

(3) 二樣甜湯：夏天是紅豆湯、仙草凍，冬天是南瓜粥、玉米粥。

　　人民幣 9 元。

2. **第 8 項主食，8 分**

加點白飯一人（人民幣 7 元）放在小吃吧的電子鍋中，自己去盛飯，不限量。

四、擴增商品佔 10%：以飲料為例

1. **第 9 項飲料，7 分**

這可分免費與單點兩項。

2. **免費**

等候區有冰飲料，進餐區則有白開水。

3. **單點**

單點特定飲料，一人人民幣 6 元，種類有茶（涼茶）、烏梅汁、檸檬水、豆漿，可無限暢飲。

五、潛在商品佔 10%：以水果、冰淇淋為例

　　第 10 項海底撈，10 分。

　　在等待區冰櫃高價冰淇淋「哈根達斯」，有爆米花、餅乾，無限吃；在進餐區小吃吧（或吧台區）有三樣以上水果（香蕉、西瓜等）。

田表 7-12 海底撈的商品層級（由高至低排序）

商品層級	大分類	中分類	小分類
五、未來10%	（一）水果	三種	免費
	（二）冰淇淋	一種	免費
四、擴增10%：飲料	（一）酒類	1. 烈酒	洋酒 威士忌
		2. 淡酒	葡萄酒 白、紅酒 啤酒
	（二）酒類以外	1. 水 2. 茶、咖啡 3. 果汁 4. 牛奶類	5種 白開水（免費） 涼茶
三、期望20%：小吃吧 13小類	（一）主食10% 9種	1. 米飯麵 2. 豆類	白飯、滷菜飯、鍋巴 麵條、油條、銀絲卷 酸辣粉、豆腐、豆皮
	（二）湯、小菜10%	1. 小菜 2. 甜湯 3. 丸滑	中稱涼菜 紅豆湯、仙草凍 白菜、高麗菜 玉米、玉米筍 中稱菌類
二、基本40%：火鍋菜 （一）蔬菜26種 （二）丸 （三）肉 （四）沾料28種	1. 葉菜9 2. 根莖類3 3. 菇類4 4. 豆類 5. 特色菜 6. 火鍋菜 7. 紅肉（家畜）9種 8. 白肉（家禽）2種 9. 河、海鮮10種	1. 牛肉6種 2. 羊肉2種 3. 豬肉6種 4. 雞 5. 鴨 6. 海鮮 7. 河鮮	1. 丸：花枝丸、肉丸、牛肉丸、蝦丸、鮮貝、貝滑、蝦滑、毛肚、黃喉撈起 2. 肉：日本和牛、美國牛、牛小排、撈派滑牛肉、毛肚、牛肉蒙古、紐西蘭伊比利豬、梅花豬、豬腸、雞胗卷、鴨腸 3. 魚：鮑、鱈、曼波魚皮、魷魚、蝦、干貝、螺肉
一、核心 （一）鍋底寬度 （二）鍋底特色	1. 北滙 2. 南部 3. 其他 4. 川渝火鍋	1. 東北 2. 粵式 3. 台式 4. 浙式 5. 日式 6. 麻辣 7. 雙辣	酸菜、海鮮鍋、番茄鍋、全素鍋、菌湯鍋、豬肚、柴魚昆布

7-9　海底撈在臺灣

當你隨時上網看，每幾天總會有一位網友，會上網張貼在海底撈臺灣某一家分店的消費經驗，且每道菜都拍照留念。顧客為了看師傅甩麵，會有一人點 88 元的甩麵，最後下在火鍋中。若網友想衝高在臉書、IG 上的粉絲人數，透過海底撈的知名度高、花樣多（有變臉、美甲和擦皮鞋服務、貼心服務），拍照打卡來達成目的。本單元從臺灣餐飲 SWOT 分析切入，說明海底撈的經營。

一、全景：臺灣餐飲營收，SWOT 分析中的商機

1. 全景：餐館業營收

經濟及能源部統計處每個月公布「餐飲業」營收，其中餐廳業再細分，以餐館業（行業代號 5611）來說，成長率數字跟人口、人均總產值不成比例。2003年 2,191 億元、2009 年 3,146 億元、2011 年 4,044 億元、2015 年 5,347 億元、2019 年 6,695 億元。

2. 近景：火鍋業營收 300 億元。

由於火鍋業有許多是獨立店，有打統一發票，但餐飲業的統計沒分到這麼細，所以你上網查，每年看到火鍋業營收都是 300 億元以上，這非常不精確。火鍋業中麻辣鍋佔 22%。

二、特寫：海底撈的優勢劣勢分析（SW analysis）

1. 以市場定位圖來看優勢劣勢

由圖 7-2 可見：

(1) x 軸：依用餐顧客人數來分。

(2) y 軸：依每人平均單價區分四個價格帶，160 元以下大都是單身上班族一個人或小家庭；300 ～ 600 元同事聚餐為主。

2. 2020 年，海底撈火鍋業市佔率 10%

由圖 7-2 可見，海底撈屬於 2 人以上、點菜式火鍋店，價格在 600 元以上。海底撈進入臺灣市場晚，但產品力強，2020 年市佔率近 10%，比在中國大陸火鍋業市佔率 3.5% 高太多。

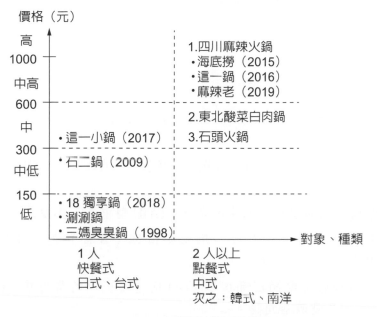

價格（元）

高
1000 ── 　　　　　　　　1.四川麻辣火鍋
　　　　　　　　　　　　•海底撈（2015）
中高　　　　　　　　　　•這一鍋（2016）
600 ── 　　　　　　　　　•麻辣老（2019）
中　　　　　　　　　　　2.東北酸菜白肉鍋
　•這一小鍋（2017）　　3.石頭火鍋
300 ──
中低　•石二鍋（2009）
150 ──
低　•18 獨享鍋（2018）
　•涮涮鍋
　•三媽臭臭鍋（1998）　　　　　　　　對象、種類

1 人　　　　　　2 人以上
快餐式　　　　　點餐式
日式、台式　　　中式
　　　　　　　　次之：韓式、南洋

▷▷ 圖7-2　臺灣火鍋市場分類

3. 海底撈策略雄心

由公司小檔案可見，海底撈總經理李瑜揭示在臺灣開 30 家店的目標，之前開的幾家大店（例如臺北市 ATT 4 Fun 店），年營收 2 億元。開到 30 家，年營收破 50 億元。已逼近瓦城泰統公司（股票代號 2729，1992 年成立）這家泰國菜為主的股票上櫃公司。

公司小檔案

海底撈（臺灣）公司

成立：2015年5月

地：臺灣臺北市信義區松壽路12號6樓

資本額：2億元

董事長：舒萍（海底撈董事長張勇、董事長的太太）

總經理：李瑜（中國大陸湖南省人）

營收：（2019年）約24億元，2020年約32億元。

店數：2019年14家、2020年約18家，九成以上設在百貨公司，營業面積700平方公尺以上。

員工人數：1200人，每店110～120位。

員工薪水（月薪）：店經理35萬元，另7萬元房屋津貼、大堂經理9萬元、基層全職員工3.5萬元起，各城市兼職員工時薪不一，從160元起。

章後習題

一、選擇題

(　　　) 1. 呷哺呷哺是台式火鍋，火鍋大小主要是？ (A) 個人鍋 (B) 雙人鍋 (C)4 人鍋。

(　　　) 2. 呷哺呷哺的平均價位（人民幣）為何？ (A)56 元 (B)106 元 (C)156 元。

(　　　) 3. 呷哺呷哺的客席型態主要是？ (A)U 型中島 (B)2 人桌 (C)4 人桌。

(　　　) 4. 王品餐飲公司旗下石二鍋主要價位（台幣）是多少？ (A)156 元 (B)256 元 (C)356 元。

(　　　) 5. 石二鍋店主要開在哪裡？ (A) 捷運站出口的路邊店 (B) 百貨公司內 (C) 量販店商場。

(　　　) 6. 海底撈鍋底有幾種口味？ (A)1 種（川渝） (B)3 種（川渝、南部粵台式） (C)5 種（另包括日式等）。

(　　　) 7. 海底撈的平均客單價（人民幣）？ (A)56 元 (B)106 元 (C)306 元。

(　　　) 8. 一般來說，海底撈的醬料區，是否須加價購？ (A) 免費 (B) 須加價購 (C) 各店不一。

(　　　) 9. 海底撈等候區的哈根達斯冰淇淋要不要付錢買？ (A) 免費 (B)1 球 150 元 (C) 各店不一。

(　　　)10. 海底撈主要鍋底是什麼？ (A) 辣而不麻的四川火鍋 (B) 昆布鍋 (C) 海鮮鍋底。

二、問答題

1. 呷哺呷哺推動鍋底種類變多、點菜的雙人桌，成效如何？

2. 呷哺呷哺旗下湊湊麻辣火鍋為什麼店數衝不大？搭配茶飲有 1+1 大於 2 效果？

3. 臺灣石二鍋火鍋只有 63 家店，在中國大陸上海市的店 2016 年關門，問題在哪？（火鍋鍋底、價位、地理）

4. 海底撈火鍋四川鍋底，可適合全中國大陸各省市嗎？

5. 海底撈價位算親民嗎？

個案8

海底撈行銷管理II：店員服務

日臺中的店員服務，沒有最好，只有更好

1950 年代，日本百貨公司內的穿制服小姐，替顧客按樓層，微笑、鞠躬，成為許多國家服務業店員服務的標竿學習對象。2003 年，臺灣的王品餐飲公司，推出店員五等級服務，遠遠的把「微笑露 6 顆牙齒、鞠躬」的第一等級服務，拋在後面。成為中國大陸許多服務業取經對象。

2004 年 7 月，中國大陸海底撈公司在北京市開店，以「創意、店員免單」等服務，把王品自豪的五級店員服務壓在海底撈店員服務五等級的第三級而已。套用 2006 年起，臺灣的流行語「沒有最好，只有更好」（There is no best, only better），本單元說明海底撈員工服務。

學習影片 QR code

第二篇 餐飲業中的服務霸主

8-1　海底撈與王品在店員服務上的要求

民以食爲天，以佔各國人口數一半的工作人士來說，大概平均一天在外吃飯一次主要是午餐，單身族還會吃晚餐，這比三天才有一次消費的便利商店次數還多。各餐廳出奇致勝的搶食市場，於是顧客的胃口被養大，對餐廳的服務期望越來越高。本章在餐廳店員服務五層級架構下，以餐廳中點菜餐廳中國大陸一哥海底撈爲主，並以臺灣一哥王品餐飲公司爲比較對象，偶爾以火鍋店中的快餐店呷哺呷哺公司參照一下。

一、商店服務五層級

套用 1967 年，美國行銷管理大師柯特勒在《行銷管理》中提出中的商品五層級（Five Product Levels）（註：此版只有三層級），作者伍忠賢 2020 年把商店店員服務分五層級，由表最下層至最上層遞進，好像金字塔般，詳見表 8-1。

每個層級的比重不同，例如核心服務佔 20 分，基本服務佔 40 分，兩個層級共佔 60 分，爲及格標準。

二、從聆聽顧客聲音談起

一分錢，一分貨；以餐廳分成快餐（速食）店、點菜餐廳來說，顧客期望店員服務水準分二水準。

1. 快餐店的店員服務要求較低，平均 49.7 分

以《遠見雜誌》每年 10 月公布的 19 個行業「五星服務獎」來說，連鎖速食業 12 家，平均分數 49.7 分，第一名是「21 世紀風味館」65 分。由於快餐店櫃台點餐時，店員服務以櫃人員爲主，對顧客互動時間以「點餐、供餐」爲主，店員服務層級以表 8-1 中來說，達到第一級核心服務。

2. 點菜餐廳要求較高，平均 59.9 分

以 29 家「連鎖」（店數 7 家以上）餐飲業來說，平均得分近 60 分，已到了表 8-1 中第二層級的基本服務。

三、點菜餐廳的顧客期望

在表 8-1 中第三欄，美國日立顧問公司的英國分公司的主管提出一份餐飲報告，因被美國最大會計師事務所勤業眾信引用，而略有知名度。他所提的點菜餐廳顧客期盼的五種服務，跟五項服務層級幾乎一一對映，其中我們把「真誠友善的互動」放在「擴增服務」。

點菜餐廳顧客對店員服務的期望

時：2019年3月26日

地：英國薩福克郡（Suffolk）

人：Pierson Broome，美國的日立顧問公司英國分公司主管，美國日立是日本日立公司之子公司，2000年在美國德州達拉斯市成立，員工數6500人。

事：經由勤業眾信會計師事務所發表的餐飲業產業研究報告。

四、海底撈對店員服務的期望水準

海底撈對店員服務要求的水準有五項，並把它分為五級，詳見表 8-1 第四欄，其中將第四級「服務心態」跟擴增服務對應。

五、王品對店員服務的期望目標

2004 年，王品對旗下餐廳要求做到「五層級服務」，而且取個美麗名詞「化蝶五部曲」，好像蝴蝶由「卵—毛毛蟲—蛹—蝴蝶」，最完整的內容詳見這本書。

由表 8-1 可見，我們把王品的第五級服務「創新革新印象嵌入服務」放在潛在服務（91 分以上）。

六、有關海底撈、王品重要書

有關海底撈的書 30 本以上、王品書約 10 本，在表 8-2 中我們以兩本較嚴謹的書為基礎，來分析兩家公司。

田表 8-1　五個服務層級中海底撈、王品的目標（由高至低）

得分	服務層級	顧客要求	海底撈要求	王品要求
91分以上	五、潛在 10.把顧客當貴族	令人欣喜愉悅的（Delight Me）	第五級：超值服務項目，發現顧客沒注意到的細節，再適時製造發表。	第五級（I & C）（Move To Tears，MTT）： 創意革新印象嵌入服務，不斷向電影情節或大自然取材，經由腦力激盪，研究更新、更貼切的服務守則，讓顧客驚艷。
81～90分	四、擴增 9. 把顧客當家人	真誠友善的互動（Engage Me）	第四級：服務心態，上班不帶任何情緒，遇事冷靜不慌，顧客百問不煩、百答不厭煩。	顧客會再度光臨與否，在於端視每次的體驗是否留下美好的記憶，因此除了服務之外，還要有創意，才能讓顧客印象深刻。
71～80分	三、期望 8. 個人差異化服務（把顧客當朋友）	記得我的偏好，無須顧客說明（Know Me）	－	第四級（MOT）： 關鍵時刻感動服務，滿足顧客在不同時段的不同需求變化。
61～70分	7. 外賣、打包外帶	記得我的偏好，無須顧客說明（Know Me）	－	譬如剛來的顧客一定很餓，送菜就要快，等顧客吃飽了，就可以開始跟他聊聊天。
	二、基本			
51～60分	6. 紀念日活動	記得我的偏好，無須顧客說明（Know Me）	第三級：重點服務，對老弱（殘障）婦孺提供特別服務。	第三級（PTP）： 個人化貼心服務，視顧客的個別差異調整服務的內容。 如顧客性別、年齡、職業、個性。

得分	服務層級	顧客要求	海底撈要求	王品要求
41～50分	5. 特殊服務	記得我的偏好，無須顧客說明（Know Me）	第三級：師傅會教店員，何時送贈品給顧客。海底撈不怕顧客吃。	第三級（PTP）：對於過生日的顧客，服務人員可以贈送蛋糕、小點心等；而對慶祝結婚紀念日的夫婦，則以桌卡方式製作「結婚證書卡」，做到「不同用餐目的、不同的服務」。此外，會員顧客在家可上網下載「生日券」，進店後交給接待人員，之後便會收到小蛋糕。
31～40分	4. 其他桌邊服務	客製化及快速回應需求（Empower Me）	第二級：基礎服務，操作流程不漏掉項。	第二級（Special Time）：用餐目的特別服務，做到「不同用餐目的，不同的服務」。用餐目的：(1)家庭：聯誼 (2)企業人士：作生意
21～30分	3. 上茶、上菜	–	–	–
11～20分 1～10分	一、核心 2. 點餐 1. 帶位	傾聽並知道我的特殊需求（Hear Me）	第一級：常規服務 1. 確保店內食物區不缺料。 2. 迎賓、保全清潔人員歡迎顧客，要直視對方，以友善話語表示歡迎，讓顧客體會到店員之熱情。	第一級（SOC）：標準化一般服務：透過熟練的基本動作，讓每位顧客都可享受「標準配備」，即一致的服務品質。

® 伍忠賢，2020 年 6 月 7 日。

田表 8-2　海底撈與王品店員服務重要書

時	2020年4月	2010年
地	中國大陸北京市	臺灣臺中市
人	朱睿、李夢軍，前者是北京市長江商學院EMBA項目學術主任，後者是該學院商業案例研究員。	王國雄，曾任王品副董事長，2015年5月25日退休。
事	在中信出版集團出版《未來好企業：共益實踐三部曲》。	在遠流出版公司，出版《敢拚、能賺、愛玩》一書。

8-2　內部行銷對員工服務顧客的重要性：服務三角形角度、張勇的看法

當公司員工成為公司產品或服務的愛好者，自己樂於使用，便會有傳教士的熱誠，把產品、服務推銷給顧客。

一、服務三角形

由表 8-3 可見，服務三角形的觀念分三階段發展。

1. 1981 年芬蘭格羅路斯

他認為公司對顧客行銷，站在全員行銷角度，第一線員工是接觸顧客的人，即公司須把員工當作內部顧客，先對員工行銷，稱為「內部行銷」（Internal Marketing），內部這個名詞不易了解，我們稱為「員工行銷」（Employee Marketing）。

2. 我們不用三角形作圖

我們寫書畫圖只有 3 種方式，三角形不是其中之一，在表 8-4 中，這是伍忠賢版本的公司員工、消費者行銷。

二、海底撈董事長張勇對店員服務看法

在表 8-4 中，以「投入 - 轉換 - 產出」架構，把張勇對「員工行銷」、「顧客行銷」的重要性說清楚。

1. **投入**：公司投入資源。

2. **轉換**：核心能力（Core Competence）。

3. **產出**：跟對手爭取顧客的「競爭優勢」（Competitive Advantage）。

田表 8-3　從消費者、員工行銷到服務三角形

時	地	人	事
1967年	美國伊利諾州埃文斯頓市	科特勒（Philip Kotler, 1931～），西北大學教授。	出版〈行銷管理學〉教科書，一般認為這是消費者行銷（Consumer Marketing）教科書起源。
1981年	芬蘭赫爾辛基市	格羅路斯（Christian Gronroos, 1947～）他是Karl Albrect國際公司董事長。1973年10月起，寫了20本以上書。	在〈Business Research〉期刊上論文"Relation approach to marketing in service context"提出服務業的員工行銷（Employee Marketing），一般稱為「內部行銷」，此論文的學術引用2300次。
1995年	美國加州聖地牙哥市	卡爾·艾伯修（Karl Albrecht, 1941～），作家等。	在Productivity出版公司印的《Delivering Customer Value》書，提出服務（行銷）三角形（Service Marketing Triangle）觀念。

田表 8-4　公司員工、消費者（顧客）行銷

英文	Internal marketing	Customer marketing
本書譯詞	員工行銷	消費者行銷
中文俗譯	內部行銷	外部行銷
投入：公司	策略性人力資源管理、員工關懷等	1. 公司對消費者溝通（前稱廣告等）
轉換	主管、人資部門對員工	2. 店員對顧客服務 店員是服務題更者（Service Provider）
產出	員工體驗（Employee Experience） 1. 員工投入程度（Employee Engagement） 2. 員工滿意程度（Employee Satisfaction）	顧客體驗（Customer Experience） 1. 顧客價值（Customer Value） 2. 消費者滿意程度（Customer Satisfaction, CS）

8-3 海底撈與王品店員服務能量表－88分比47分

有人問：駱駝跟馬哪種動物比較大？

清朝曹雪芹在〈紅樓夢〉書中第六回，劉姥姥引用諺語：「瘦死的駱駝比馬大」來形容榮國府的財力。那麼海底撈跟王品的服務人員，誰的服務能量比較強呢？本單元副標題88分比47分這是作者量表做出的結果，由於王品餐飲旗下至少有24個餐廳品牌，以服務水準最高的藝奇新日本料理餐廳為對象；而海底撈則挑1000家中店的任何一家。

一、大分類

一家公司的戰力，企業、經濟學角度用詞不同，詳見表8-5。

1. 企業管理角度：公司資源

兩家公司的「戰力」上（Combat Power）來自其資源，這是資產「硬實力」跟「能力」（Ability）「軟實力」相乘的結果。

2. 經濟學角度：生產因素市場

由表8-5第二欄可見，經濟學上五種生產因素個跟企管的資源對應。

二、公司能力量表

公司的能力分成兩中類：公司、員工能力，員工能力會隨著期離職而流失，公司能力是指公司運用資源的能力。

1. 第一欄：楊國安的組織能力三角（簡稱楊三角）

由表8-5第一欄可見，以中國大陸上海市中歐國際工商學院楊國安2010年提出的「組織能力三角形」中，三大類因素，依數學中邏輯學的必要、充分條件分類。在表8-7中第二欄說明楊國安的主張，第三欄，有文章運用「楊三角」分析海底撈的組織能力。

2. **第二欄：麥肯錫公司七要素**

表中第二欄是以麥肯錫公司成功七要素爲架構，這本質上只是管理活動「規劃 - 執行 - 控制」的中分類。其中 5.1 員工訓練：師徒制，3.1 薪資福利，3.2 論件計酬、6. 領導型態，比較容易對應到相關服務成績。其餘的比較牽強。

3. **第三欄：（餐廳）服務五層級**

套用 1967 年科特勒〈行銷管理〉書中的產品五層級，把店員服務分成同樣五層級，由低往高排列，其比重「20：40：20：10：10」，各有餐廳相關店員服務項目。以伍忠賢（2020 年）餐廳服務層級量表來評估，詳見表 8-6。

4. **第四欄：每題 1 ～ 10 分**

服務五層級分十項，每題 1 ～ 10 分。

⊞表 8-5　公司資源與經濟學生產因素對比

經濟學：生產因素	企業管理：資源
一～五是教科書上的順序，下列跟右邊對照	一、資產 （一）有形 （二）無形
一、自然資源	
二、勞工	
三、資本	二、能力 （一）公司能力 （二）個人能力
四、技術	
五、企業家精神	

三、海底撈跟王品對比：88 分比 47 分

在表 8-6 第五、六欄是海底撈、王品店員服務能量的得分，這是伍忠賢根據上網資料，主觀計分。以「帶位」來說，海底撈分成等候區、服務區，服務區中配備美甲、擦鞋、兒童照護三種人員；在等候區，有專人發放熱毛巾，主動給顧客橋牌、跳棋等，王品沒有店員服務等待區的顧客。

田 表 8-6　餐廳服務層級二種架構：海底撈與王品得分（由高至低排序）

組織能力 楊三角	麥肯錫7S	服務成績	海底撈 1～10分	王品 1～10分
三、充分條件： 員工管理方式	領導型態：授權 領導技巧：七大禁令，和容錯文化 組織設計：人員編制	五、潛在 　10.感動	10	1
		四、擴增 　9. 肉麻式	5	5
二、充分條件： 員工思維意願	企業文化：提案制度、知識分享 用人：升遷 用人：來淘汰制 獎勵制度：薪資福利論件計酬	三、期望 　8. 貼心 　7. 打包外帶	9 9	4 6
		二、基本 　6. 紀念日活動 　　（溫馨） 　5. 特殊服務 　4. 其他桌邊服務 　3. 上茶、上菜	10 9 9 9	5 9 3 6
一、必要條件： 員工能不能做	用人：訓練、師徒制 策略：生產流程標準化、簡潔化	一、核心 　2. 點餐 　1. 帶位	9 9	5 3
小計			88	47

® 伍忠賢，2020 年 7 月 21 日。

田 表 8-7　中國大陸楊國安組織能力

時	2010年	2018年9月25日
地	上海市	北京市
事	1. 楊國安（1961～），中歐國際工商學院人力資源教授，1990年美國密西根大學管理博士，香港人。	1. 新華社旗下〈培訓雜誌〉，2005年創刊在〈培訓〉雜誌，「海底撈成功上市的背後：極致的個性化服務是怎麼煉成的？」分析組織能力。
	2. 在機械工業出版社〈組織能力〉書中提出組織能力三角形，俗稱組織能力的楊三角，另詳見MBA智庫「什麼是楊三角理論」。	2. 組織能力由高往低分三層： (1) 員工管理（Employee management） (2) 員工心態（Employee mentality） (3) 員工能力（Employee capability）

8-4 店員服務力量表：海底撈、石二鍋與呷哺呷哺

　　開門見山的便可說出海底撈、石二鍋、呷哺呷哺在店員服務力的差異。海底撈是「餐館」，桌邊點餐，店員服務多，得分 80 分。石二鍋、呷哺呷哺是快餐店，櫃台點餐、取餐，屬於顧客自助，店員服務少，服務分數 16、24 分。

一、店員服務力量表

　　套用商品五層級觀念（伍忠賢，2020 年），把餐廳的店員服務分五級，各級比重如下，詳見表 8-8。

1. 第一層級核心服務佔 20%

　　這是從手機點餐、等候區開始，到了店，有沒有人帶位；在櫃檯點餐 3 分鐘，桌邊點餐 5 分鐘以內。

2. 第二層級基本服務，佔 40%

(1) 上茶上菜 10%。

(2) 其他桌邊服務（包括指導用餐）10%。

(3) 特殊服務（包括兒童遊戲區、兒童照顧等）10%。

(4) 紀念日活動佔 10%。

3. 第三層級期望服務，佔 20%

(1) 第 7 項宅配：許多顧客都喜歡在店內買商品，宅配給自己或送人；另外，外賣是主軸，涉及運費多少、多少時間。

(2) 第 8 項表演或差異化服務：這已經是把顧客當好友在服務。

4. 第四層級擴增服務，佔 10%

　　「擴增」指的已跳脫餐廳範圍，以海底撈的「肉麻」、「逆天」服務來說，包括替顧客修指甲、坐按摩椅、擦鞋。

5. 第五層級潛在服務，佔 10%

　　潛在服務範圍很廣，例如海底撈進餐區有 100 支監視器，以防止「奧客」勒索。另外，監視器有人臉辨識功能，會根據過去消費紀錄，讓店員知道食物偏好等。

二、海底撈 80 分

1. 第 2 項點菜，得分 7 分

雖然放在店員服務，但本質上屬於「硬體」，把 12 吋平板電腦放在各個桌上，供顧客操作使用。

2. 第 4 項其他桌邊服務，9 分

以「○滑」來說，放在塑膠袋中，由店員擠出稱「牛滑」、「蝦滑」。

師傅拉麵秀，算「桌邊服務」，師傅邊放音樂邊拉麵，還會拿麵條去逗顧客，十分有趣。這麵條很薄，放到火鍋內去燙，便有火鍋味。其他餐廳的桌邊表演，例如鐵板燒師傅、烤鴨店師傅片鴨。

3. 第 5 項特殊服務女，9 分

以海底撈來說，在顧客等候區旁有「兒童遊戲室」，有店員在內看顧和上課，門口有貼每月課程表，每半小時一單元，包括故事課、手作課（含拼圖）、畫畫課、活動課，三歲以下兒童需要一位家長作陪。

如果是年輕人在等人，店員會在空位上擺上一隻小豬或小熊布偶，並上一碗瓜子、一杯白開水。

4. 第 6 項顧客紀念日服務，5 分

以生日來說，可分為高調員工唱、低調放生日快樂歌。並提供壽星甜點、小禮物，如老人的搥背棒。

5. 第 8 項表演得分，9 分

川劇中的變臉有演出時間表。午餐、晚餐各二場、宵夜一場，平日跟例假日稍不同，有些顧客會看到兩場，演員會跟顧客互動。

6. 第 9 項美甲得分，10 分

這要抽號碼牌，當輪到你時，會在進餐區叫號，即使全桌人去等候區也沒關係，服務人員會把點餐平板電腦上手寫「顧客做美甲」，桌位仍會保留。

另外男人有擦皮鞋的服務；下雨天，則有愛心傘、輕便雨衣。

7. 第 10 項店員免單，10 分

這在另一單元專程說明。此處可跟店員拿許多張拍照手牌，如「不想上班，只想吃海底撈」，拍完照，在微信底下，傳到相片列印機，即可立刻印出照片。

三、石二鍋 16 分

石二鍋是快餐店型的個人火鍋店，比較像呷哺呷哺，以中島吧檯區爲主，周邊分 2、4 人座區。

店內面積依立地條件而定，客席約 40 位。

四、呷哺呷哺 24 分

1. 第 7 項宅配外送，2016 年呷哺呷哺推出外賣「呷哺小鮮」，上了三個外賣網站販售，分別爲美團外賣、餓了嘛、百度外賣，由呷哺呷哺各店出餐，每單運費人民幣 8 元。如果顧客沒有鍋爐，可在外賣網站上支付押金，外送人員會提供電磁爐、涮涮鍋；顧客用餐結束後，通知外賣人員取回器具，並退還押金。

2. 另外呷哺呷哺還有各店電話、公司網站接單。由第三方宅配，比呷哺呷哺外賣員快 10 ～ 20 分鐘。外送袋中底層是科技冰，依序由下往上放肉、菜、主食。（詳見餐道 020，科技周刊，2017 年 6 月 16 日）

表 8-8　服務力量表：海底撈、石二鍋、呷哺呷哺（由高至低）

五層級	得分1～10	海底撈	石二鍋	呷哺呷哺
五、潛在佔10% 　10.店員免單		10	1	1
四、擴增佔10% 　9. 修指甲、按摩		10	1	1
三、期望佔20% 　8. 表演 　7. 宅配（外賣）		9 6	1 1	1 5
二、基本佔40% 　6. 紀念日活動 　5. 特殊服務 　4. 其他桌邊服務 　3. 上茶、上菜		5 9 9 9	5 1 1 1	5 1 1 1
一、核心佔20% 　2. 點餐 　1. 帶位		7 5	3 1	3 5
小計		80	16	24

® 伍忠賢，2020 年 7 月 11 日。

8-5　王品餐廳前後場作業標準化發展歷程

　　說起各地餐廳，美國麥當勞（漢堡店）、日本吉野家（牛肉飯）、中國大陸海底撈（火鍋店），在臺灣最大餐廳公司是王品餐飲公司，有 24 家餐廳，有西餐、日本、中式料理，共同特色是店員服務佳。

一、為什麼要談王品的服務

1. 營收角度

2019 年臺灣餐飲業營收第一大公司美食達人為 231.7 億元，第二大王品餐飲公司則為 162.3 億元。

2. 服務角度

2019 年《遠見雜誌》五星服務獎在 19 個行業中，連鎖餐飲（不含連鎖速食），平均得分 59.9 分，第一名瓦城集團旗下 1010 湘湖南料理 72.5 分，其中王品旗下日本料理「藝奇」第二名 66.46 分，聚火鍋第 5 名 66.25 分。

3. 張勇名言

有許多中國大陸文章都引用海底撈公司董事長張勇的這句話：「餐飲業中稱得上一流服務的公司，如美國麥當勞、臺灣王品。尤其是能持續創造讓員工滿意而充滿熱情的工作環境。」（中國大陸北京市慧聰酒店用品網，壹讀，2015 年 11 月 30 日）

4. 2011 年《海底撈你學不會》一書

這書的廣告詞：「（海底撈）一家像王品的公司」。

二、問題

1. 1982 年台塑大樓 13 樓招待所

1982 年，台塑集團二位創辦人之一王永慶已 65 歲，為了避免外出應酬花太多時間，台塑在台塑大樓 13 樓成立招待所，由三娘李寶珠推出臺灣口味的牛小排，號稱一隻牛只能做六份，每份約 520 公克。

2. 1988 年，聯一餐飲公司自稱台塑牛排創始店

台塑招待所總管楊國初開的聯一餐飲公司（1988 年），號稱台塑牛排創始店，由於台塑牛小排有台塑王永慶待客餐的美名，臺灣約有二百多家餐廳打著「台塑牛小排」名字。

3. 1992 年 12 月，王品餐飲跟進成立王品台塑牛排

1992 年，戴勝益、陳正輝等成立王品台塑牛排，1995 年在臺中市開了 7 家店。但產品、服務品質不一致，以致每店營收打折扣。王品餐飲戴勝益決定以生產、服務標準化來解決，詳見表 8-9。

1984 年，美國麥當勞進軍臺灣，強調「QSCV」（詳見表 8-10）。戴勝益覺得麥當勞是標竿學習對象，從麥當勞訓練部，挖角督導（襄理級）張勝鄉出任王品的訓練部總監（副理級）。

表 8-9　王品廚房（吧台）、前場工作標準化時程

期間	1995年	1996.8～1998年	1999年起
活動	規劃I	規劃II	執行
人	戴勝益	張勝鄉	各餐廳
事	兩本作業手冊，各十多頁： 1. 清潔 2. 顧客	針對店內前後場開發出25個工作站： 1. 後場 　廚房16個 　吧台8個	二階段： 1. 1998年 　只做到生產、服務標準化，以服務來說，做到核心基本服務
	服務流程： 麥當勞店的前後場都很標準化	2. 前場 　1個全部 47本服務標準作業手冊工作站觀察檢查表	2. 2003年 　五層級店員服務，即增加期望、擴增、潛在服務三層級

三、第一階段解決之道：1998 年，標準化一般服務

1. 先求有

這包括服務人員的用語、帶位、點餐、上菜等，涵蓋顧客層級的核心、基本服務。王品透過員工訓練培養員工能力，透過領班對店員評分，予以貫徹。

2. 工作站評分表（Station Observation Checklist）

由表 8-11 可見，王品各餐廳的各店前場至少分十組，再細分六個工作站，每個工作站的人員工作績效評分項目有五項，外型與內心、動作流程、敏感度、團隊精神、注意事項。

田表 8-10　麥當勞用 3S 達到 QSCV

投入：學習績效		轉換：流程績效	產出：顧客滿意程度
3S	一、標準化 （Standardization）	二、作業簡單化 （Simplication） 三、（單一員工）專業化 （Specialization）	－
3個標準化	（一）技能標準化 專業技能予以 標準化學習	（二）工作程序標準化 1. 各工作站 （Station） (1)倉庫 (2)廚房 (3)進餐區 2. 標準作業流 程（Standard Operation Procedure, SOP） 3. 工作站檢查 檢查表	（三）產品／服務標準化 QSCV 顧客（認知）價值 （Value）環境：乾淨 （Clearness） 商品：品質 （Quality） 店員服務：服務 （Service）

田表 8-11　王品各餐廳各店的基本組織

本書用詞	後場（廚房）	前場（進餐區）
王品用詞	廚房	店面、大廳
分組		
1. 員工訓練	✓	✓
2. 員工排班	✓	✓
3. 訂位	訂貨組	✓
4. 維修	食品安全	✓
5. 接待		✓
6. 行政		✓

資料來源：整理自數位時代，「王品集團快速展店的秘訣」，2005 年 8 月 1 日。

四、第二階段解決之道

1. 三家餐廳

2001 年王品成立西堤、2002 年陶板屋，不同價位餐廳，顧客對服務的期待也不同。

2. 再求好

2003 年，王品推出服務五層級的化蝶五部曲。

五、服務績效

2002 年，《遠見雜誌》開始推出五星服務獎，2004 年，10 個行業中，連鎖餐廳業第一名是王品餐飲公司；2005 年，天下雜誌「卓越服務獎」第一名。

 個人小檔案

姓名：張勝鄉

生辰：1957年，臺灣屏東縣

現職：王品餐飲董事（2020年6月5日起）

經歷：王品餐飲公司訓練部副總、經理、總監（1996年加入王品），麥當勞訓練
部督導（1987～1996年7月）

學歷：東海大學經營管理碩士（2009年6月）、美國芝加哥市漢堡大學學士
（1993年）、海洋大學食品科學系（1979年）

著作：王品公司管理與作業手冊40本以上

榮譽：2006年勞動部勞動力發展署人力創新獎，個人獎，創新經理人

主要服務方面：適客化服務、顧客感動方程式、化蝶五部曲

[資料來源：整理自王予彤，「讓顧客感動，王品完美服務的關鍵」，政治大學教學發展中心，
2015 年 3 月 18 日]

8-6 海底撈店員服務發展歷程

英國詩人 John Heywood（1497 ～ 1580）曾說："Rome was not build in a day, but they were laying bricks every hour." 這句西方諺語，貼切形容海底撈的店員「肉麻式」、「逆天」、「感動」的服務，本單元分三階段說明。

一、公司導入前：1992 ～ 1994 年，路邊攤麻辣燙階段

在 1992 ～ 1993 年，張勇賣麻辣燙時，體會到「營收來自顧客」。

錢不會從天上掉下來，也不會從地上長出來，只能從顧客口袋撈出來。

二、公司導入期：1994 ～ 2001 年

1. 1994 年 3 月 25 日，四川省簡陽市第一店開幕

在這個火鍋一級戰場，餐飲門外漢的張勇等四位餐廳創辦，在餐飲上沒特色，只好在服務上下功夫，讓顧客體會到皇帝般的待遇。

(1) 顧客等候區擦鞋服務

一位張勇認識的幹部回到家鄉來，到海底撈用餐。張勇發現顧客皮鞋髒，請一位店員給顧客擦鞋，讓顧客感動。

(2) 顧客進餐區

張勇幫顧客拿皮包、帶小孩；顧客抱怨喝酒傷胃，他送上小米粥。一位店樓上住家的婦人到店裡用餐，誇海底撈的辣醬好吃。

第二天，張勇送辣醬到她家。

2. 服務的重要性

「如果顧客覺得店員服務好，就會吃得開心。如果顧客覺得店員冷淡，就會說好難吃喔！」在餐飲業，店員服務才是顧客一來再來的關鍵。

3. 1999 年 4 月

海底撈第 3 店在陝西省西安市雁塔店成立，前 7 個月虧損，店經理楊利娟（小名楊小麗）把第一店的服務特色全用上，再加上送小禮物、小食品。

三、公司成長初期：2002 年 9 月～ 2009 年

1. 北京市第一店大慧寺店

2004 年 7 月在大慧寺路 2 號。

2. 一炮而紅

顧客在網路上分享消費經驗，海底撈服務才有名。

3. 工作流程等制度化

以行銷研究來說，此時開始採取顧客問卷調查，以了解顧客對產品、服務的需求。

4. 工作改善，七個不放過

由表 8-12 可見，海底撈要求員工解決問題要「沒有最好，只有更好」。

田表 8-12　海底撈七個不放過

問題	解決構想	執行
1. 找不到問題的根源 2. 找不到問題的責任	1. 找不到問題的解決辦法 2. 沒有定期改善措施	1. 責任人和員工沒有受過訓練 2. 改進方法落實不到位 3. 沒有建立檔案

8-7　海底撈一家店的組織設計－核心、基本服務必要條件：服務人員量足夠

　　海底撈是中高價位點菜餐廳，顧客對核心、基本服務的要求會較高，包括上菜節奏、店員服務的密度。本單元說明海底撈單店的組織設計、員工編制。

一、一家店的人力需求

1. 客席：150 ～ 180 位

　　(1) 中國大陸：2 ～ 4 桌配一位服務人員。

　　(2) 臺灣：5 桌搭配一位服務人員（註：湯姆仕，「吃喝玩樂最重，服務達不到大陸的標準，在臺北市 ATT 4Fun 店」）

2. **營業時間**：11：00 ～ 03：00，約 14 小時，員工分兩班

　　(1) 早班：10 ～下午 7 點，中間休息 1 小時，下午顧客比較少。

　　(2) 夜班：下午 7 點迄早上 4 點，中間休息 1 小時。

二、一家店組織編制

1. 前後場，共 45 個工作站，詳見表 8-13。

2. 員工人數 100 ～ 150 人。如同前述，員工分兩班。

3. 餐廳防鼠除蟲：由外包的餐廳衛生公司負責滅菌除「蟲」，如老鼠、蟑螂、蒼蠅、蚊子。

⊞表 8-13　海底撈各店的服務人員職稱

後場（後堂）	後場（後堂）	前場（大堂）	前場（大堂）
—	—	進餐區	等候區
廚房	傳菜組	服務組	門迎組
(一) 菜房 　　洗／切菜人員 (二) 配料房 　　廚師 　　撈麵師 　　備菜人員 (三) 其他 　　其他人員（俗稱文員） 　　洗碗，清潔員	(一) 小吃房 (二) 水果房 (三) 傳菜組 　　傳菜品質檢驗人員 　　傳菜人員（俗稱端盤子） 　　從廚房傳菜到顧客桌 　　撤桌，收拾桌面	1. 大堂經理 2. 分區領班 3. 各桌服務人員 　　2人管2～5桌	代客泊車 迎賓人員 服務人員 美甲人員 擦鞋人員 保全清潔組 （簡稱保潔組）

資料來源：整理自百度文庫，海底撈員工手冊，第三部分基本業務，第一章崗位區分及職責。

8-8　海底撈店員做好基本、期望、擴增、潛在服務－顧客關係管理、知識管理和提案制度

　　當你上網時，會看到有個網站把所有海底撈的感動服務全列出來；也有出版公司（清華大學出版社）邀稿，並致贈小贈品。本單元說明海底撈落實第 2 ～ 5 層服務的機制。

一、做好基本、期望服務－各店進餐區內各小組的顧客關係管理

要做到基本服務、顧客關係管理中的熟客（Regular Customer）管理，店員以組為單位，成為顧客資料、服務案例分享的資料單位，詳見表 8-15。

二、感動服務的兩本書

感動行銷（Move Marketing）不是行銷管理的重點，相關書（詳見表 8-16）、論文很少。

三、做好擴增、潛在服務 I：創意提案制度

1. 提案制度分「流程和制度」、業務兩大類

張勇認為如果一個人，身處在一個公平公正的工作環境中，有　種務實的工作態度，又擁有相應的人事、財務經營權；他的創意和創新會像自來水一樣源源不斷地流淌。

2. 創意提案制度

由表 8-14 第二列可見創意提案制度大概情況。

田表 8-14　海底撈三種知識分享機制

頻率	投入：員工	轉換：公司	產出：公司、員工
一、每月			
（一）創意（提案）	員工每個月，提撥出一個建議案例	創意，審查委員會核定	1. 試點 2. 全部店實施 　例如豆腐架、萬能架、兒童用小隔熱碗 3. 依貢獻等級給提案獎金 4. 列入晉升評分
（二）海底撈文化月刊	員工寫文章到社刊	社刊爆料熱線 1. 好事 2. 不好的事	當事人必須回答： 這樣的交流形成一積極開放的氛圍給員工自信，可以大膽創新
二、每天	各店員工每日下班後，寫工作日記有價值的事	員工經驗分享平台	店員倒錯火鍋鍋底，店員送來個玉米餅上面寫著「我暈，對不起」

時：2016年11月10日

地：中國大陸北京市

人：張勇

事：在君聯資本公司舉辦的16屆年會上演講，其中談到員工創新分2種，業務
　　類與流程和制度類，這偏向公司決定，各店約有18個制度，主要在於員
　　工升遷，由張勇決定；員工提案以業務類為主。

［ 參考資料：詳見 36 氪，海底撈張勇，科技，2016 年 12 月 2 日 ］

四、做好擴增、潛在服務 II：員工在社刊上分享

員工透過投稿到《海底撈文化月刊》，分享工作心得，尤其是服務顧客方式等，
各店員工在內部有曝光度，這是許多員工投稿的動機，詳見表 8-15。

五、做好擴增、潛在服務 III：員工工作日誌

員工寫工作日誌，可以上傳到公司員工網站，分享服務心得，詳見表 8-15。

⊞表 8-15　海底撈的顧客關係管理

投入	轉換	產出
一、搜集顧客資料 　1. 會員約5600萬人 　2. 本店（本組）有多少會員（老顧客） 　3. 有多少店員認識老顧客 　4. 老顧客人文特性：婚姻狀況（子女數），結婚紀念日、生日 　5. 餐飲特性	一、資料分享 　1. 顧客資料交流會 　2. 每個人都是顧客經理	一、創意服務 　例如幾位顧客替同伴慶祝「脫離單身」，店員送一盒玫瑰花（約12朵），加上音樂（手推車上的音箱）
二、顧客服務 　每天感動案例	二、提出服務點子	二、顧客滿意程度

資料來源：整理自食都文化，「揭密海底客戶管理」，資訊，2019 年 6 月 18 日。

⊞表 8-16　感動行銷二本書

時	2006年	2013年
地	臺灣	臺灣
人	田中司朗，田中顧問公司創辦人	周春明
事	中國生產力中心出版《感動服務》一書，日本七家公司案例分析	漢宇國際文化出版公司《感動，服務業的最高境界：打動顧客的心，是成就事業的第一步》

8-9　近景：海底撈在等候區、廁所的服務

　　一般餐廳分兩區，一是等候區，這區在海底撈稱為門口迎賓組（簡稱門迎組），這是海底撈的門口招客單位。

一、訂位、訂餐

　　由表 8-17 可見，預先訂位有兩種方式，以下更細分 3 點說明。

1. 電話訂位

一般來說，打電話訂位容易佔線，而且打得進去，常會碰到訂滿。

2. 手機訂位

海底撈有「線上訂位管家」（含手機 APP），網路上有「網路訂位」教學，顧客訂餐有 4 步驟。在「步驟 3」有登入人數（大人、小孩）、日期、時段，用餐熱門時間是以 15 分鐘為一個選項。

以「步驟 4」來說，用餐目的有六種，勾選其中一項：朋友聚餐、家庭用餐、約會、慶生、週年慶、商務聚會。所以在這步驟中，店家已預先知道你的用餐目的。

最後重點是留手機、電子郵件住址，當該店確認顧客有位後，會發出手機簡訊（或電子郵件）給顧客，並於每月 1 日可預訂下月。

3. 現場候位

如同火車，除了預售票外，現場保有 67% 的席位，讓現場顧客排隊取號入席，有叫號機顯示「大桌」、「小桌」序號。

表 8-17　顧客訂餐方式

媒體	方式
一、手機APP	1. 線上訂位、訂餐 2. 餐廳候位取號 3. 線上訂餐、外賣
二、電話	1. 接受訂餐 　 詢問食物偏好 2. 回答常見問題

二、等候區

餐廳入口等候區分兩個區塊。

1. 小桌小椅等候區

這區有給飲料（例如麥茶、白開水）加上點心（五種餅乾等）、哈根達斯冰淇淋，可自由取用。門迎店員會給你撲克牌、跳棋玩，服務人員會遞毛巾給顧客擦手。

2. 店員服務區

包括店員美甲、擦鞋、電動按摩椅二座。另設兒童遊戲區，有專人在顧，有些打發時間的課程遊戲。

3. 工作竅門

門迎組的人要很熱情、陽光外向，工作技巧詳見表 8-18 文章。

表 8-18　海底撈如何做好門口迎賓

時	2016年5月17日	2019年11月21日
地	中國大陸廣東省珠海市	上海市
人	毋曉珞，珠海二店店經理	嗅才招聘，公司名稱上海擎微企業管理諮詢
事	在「今天頭條上，門迎做好這三點，讓你的餐廳穩賺回頭客」 另在「廚師之家」網站，以PTT方式呈現	在《美食》上「聽說海底撈的門迎組都是顏值代表？」，以海底撈某店東哥為對象訪問

三、進餐區、廁所

基於篇幅平衡考慮，我們把進餐區的洗手間的服務在本單元說明，五個層級服務（由高至低）詳見表 8-19 第五欄。

田表 8-19　餐飲業的服務五層級：中國大陸海底撈

顧客期望	服務五層級	生活	顧客等待區	廁所
91分以上	五、潛在服務（Potential Services）	樂	提供象棋、跳棋、撲克牌等給顧客玩	當衣褲被火鍋、飲料弄髒時，店員會用吹風機幫你吹乾所洗的衣服、襪子
81～90分	四、擴增服務（Augmented Services）	衣	女生：美甲 男生：擦皮鞋	英國倫敦市海底撈有 Jo Malone 香水
61～80分	三、期望服務（Expected Services）	育	按摩椅 在美甲區芳	店員在洗手台附近服務
21～60分	二、基本服務（Basic Services）	行	泊車服務 上網區有2部桌上型電腦，wifi上網	相關用品齊全：護手乳、化妝棉、牙刷、牙膏、牙線、漱口水、洗髮乳、髮膠
1～20分	一、核心服務（Core Services）	食	店員會給你濕毛巾	廁所保持乾淨，顧客使用後，店員立刻清理

® 伍忠賢，2020 年 6 月 25 日。

8-10　近景：海底撈在進餐區的店員服務流程與層級

在餐廳的顧客進餐區，海底撈服務人員分工，服務人員純粹服務顧客，由後場的傳菜組負責從廚房把菜（含火鍋）送到餐桌，顧客用完餐後，負責撤桌（包括擦桌子）。傳菜員是體力活，一桌傳菜約 6 次，海底撈員工俗稱他們是「飛虎隊」。（詳見餐飲日記，海底撈傳菜員的匠心精神，中國美食雜誌，2017 年 3 月 5 日）

一、餐廳店員服務流程的文章

餐廳店員服務的流程大同小異，詳見表 8-20。

二、店員對顧客服務流程

由表8-21第一欄可見，店員對顧客的服務，依顧客進餐可分前、中、後三階段。

田表 8-20　海底撈各店店員服務流程資料來源

時	2017年5月28日	2018年2月1日
地	中國大陸北京市	中國大陸北京市
人	百度文庫	阿寶吉
事	海底撈餐飲服務流程	在《美食》雜誌文章「價值百萬的海底撈服務員流程」

田表 8-21　海底撈分區店員服務流程

一、等待區	1. 迎	迎賓人員問候顧客，有預約？有幾位？
	2. 帶	帶領顧客至進餐區，向地區服務人員以手勢示意有幾人
二、進餐區	3. 拉	當顧客對客席滿意，替顧客拉椅子
	4. 遞	遞熱毛巾，擺好餐位、遞交菜單
	5. 問	詢問點哪些飲料？
	6. 上	端上飲料
	7. 介	介紹餐種
	8. 案	接走顧客菜單 快速的點餐、送餐 呈上相應進餐裝備，給女顧客髮帶、手機袋、眼鏡布、顧客圍裙 仔細的用餐說明，包括煮火鍋方式
	9. 動	自發性用餐協助，例如剝蝦，主動搭配餐食醬料，添加茶水，殷勤的問候與互動
	10.換	巡桌、加茶、收拾、換碗盤
三、結帳	11.核	核對顧客菜單，結帳時核對收銀號碼 迅速的收盤擦桌
	12.報	報收銀桌號，唱收唱付（這主要是櫃台人員有收顧客款時的動作） 餐後送口香糖、牙線
	13.徵	徵求顧客意見 熱情的歡迎與送客

三、店員服務五層級、六大生活層面

由表 8-22 可見，我們依兩大因素，把海底撈店員服務分類。

1. 第一欄：服務五層級

基本服務中的「顧客特別服務」，服務人員要用筆、小便簽紙紀錄「個性顧客」（特殊飲食習慣、社會地位身份）的飲食習慣。

2. 第一列：六項生活項目

基於表欄位美觀考量，把「食衣住行育樂」六項生活項目分成三欄。

⊞ 表 8-22　海底撈進餐區店員服務層級與項目（由高至低排序）

服務層級	食	衣	住行育樂
五、潛在	顧客聊天或對服務人員說爆米花很好吃，在結帳時服務人員送一袋爆米花。	服務人員詢問兒童有什麼需要。	1. 顧客身上被蚊子咬，海底撈店員到藥妝店買綠油精。 2. 國劇變臉表演10分鐘，跟變臉演員合照。 3. 碰到剛結婚的夫妻，店員會送你一對男女寶寶玩偶、溫馨小紙條。
四、擴增	1. 當顧客說累，服務人員送薑茶。 2. 在進餐區，顧客吃很多哈密瓜，結帳時，店員送一顆哈密瓜。	女顧客的絲襪破掉，在結帳時，店員遞給她三雙有大中小尺寸的新絲襪。	1. 留意顧客的特殊需求，例如聚會，提供創造性的需求解決方案。 2. 海底撈訂有褲襪、絲襪及一般襪子、隨時給顧客。
三、期望	1. 餐後送兒童免費食品、玩具。 2. 壽星等會有特調飲料（水果撈棒），加上手寫小卡片。 3. 女顧客們聊天時，表示大姨媽（月經）來不能喝冷飲，店員給她倒一杯紅糖水。	有披肩，可避免顧客覺得冷。	1. 孕婦上桌，店員搬沙發椅來，再送一盤酸味泡菜。 2. 專人唱生日快樂歌。 3. 針對等人或只有1人來用餐的顧客，在空椅子上擺上大布偶。

服務層級	食	衣	住行育樂
二、基本	1. 吃不完食物（麵、沾料、水果、零食）打包。 2. 主動添水、添茶 　　顧客水杯少於一半時，一分鐘內要加水。 3. 店員會說哪種食材需煮多久，甚至全部替你煮。	每10～15分鐘提供熱毛巾。	1. 替兒童準備兒童椅。 2. 顧客吃累了，店員給她抱枕，說可以靠著吃。
一、核心	1. 點餐後麻辣鍋以外的鍋底會在碗中加碎肉末、蔥花，讓顧客試喝。 2. 在顧客入座後，服務人員送上冰水和菜單	1. 一般 　　提供圍裙，以免衣服沾到食物汁液。 2. 特定 　　長髮女生：髮帶 　　戴眼鏡的人：眼鏡布 　　手機：手機夾鏈袋	結帳時，服務人員從顧客座位帶到電梯，等電梯門關了才離開。

資料來源：整理自資訊，2018 年 7 月 4 日；另搭膳一下，美食，2018 年 10 月 23 日。

8-11 海底撈餐廳的獨門店員服務：顧客免單、送禮物 – 潛在服務

　　臺灣的餐廳，在點合菜情況下，餐後店家大都會招待水果，例如夏天西瓜、冬天柳丁；美國的許多中國餐廳，餐後會送幸運餅乾，許多好萊塢電影都會演男女主角拿到餅乾後，看是拿到什麼籤句，給用餐帶來樂趣，詳見表 8-23。

臼表 8-23　美國的中國餐廳幸運餅的沿革

時	1880年起	20世紀初	1945年起
地	日本京都市 （或水果）	美國加州洛杉磯、舊金山市	全美
人	仙貝店	中國餐廳老闆	中國餐廳老闆
事	賣仙貝時，針對鹹仙貝，會夾紙條增加說明，因日本人習慣吃甜仙貝	中國餐廳沒有甜點，飯後提供日式餅乾	二次世界大戰後，許多美軍派駐日本，接觸到日本餐廳，碰到這類餅乾，回美國後希望中國餐廳也提供

資料來源：整理自 The unlikely history of fortune cookies。

一、店員給顧客免單（詳見表 8-24）

1. 歷史沿革

分三階段，1994 ～ 2005 年，董事長張勇、楊利娟作法，2006 年小幅度授權、2009 年中幅度授權。

(1) 當菜色「佳」時

店員服務有「錦上添花功能」，讓公司吃小虧，讓顧客佔小便宜，才能感動顧客。

(2) 當菜色「不佳」時

例如顧客批評火鍋太鹹了，張勇表示這是個不合格的產品，這個損失要由店家承擔的，這時應該給顧客「免費」（免買的訂單，簡稱免單）。

(3) 店員服務有「雪中送炭功能」

張勇表示：「一位顧客到一家餐廳吃飯，他（她）不可能關心你們公司老闆是誰、核心思想，他只關心他吃的舒不舒服。這來自餐廳基層員工的服務，所以海底撈的所有權力必須集中在基層」。

2. 張勇的看法

有少數員工會濫用公司對店員照顧顧客的授權，害群之馬是少數。他表示：「捉大放小」即可（捉西瓜，丟芝麻），要在「股東、顧客、員工」間找到一個平衡點，例如給顧客「退菜」（即顧客點菜上菜後卻說不要了），對店來說，原料（食材）成本佔營收 40% 以下，不要為了這一點小錢，跟顧客衝突。

3. 事後控制

員工對顧客免單後，須紀錄，閉店後，提交店經理。

二、海底撈專項基金給顧客送東西

服務人員可以花錢給顧客購買特殊東西，讓顧客感動，店員的支出可向店裡報銷，俗稱「讓聽到炮火（聲音）的人有決策權」。

表 8-24　海底撈對顧客免單的兩邊說法

項目	公司說法	店員、顧客說法
時	2016年8月29日	各時間
地	北京市	全國
人	新袖會	255位匿名顧客
事	在「職場」上「海底撈楊旭坤：解密海底撈員工激勵制度」，他2014年～2015年上半年曾任北京市第26店（王府井）店經理	在「知乎」上投稿「吃海底撈能不能免單」
說明	所有員工都有權利 1. 送顧客菜品、飲料 2. 對顧客免單、打折 　一般屬於顧客在消費用程中遇到不愉快，服務人員可藉此及時處理，消除顧客不滿	各級人員權限不同： 1. 店經理可完全免單 2. 大堂經理 3. 領班 4. 一級服務人員 　金額，最高88折 　每天金額、數量有限制

8-12　海底撈的過度服務

　　任何店提供服務，一定會有「過」猶不及的情況，這個「過」，便是「過度服務」（Over Service 或 Excessive-serving, Over-treatment）。

一、過度服務的衡量

　　由表 8-26 第二欄可見，顧客對店的服務過度衡量，是在顧客滿意程度中增加一大類，各題皆是利克特（Rensis Likert, 1903 ～ 1981）五等分級距：顧客認為重要程度、顧客認為滿意程度、顧客認為過度服務（Possible Over Fill）。

二、海底撈的過度服務

　　在表 8-25 第三欄，傅靖瑄做臺灣的海底撈過度服務的問卷調查，大部分結果整理在表 8-26。

田表 8-25　海底撈服務滿意程度衡量

時	1997年1月	2017年6月8日
地	美國華盛頓州塔科馬（Tacoma）市	臺灣臺中市霧峰區
人	John A. Martilla與John C. James，前者是太平洋路德大學企管系行銷管理教授	傅靖瑄，霧峰農工觀光科主任
事	在〈行銷期刊〉上論文 "Importance-Performance Analysis"，把服務分為顧客認知重要程度（5級）、認知公司服務滿意程度（5級），論文引用4925次。	朝陽大學休閒事業管理系碩士論文，以IPA分析法探討餐廳服務品質與過度服務一以海底撈餐廳為例。

資訊小幫手

海底撈店員服務負評文章之一
時：2018年10月18日
地：中國大陸上海市北京西路店、深圳市南山店
人：Amber Well
事：在《美食》上文章「海底撈模式竟然有這樣的致命缺點」

田表 8-26　海底撈店內過度服務

大分類	小分類
一、造成顧客困擾：以進餐區店員經常性詢問顧客，以致令人「煩」來說	依動機區分 (一) 公司因素 　領班強制要求服務人員的表現跟薪資掛勾。 (二) 服務人員因素 　1. 服務人員求功心切 　　店員不斷來打擾，顧客間無法好好聊天，服務人員經驗不足，以致弄巧成拙，過猶不及。顧客覺得被服務人員盯著，沒隱私。 　2. 服務人員負面因素 　　服務人員心情不佳，以致對顧客愛理不理或口氣差。
二、對顧客可能用不到	(一) 等候區 　美甲 (二) 進餐區 　甩麵、IPAD點餐

章後習題

一、選擇題

(　　) 1. 餐廳業中最有名的神祕顧客評分是哪一家？　(A) 法國米其林　(B) 澳大利亞高帽子　(C) 亞洲最佳 50 餐廳。

(　　) 2. 美國麥當勞餐廳的店員服務屬於哪一級？　(A) 快餐級餐廳（服務等級第二級）　(B) 點餐餐廳（服務等級第三級以上）。

(　　) 3. 王品餐飲公司的王品牛排餐廳服務中的「關鍵時刻感動」(MOT) 屬於哪一級服務？　(A) 期望　(B) 擴增　(C) 潛在服務。

(　　) 4. 海底撈的店員送顧客綠油精以解決顧客蚊蟲咬的癢，屬哪一級服務？　(A) 期望　(B) 擴增　(C) 潛在。

(　　) 5. 海底撈各式店員服務點子出自誰？　(A) 張勇　(B) 公司營運部　(C) 各店員工。

(　　) 6. 麥當勞餐廳對顧客訴求強調什麼？　(A)SWOT　(B)QSCV　(C) BCG。

(　　) 7. 店員服務五層級的分類，是伍忠賢套用美國哪位行銷學者商品五層級觀念？　(A) 麥克‧波特　(B) 彼得杜拉克　(C) 柯特勒。

(　　) 8. 海底撈如何解決奧客塞衛生紙到火鍋？　(A)100 支監視器存證　(B) 不給衛生紙　(C) 店員監視。

(　　) 9. 海底撈 2 歲以下兒童的「兒童遊戲室」如何？　(A) 有店員照顧　(B) 兒童自己玩　(C) 須有家長陪。

(　　)10. 在美國，中國餐廳的「幸運餅」點子源自於哪國人？　(A) 日裔美國人　(B) 希臘人　(C) 英國人。

二、問答題

1. 依表 8-1 架構，上網看網友去海底撈、王品餐廳點餐級餐廳（例如藝奇），做表比較。

2. 上網作表，指出海底撈各類服務（變臉、甩麵）各起自何時、誰建議的？

3. 比較二家餐廳如何防止奧客（主要是吃霸王餐）。

4. 以表 8-10 為架構，再舉一家為例子，其過程為何？

5. 以表 8-22 為架構，以海底撈以外頂級服務商店（例如旅館）為對象，它如何做？

個案9
全球影視娛樂霸主美國迪士尼

經典迪士尼卡通

在挑選個案分析的對象時，挑選跟寫作目標市場讀者切身相關的公司，比較能引起讀者共鳴。故本書以立足臺灣，胸懷大陸，放眼華人的觀點來論述。

美國迪士尼公司電影全球市佔率 27%，卡通影片是許多人兒時回憶，許多人都去過東京或他國迪士尼。本章切入角度拉至全球視野，先說明美國迪士尼公司的重要程度（經濟、企管角度），再分析其如何在總體環境中與時俱進。

學習影片 QR code

第三篇　迪士尼的崛起與發展

9-1 美國迪士尼快易通

你有沒有去過迪士尼樂園和旅館（簡稱迪士尼度假區）呢？哪裡的你最喜歡呢？你最喜歡樂園中哪一個主題園區、遊樂設施？你比較喜歡哪個卡通人物？迪士尼樂園是迪士尼電視、電影中建築、卡通人物的呈現，在全球中是少見的（除了華納影城外）。

迪士尼樂園中持續增加主題園區，希望顧客再度光臨，本書將迪士尼公司分兩章說明。

一、公司簡介

華特・迪士尼公司（簡稱迪士尼公司）是數一數二大的電影公司，旗下迪士尼度假區是全球最大的樂園公司。

公司小檔案

華特・迪士尼公司（Walt Disney Company）

成立：1923年10月16日，創辦人華特與洛伊・迪士尼兄弟；1957年11月美國紐約證券交易所上市。

住址：美國加州洛杉磯市伯班克（Burbank）區。

董事長：艾格（Robert A. lger）。

總裁：包正博（Bob Chapel）。

營收（2019年度）：694億美元（+16.67%）

淨利（2019年度）：104億美元（-17.12%）

員工數：22.3萬人。

榮譽：財星雜誌2009-2015年美國最值得尊敬（佩服）公司之一。

霸榮雜誌2009-2014年世界最值得尊敬公司之一。

[資料來源：大部分整理自英文維基百科 "The Walt Disney Company"]

二、董事會組成

表 9-1 可見，迪士尼公司 70% 以上股權由機構投資人持有，迪士尼家族持股比率低於 3%，在十大持股人士之外。

田表 9-1　美國迪士尼公司股東結構

大／中分類	小分類	%
一、法人91.27% （一）其他法人 37.02%	先鋒 貝萊德	7.27 4.42
（二）共同基金 29.19%	道富環球基金管理（SSgA） 州立農業投資管理 富達管理與研究	4.12 2.12 1.44
二、自然人 8.73%	艾格	0.069

三、迪士尼公司董事會

由表 9-2 可見，董事會組成分為兩類。

1. 依照經營與獨立董事區分，2 比 8

由表可見，迪士尼公司外部董事八席，經營董事二席的權力就很大。由八席獨立董事的名單可見，比較缺乏一線公司的知名企業家。

2. 經營董事二席

表中查佩克（Bob Chapek）是 2020 年 4 月入列，報刊推測 2022 年他可能接任艾格。

四、2019 年度損益表與資產負債表

2020 年，由於新冠肺炎拖累全球經濟，迪士尼公司 2020 年度（2019 年 10 月～2020 年 9 月）財務報表可視為例外值，本處表 9-3 以 2019 年度損益表、資產負債表為例。

田表 9-2　迪士尼公司董事會組成與成員

組成	人（出生年）	職稱
一、經營董事（二席）		
(一) 董事長	艾格（1951年）	迪士尼公司董事長
(二) 董事	查佩克（Bob Chapek）（1960年）	迪士尼度假區公司董事長
二、獨立董事（八席）（依照姓氏順序排列）	Susan E. Arnold（1955年）	迪士尼公司2007年起，之前是寶鹼（P&G）總裁
	Mary T. Barra（1963年）	SAIC通用公司
	Safra A. Catz（1963年）	Waban軟體公司，在麻州劍橋市
	Francis A. deSouza（1972年）	Medhelp國際公司，美國加州舊金山市
	Michael B. G. Froman（1964年）	美國進出口銀行，美國華盛頓特區
	Maria E. Lagoma（1950年）	百事可樂公司，美國紐約州威斯特徹斯特郡
	Mark G. Parker（1957年）	耐吉公司，美國俄勒岡州華盛頓郡
	Derica W. Rice（1967年）	Clarian Health North，美國印地安那州卡梅爾（Carmel）市

資訊小幫手

〈分析迪士尼公司最完整的報告〉

時：2013年

地：中國大陸湖南省長沙市

人：楊仁文、李舒婕，方正證券公司、前者是傳媒與互聯網研究處副總裁

事：在〈傳媒巨頭：迪士尼〉報告（約160頁）

�表 9-3　2019 年度迪士尼公司損益表結構與資產負債表

單位：億美元

損益表科目		金額（億美元）	結構（%）	資產負債表	
營收	小計	694	100	資產	1940
	1. 服務	603.7	87		
	2. 產品	90.22	13	流動	235.27
營業成本	1. 服務類成本	472.4	68.07	非流動	1001
		363.59	52.39		313
	2. 產品類成本	55.52	8	負債	688
	3. 製造費用	41.5	5.98	流動	313.41
	折舊	29.7	—	—	—
	銷攤費用	11.8	1.7	非流動	381.29
	改建與維修費用	221.87	31.97	—	—
毛利	研發、管理、行銷費用	106.8	15.39	—	
	營業淨利	44.9	6.647	權益	1028.52
營業淨利	＋ 營業外收入	12.42	1.79	—	—
	－ 營業外支出				
	＝ 稅前淨利	30.237	4.357	普通股	888.77
	－ 公司所得稅費用				
	＝ 淨利	110.97	15.99	保留淨利等	139.95

9-2　迪士尼公司的重要 I：全景與經濟學角度

　　美國迪士尼公司是全球知名度極高的公司，許多人寫文章分析迪士尼公司時，都會抓一些角度，我們在「投入－轉換－產出」的架構上，再細分經濟學一般均衡和企業管理的平衡計分卡，有系統的說明一家公司的重要程度，詳見表 9-4。

　　本單元先說明經濟學的角度，套用 1874 年法國經濟學者瓦爾拉斯（Léon Walras, 1834 ～ 1910），在《純粹的經濟學的要素》書中，所提出的一般均衡理論。至少包括二個市場。

一、投入：生產因素市場中的二個市場

生產因素有五種：自然資源（包括土地）、勞工、資本（偏重機器設備）、技術和企業家精神，有兩個有行有市。

1. 勞動市場

(1)數量：以員工人數來說，迪士尼公司是美國的公司中員工人數排名第 26 名左右。

(2)品質：迪士尼公司薪水高、工作環境佳，是很好的雇主，詳見「美國勞工最高嚮往公司」小檔案。

2. 資本：資本市場中的股票市場

1991 年 5 月 6 日，迪士尼公司列入美國道瓊工業平均指數（Dow Jones Industrial Average, DJIA，俗稱道瓊指數）這可說是全球最具代表性的股票指數，30 支股票中來來去去，現有的較早入列的是 1932 年 5 月的寶齡。

有許多角度說明迪士尼公司股票值得長期投資，最聚焦的是第三代經營者艾格 2005 年 11 月上台，股價 23.7 美元，到 2021 年 12 月卸任，股價以 130 美元（2019 年收盤 144.63 美元）來算，16 年股價漲 450%，每年平均 28%，這還不包括每年配息。

二、轉換：行業市場中地位

在「轉換」面包括兩類。

1. 行業中市場地位

詳見下段說明。

2. 生產函數

迪士尼公司的經營強項在於董事會對公司策略方向明確，例如「固本」（影業娛樂事業群是本），放眼未來（2018 年 3 月，成立串流服務與國際事業群），大幅進軍影音串流服務市場。

田表 9-4　經濟與企管架構分析迪士尼公司的（全球）重要性

領域	投入	轉換	產出
	生產因素市場	行業／生產函數	商品市場
一、經濟學角度	1. 自然資源 2. 勞工 2020年，員工數22.3萬人，在美國民營公司中員工數排名第26名，沃爾瑪220萬人 3. 資本 • 時：1991年5月6日 • 地：美國紐約市 • 人：道瓊公司 • 事：迪士尼公司成為道瓊工業平均指數（30支股票）成分類股	2019年 單位：億美元 |	I.全球影業	II.全球主題樂園	III.美國傳媒電視	IV.美國串流服務
---	---	---	---	---
(1)全部	425	469	1004	220
(2)迪士尼公司	114	26.23	248.7	93.5
(3)市佔率 = (2)／(1)	26.82	55.93	24.73	42.5	 註：(1) 日曆年 (2)　迪士尼公司為年度，2018.10～2019.9	
二、企業管理角度	(一) 學習績效 • 時：每年11/12月 • 地：美國麻州 • 人：哈佛商業評論（月刊） • 事：發布全球（The CEO 100），2019年迪士尼公司董事長艾格排名第55名，第一名是輝達（NVIDIA）董事長黃仁勳。	(二) 流程績效 • 時：每年2月9日，從1997年起 • 地：全球 • 人：財星雜誌 • 事：公布全球最受人尊敬的公司前50名，2020年，迪士尼公司第四，第1～3名是美國公司，蘋果、亞馬遜、微軟。	(三) 消費者滿意績效 • 時：每年10月17日 • 地：美國紐約市 • 人：國際品牌（Interbrand）公司 • 事：公布全球最強品牌100大公司，第一名美國蘋果公司2342億美元，迪士尼公司第十名，444億美元。 (四) 財務績效：以營收為例 • 時：每年7月22日 • 人：財星雜誌 • 事：公布〈世界500大公司〉，迪士尼公司第171名

® 伍忠賢，2020 年 6 月。

三、產品：商品市場

依地理涵蓋範圍分成兩個市場。

1. 全球市場

電影、主題樂園全球市佔率皆第一。

2. 美國（包括加拿大）市場

無線電視、影音串流服務皆第一。

資訊小幫手

美國勞工嚮往的公司（100 Best Companies to Work For）

時：每年2月18日，從1997年起

地：美國紐約州紐約市

人：財星雜誌（Fortune）

事：公布〈美國人最想工作的公司：財星500大〉

對象：財星500大公司，員工約430萬人，大公司員工

問題：85%來自員工調查，約6大類：薪資、工作環境、公司對員工創意接受
程度、主管領導；15%來自各受測公司提交給財星雜誌的制式資料。

產出：2016年迪士尼公司排名第一，第2～4名字母（谷歌）、亞馬遜、蘋果
公司，另2018年10月富比士雜誌全球2000家，迪士尼排第六名。

9-3 迪士尼公司的重要 II：企業管理角度－套用柯普蘭的平衡計分卡

套用 1992 年，美國卡普蘭（Robert S. Kaplan）和諾頓（David P. Norton）提
出的平衡計分卡（Balanced Score Card，簡稱 BSC），共有（員工）學習、流程、
顧客滿意和財務績效，分屬「投入－轉換－產出」三階段。

一、投入：學習績效：以最佳執行長為例

　　生產因素市場中的第五項生產因素「企業家精神」，在平衡計分卡中「學習績效」，最狹義的可以指公司董事長（或總裁），迪士尼公司董事長艾格在全球 100 位執行長中排名第 55 名。

二、轉換，流程績效：以全球最受敬佩公司為例

　　全球 1,500 家大公司（年營收 100 億美元以上）中，美國〈財星雜誌〉的每年最受敬佩公司（詳見小檔案）中，迪士尼公司常排名前五名。

公司小檔案

全球最受敬佩公司

時：1999年起，每年2月9日

地：美國紐約州紐約市

人：人力資源顧問公司Korn Ferry公司旗下Hay Group

事：跟財星雜誌合作，公布 "FORTUNE World's Most Admired Companies"

對象：從財星1000（每行業挑6～15）家、57個行業，挑437家美國公司，美國以外公司218家（29國）。

評分人士：15600位公司獨立董事、高階主管、產業分析師

評分項目：9大類

結果：100家最受敬佩公司

三、產出 I：消費者滿意績效：以品牌價值為例

　　全球公司在消費者滿意程度中以貨幣方式表示的品牌價值，這有三大鑑價公司每年公布，本處以國際品牌公司（Interbrand）的資料為準，詳見表 9-6。

1. 2019 年分析

　　迪士尼公司品牌價值 434 億美元，全球第十，第九名麥當勞公司 454 億美元。

2. 趨勢分析

　　從 2000 年起來看，2010 ～ 2015 年排名下滑，2019 年往上，主要是幾部暢銷電影，迪士尼公司聲勢大漲。

全球著名品牌評價公司

時：1974年，由John Murphy成立

地：美國紐約州紐約市

人：國際品牌（Interbrand）公司，母公司是宏盟集團（Omnicom）。

事：在17國有24間辦公室，號稱全球最大品牌顧問公司，每年10月23日公布
全球最佳品牌100強（Best Global Brands 20XX Rankings）。

四、產出 II：財務績效

1. 2019 年度

由於 2020 年度全球經濟受新冠肺炎拖累，可視為例外一年，本文以 2019 年度
為例，營收 694 億美元（成長率 17%，主因 2019 年 3 月 20 日以 524 億美元
收購 21 世紀福斯公司）、淨利 14 億美元（衰退 33%，主因是收購 21 世紀「福
斯」（中稱福克斯）公司損失），詳見表 9-5。

田表 9-5　迪士尼公司經營績效

單位：億美元

年度	1990	1995	2000	2005	2010	2015	2019	2020 (F)
一、損益表面								
營收	58.44	121.5	254.2	313.7	380.6	524.9	694	678
淨利	7.83	24.45	40.81	51.37	83.82	126	104	105
每股淨利（美元）	–	–	0.9	1.31	2.07	4.95	6.27	5.45
股價（美元）	8.46	19.63	28.94	23.99	37.57	105.08	146.6	130
市值	20以下	300	397	485	716	1560	2649	2350
二、資產負債表面								
資產	–	–	–	530	692	881.8	1940	2024
品牌價值	–	–	335.5	264	287	365	444	–

資料來源：整理自 Interbrand，2020 (F) Business Insider "Walt Disney Finance"。

2. 趨勢分析

以 2005 年 11 月，艾格上台來看，迄 2021 年共 16 年，預測營收約成長 230%、淨利 200%，股價從 24 美元約漲到 130 美元。

田表 9-6　全球 500 大品牌公司中迪士尼公司地位

年	2000	2005	2010	2015	2018	2019
一、名次						
1	可口可樂	可口可樂	可口可樂	蘋果	蘋果	蘋果
2	微軟	微軟	IBM	谷歌	谷歌	谷歌
3	IBM	IBM	微軟	可口可樂	亞馬遜	亞馬遜
二、迪士尼						
(一) 名次	8	6	9	13	14	10
(二) 價值（億美元）	335.53	264.88	264.88	363.48	399	443.5

資料來源：整理自第一聚焦點，「2000 年到 2018 年全球 15 大品牌排名」，中國大陸《科技》，2019 年 2 月 29 日；美國國際品牌（Interbrand）公司，2019 年 10 月。

9-4　百年企業迪士尼的三階段與經營者－套用中國漢唐清的階段

1923 年 10 月，美國迪士尼公司成立，是一家百年企業，四個事業群各是全球或美國第一。

全球第一有兩個：影業娛樂（全球電影市佔率約 27%）、度假區與體驗、消費品事業群（全球主題樂園市佔率約 52%）。

美國第一大：美國電視傳媒事業群下無線電視的美國廣播公司（ABC）、福斯（FOX）電視網，另一個次事業群有線電視第二；串流服務與國際事業群之串流服務美國市佔率（34% 下載量）第一。

所以迪士尼公司有兩種「企業帝國」（Business Empire）稱呼：

(1) 迪士尼帝國（Disney Empire 或是 Imperial Disney）。

(2) 米奇（或是米老鼠）帝國（Mickey Empire）。

一、以朝代舉例，以收「就近取譬」之效

一般壽命較長的中國朝代（周朝除外）大都歷年 270 年，以三個強盛的朝代漢、唐、清代（詳見表 9-7），大都有三代君主，對內勵精圖治，對外開疆闢土。歷代著名的君主至少有一個必要條件，即在位期間要夠長，才足以累計成績。

二、組織生命週期相關理論

組織、產品生命週期相關理論都以人的「生長老（病）死」至少分成五階段，再細分期。

以公司的生命週期來說，大抵以股價（詳見圖 9-1）來區分。

三、迪士尼公司生命週期

迪士尼公司三代經營者在位期間共 85 年，華特·迪士尼兄弟 48 年（1923～1971 年）、艾斯納 21 年（1984～2005 年）、艾格 16 年（2005 年 11 月～2021 年 12 月），佔迪士尼公司成立期間的 87%，詳見表 9-8。

田表 9-7　中國漢、唐、清朝三階段皇帝任期

階段	導入期	成長期	成熟期
一、漢朝	高祖劉邦 （−202～−195） 8年	文帝劉恆 （−180～−157） 24年 景帝劉啓 （−157～−141） 16年	武帝劉徹 （−141～−87） 54年
二、唐朝	高祖李淵 （618～626） 8年	太宗李世民 （626～649） 23年	高宗李治 （649～683） 34年
三、清朝	世祖順治福臨 （1643～1661） 19年	聖祖康熙玄燁 （1662～1772） 61年	高宗乾隆弘曆 （1735～1795） 60年
1. 國庫收入（白銀萬兩）	2428 （順治9年）	約3400	約4800
2. 人口數（億人）	0.4	0.85	3.133

資料來源：中文維基百科「清朝人口」，康熙一兩白銀約值人民幣 200 元。

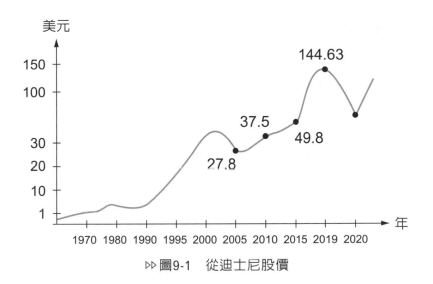

▷▷ 圖9-1　從迪士尼股價

四、迪士尼公司導入期 60 年

　　1919 ～ 1929 年是第一次世界大戰結束後，歐洲因戰後重建，加上美國推出新商品（汽車、冰箱等家電）進入成長期，美國經濟大好。

1. 公司第一代經營者：華特‧迪士尼兄弟

華特‧迪士尼兄弟開公司，1928 年 11 月，靠〈汽船威利號〉中的米老鼠賺進第一桶金，靠 1950 ～ 1966 年在電影院站穩腳步。1929 年推出消費品，1955 年 7 月，在美國加州安納翰市推出全球第一座電影主題樂園。

2. 經營績效

以 1984 年來說，營收 20 億美元，2020 年起全球營收第一大的沃爾瑪（Wal-Mart, 1960 年 7 月成立）當年營收 46.67 億美元。股價低。

五、迪士尼公司成長期 21 年

1. 迪士尼公司第二代經營群（Team Disney）

此時公司強棒有三：董事長艾斯納（Michael D. Eisner, 1942 ～）、總裁威爾斯（Frank G. Wells, 1932 ～ 1994）、迪士尼影業事業群董事長 Jeffrey Katzenberg（1950 ～）（部分摘自 encyclopedia.comic walt disney decade company 2020 年 4 月 25 日）

服務業
管理　個案分析

2. 1990 年代號稱迪士尼「黃金 10 年」（Disney Decade）

迪士尼影業從導入期在美市佔率第九，爬升到第一；由表第二欄可見，以人生成長爲例，迪士尼公司由「兒童」變成「青少年」，台語稱爲「轉大人」。

表 9-8　美國迪士尼公司百年歷史三成長階段

階段	導入期	成長期	成熟期
一、期間	1923年10月～1971年 共48年	1984年9月～2005年10月 共21年	2005年11月起 共16年以上
二、主要經營者 　1. 人、任期	迪士尼兄弟	艾斯納 （Michael D. Eisner） 1984年9月～2005年10月	艾格 （Robert A. Iger） 2005年11月～2021年 12月
2. 相關人士	華特·迪士尼 1923～1945年 洛伊·迪士尼 1945～1971年	威爾斯 （Frank G. Wells） 1984年10月～1994年4月 墜機身亡	－
三、經營績效 　1. 員工數 　（萬人）	－	－	2006年13.3萬人到 2019年22.3萬人
2. 營收 　（億美元）	20以下 （年度：10月1日迄 翌年9月30日）	1985年度20到2005年度 319億美元	2006年度342到2019年 度約700億美元
3. 淨利 　（億美元）	1以下	1992年度8、1995年度14 、2000年度9、2005年度 25億美元	2006年度33.74、2010 年度40、2019年104億 美元
4. 每股淨利 　（美元）	0.2以下	1990年度0.5、1995年度 0.9、2000年度0.6、2005 年度1.2美元	2006年度1.2美元到 2019年度6.64美元
5. 股價 　（美元）	0.2	1985年2.35到2005年 23.9美元	2006年24.4到2019年 144.63美元
6. 本益比 　（倍）	1970年3.6倍	1985年、1990年、1995 年18、2000年56倍	2010年15、2015年、 2019年23.1倍
7. 股市市值 　（億美元）	20以下	1995年300、2000年397 、2005年485億美元	2010年633、2015年 983、2019年2680億美 元

9-14

六、迪士尼公司成熟期

2006 年起，迪士尼公司在相關行業陸續做到全球市佔率第一，由於行業成熟，迪士尼公司自然成長幅度有限，需收購合併其他公司才能有 10% 以上營收成長。

1. 公司第三代經營者：艾格

以美國職業籃球為例，迪士尼公司的艾格比較像加州洛杉磯市湖人隊的勒布朗・詹姆士（LeBron R. James），帶領 AD、Kuzma、 McGee 等球星，透過團隊合作，邁向 2019、2020 年球季冠軍。

2. 經營績效

營收、淨利、股價皆成長一倍以上；2016 年起，憑藉著幾部大片，迪士尼影業美加市佔率重回第一，以 2019 年來說，33.1%，遠高於第二名的華納兄弟影業的 13.8%；這還不包括新收購的 20 世紀福斯影業公司 4.9%（詳見 Sarah Whitten, "Disney accounted for nearly 40% of thc 2019 US box office"，CNBC，2019 年 12 月 29 日）

9-5　1923 ～ 2021 年迪士尼公司面臨總體環境

俗語說：「時勢造英雄」，這個「時勢」（Trends of Events），在企管中指總體（中稱宏觀）環境（Macro Environment）。本單元分析迪士尼公司面臨的美國總體環境。

一、企管中的總體環境

1950 年代，在美國廣告公司替廣告主打產品電視廣告時，向客戶推薦要做市場研究，才能精準市場定位、行銷組合，大學行銷學（中稱營銷學）教授彙總，寫成教科書、論文等。

在行銷研究中的總體環境中，分四大項，依照時鐘位置區分：

1. 12 點鐘方位：政治 / 法律。

2. 3 點鐘方位：經濟 / 人口（比較偏 Demography）。

3. 6 點鐘方位：社會／文化。

4. 9 點鐘方位：科技／環境。

二、充分條件之「經濟／人口」：經濟

迪士尼公司起家的第一事業群「影業娛樂」。

1. 1920 年代，美國經濟黃金十年

大約 1895 年，美國成為全球第一大經濟國，1914 ～ 1918 年第一次世界大戰，1919 年，士兵歸鄉，勞動力增加、重建的需求增加，再加上電器、汽車的邁入成長期，一般稱「1919 ～ 1929 年黃金十年」。

2. 1923 年 10 月，迪士尼公司第一個事業群影業娛樂（Studio Entertainment）

1920 ～ 1948 年是美國電影業黃金 28 年，每年 400 部電影上映，每週 9,000 萬人次進電影院。在這情況，華特‧迪士尼兄弟以 3,200 美元，成立電影公司，先以動畫電影進軍市場。

三、充分條件之「經濟／人口」：人口

1955 年起迪士尼公司第二事業群「度假區與消費品」。

1. 1946 ～ 1964 年美國嬰兒潮

這 20 年誕生的小孩約 7,600 萬人，平均一年 380 萬人，人口從 1946 年 1.43 億人到 1964 年 1.91 億人，人口淨增加 5,114 萬人，這是很大的數目。

（部分摘自英文維基百科 Baby Boomers）

2. 1955 年 7 月，迪士尼公司設立第一個迪士尼度假區

有加州的人口、經濟支撐，迪士尼公司成立迪士尼度假區公司，第一個迪士尼度假區設在加州洛杉磯市東南方 50 公里的安那翰市，當年加州人口 1,313 萬人，加州一直是美國人口最大州（註：2020 年突破 4,000 萬人），而且人均總產值在 1950 年後有矽谷之助，一直名列美國前十名。

四、必要條件之「文化／社會」

1. 文化

大抵來說，法國等少數國家的人民比較不接受美式文化（例如美式電影）。

2. 社會

以迪士尼影業來說，贏在行銷導向，以家庭和樂為出發點，2006 年後，收購漫畫英雄為主的影業公司，迎合多元觀眾口味。

五、必要條件之「政治／法律」

1996 年迪士尼公司第三事業群「電視傳播媒體」。

1. 1996 年 2 月 8 日，美國通訊法鼓勵自由競爭

此法主要在規範電視（無線、有線）業者，仍是由聯邦通訊委員會管理。

2. 2004 年，迪士尼公司成立第三事業群「傳播媒體網路」（**Media Networks**）

1954 年，迪士尼公司推出無線電視節目「迪士尼精選系列」；1983 年，迪士尼公司在「有線電視」（臺灣稱第四台）推出「迪士尼頻道」（Disney Channel），從 1994 年有「電視傳媒」事業群的營收。1996 年，以 190 億美元收購美國廣播公司（American Broadcasting Company, ABC），這是事業群的旗艦公司。

六、必要條件之「科技／環境」

1. 通訊技術 4G ～ 5G

2010 年起，電信 4G 手機上市，以 1 小時、4K 影片來說，下載時間約 3 ～ 5 分鐘。2019 年 9 月，5G 手機上市，同樣影片約 10 秒下載。

2. 2018 年 3 月，迪士尼公司成立第四個事業群「串流服務與國際」（**Direct-to-Consumer & International**）

2007 年網飛（Netflix）推出網路下載影片訂閱業務，2018 年 3 月，迪士尼公司成立第四個事業群，由有線電視頻道 ESPN 的網路版 ESPN + 打頭陣，2019 年 11 月 12 日迪士尼網路影音平台 Disney + 上線，這可說是 1983 年迪士尼頻道（Disney Channel）的網路版。

田表 9-9　1923 年起美國迪士尼公司四個事業群的總體環境

期間	1923.10～1984年		1985～2005年		2006～2021年	
一、政治 / 法令						
(一) 法令：以通訊 （或電信）法	時：1934年 事：通訊法 　　主要是針對電信公司，後來擴大到電視等行業		時：1996年 事：通訊法大改，由管制轉向自由競爭		–	
(二) 政治	由聯邦通訊委員會（FCC）擔任主管機關，市場結構偏重寡佔		聯邦通訊委員會接受電信等行業的公司收購與合併申請		–	
四、科技 / 環境						
(一) 電影	以娛樂業為例 1883年電影院成立 1920～1955年電影業黃金時代		–		–	
(二) 廣播	1920年起廣播台成立 1922年廣播電台推出廣告		–		–	
(三) 電視	1941年起美國設立電視台 1949年起第四台		1990年起第四台逐漸數位化 2000年6850萬戶		2006年58.4%家庭有訂 2013年剩5440萬戶	
(四) 網路	–		–		2010年起4G 2019年9月5G 2019年11月12日 迪士尼Disney +	
二、經濟 / 人口						
(一) 人口（億人）	1.119	2.358	2.379	2.9552	2.9838	3.35
(二) 經濟						
1. 人均總產值 （美元）	7218	17121	18237	44155	46299	67000
2. 經濟成長階段	起飛階段	走向成熟	同左	大量消費	同左	超越大量消費
3. 經濟成長率（%）	0.8	7.2	4.2	3.5	2.7	2.4
4. 物價上漲率（%）	1.79	3.9	3.8	3.4	4.1	2
5. 失業率（%）	2.4	7.3	7	4.9	5	3.6
三、社會 / 文化						
(一) 社會	嬰兒潮世代約7600萬人		千禧年世代，俗稱數位原住民		習慣使用3C產品，偏重宅在家	習慣使用3C產品，偏重宅在家
(二) 文化						

章後習題

一、選擇題

(　　) 1. 迪士尼家族對迪士尼公司持股比率？ (A) 3% 以下 (B) 13% (C) 33%。

(　　) 2. 迪士尼家族持股比率在 1954 年以後，大幅降低原因為何？ (A) 現金增資以蓋度假區 (B) 子女股權被詐騙 (C) 子女賣股。

(　　) 3. 迪士尼公司在美國股價，多少美元？ (A)1.3 美元 (B)13 美元 (C)130 美元。

(　　) 4. 迪士尼公司營收大概多少？ (A)70 億美元 (B)700 億美元 (C)7,000 億美元。

(　　) 5. 迪士尼公司約有多少位員工？ (A)2,300 人 (B)23,000 人 (C)230,000 人。

(　　) 6. 2020 年迪士尼度假區 2020 年 1 月 26 日～4 月，如何因應全球新冠肺炎疫情？ (A) 休園 (B) 社交距離 (C) 不受限。

(　　) 7. 迪士尼公司四大事業群，核心能力來自哪一事業群？ (A) 影業 (B) 度假區 (C) 傳播媒體。

(　　) 8. 迪士尼自營商店全球有幾家店？ (A)400 家 (B)4,000 家 (C)40,000 家。

(　　) 9. 2021 年，環球影城會在中國大陸哪個城市開幕？ (A) 上海市 (B) 北京市 (C) 廣東省深圳市。

(　　)10. 迪士尼電影前景最大隱憂在哪？ (A) 新創片太少，續集、重拍為主 (B) 不敢進軍家庭以外的題材 (C) 太美式。

二、問答題

1. 請分析迪士尼公司四次收購電影公司對影業事業群的貢獻？

2. 1996 年迪士尼公司收購美國廣播公司（ABC）集團是必要的嗎？

3. 2019 年迪士尼公司收購福斯（Fox）集團的效益為何？

4. 迪士尼公司為何一定要跟網飛（Netflix）搶市場呢？

5. 為何迪士尼公司董事會找不出下一棒董事長的一級人選？

NOTE

個案10
迪士尼公司事業群組合與組織設計

美國迪士尼娛樂傳播業

美國迪士尼公司本業是影視為主的娛樂傳播業,兼著開電影主題樂園,經過 100 年的發展,從 1994 年起,大抵維持著四個事業群(Business Type Segment)。本章以實用 BCG 模型來看這四個事業群的現況、趨勢發展,並詳細分析公司、事業群的組織設計。

學習影片 QR code

第三篇　迪士尼的崛起與發展

10-1 迪士尼公司四大事業群的價值驅動分析

公司董事會、外界證券分析師喜歡分析公司營收、淨利的價值驅動力（Value-drivers），這包括三種：依產品別（迪士尼公司四大事業群）、各洲區域別、顧客別，本單元以 2019 年度（2018 年 10 月迄 2019 年 9 月）來分析。

一、以產品別來說

四大事業群，依對迪士尼公司營收、淨利比率分類，詳見表 10-1。

1. 基本事業佔營收 50%

由表 10-1 可見，兩個事業群份量平分秋色。

(1) 度假區事業群佔營收比重 37%、淨利 40%。

(2) 電視傳媒事業群（Media Networks）佔營收比重 35%、淨利 44%。

2. 核心事業佔營收 30%

影業事業群佔營收比重 16%、淨利 16%。

3. 攻擊性事業佔營收 20%

串流服務事業群佔營收比重 13%、淨利－11.8%。

4. 2020 年度可能是例外

2020 年，全球深受新冠肺炎肆虐，封城（禁足，Stay-at-home）、在外維持社交距離（Social Distancing），2020 年 6 月世界銀行估計全球經濟成長率－5.2%〈美－6.1、歐元區－9.1%、日本－6.1%、中 1%〉。迪士尼公司四大事業群只有串流服務事業群有「宅經濟」好處，其他三大事業群營收皆衰退，其中佔電視傳媒事業群營收 50% 的運動頻道 ESPN 因球賽停賽半年，營收也下滑。

在分析四大事業群對公司營收、淨利貢獻時，2020 年度可能必須視為例外值。

⊞表 10-1　迪士尼公司四大事業群佔營收、淨利比率

年度	1991	1995	2000	2005	2010	2019
一、金額（億美元）						
1. 營收	61	125.2524.	254	319	38.1	694
2. 淨利	10.94	45	40.81	51.37	75.86	104
二、結構（%）						
（一）影業						
• 營收	42.43	31.61	23.68	37.75	17.6	16
• 淨利	29.07	35.17	2.69	4.03	9.14	26.64
（二）度假區等						
1. 度假區						
• 營收	45.72	10.24	2.678	28.24	28.27	37
• 淨利	49.9	11.15	39.7	22.97	17.37	40
2. 消費品						
• 營收	11.85	17.17	10.24	6.66	7.04	－
• 淨利	20.94	20.86	11.15	10.57	0.92	－
3. 互動娛樂		1997～2000年	2008～2015年			
• 營收	－	－	1.45	－	2	－
• 淨利	－	－	－ 9.8	－	－ 3.08	－
（三）電視傳媒						
• 營收	－	3.31	37.85	41.34	45.09	35
• 淨利	－	3.11	56.31	62.47	67.65	44
（四）串流服務等						
1. 國際服務 　　2. 串流服務	－	－	－	－	－	－
• 營收	－	－	－	－	－	13
• 淨利	－	－	－	－	－	－ 11.8

資料來源：整理自 Matthew Johnston，'How Disney Makes Money'，Investopedia，2020 年 3 月 10 日，
　　　　　另 Statista, Walt Disney Revenue by segment.

二、依各洲區分

迪士尼公司是典型美國公司，從營收依各洲比重便可以看出。

1. 美洲的美加佔 80%

迪士尼公司一向把美國、加拿大，合併來看，稱為「國內」市場，電視傳媒、串流服務事業群是標準國內市場。度假區事業群一半以上營收來自六個度假區中的美國加州、佛州度假區。

法國巴黎度假區做不太起來，日本東京迪士尼度假區是授權經營，門票收入抽10%、餐飲消費品收入抽成5%，香港迪士尼度假區場地太小，遊客數不成比例的少。

2. 美加以外佔 20%

主要在歐洲、亞洲（主要是日本、中國大陸）。

三、趨勢分析

依各事業群佔營收（淨利）比重來分析，分成二種情況，較佳分水嶺是1995年，因1996年收購美國廣播公司，電視傳媒事業群營收吃了大力丸。

1. 營收比重上升

有二個事業群佔迪士尼公司營收比重提高。

(1) 度假區事業群

不過，這是因為2018年3月，三個事業群度假區、體驗、消費品合併之故。

(2) 串流服務事業群

這是新行業，2018年3月才出現的迪士尼事業群，加上營收成長速度變快，所以佔迪士尼公司營收比重提高。

2. 營收比重下滑

(1) 電視傳媒事業群

行業處於衰退階段，迪士尼電視傳播事業群營收上升，但「進步太慢，即是退步」。

(2) 影業事業群

影業行業處於成熟階段，且行業規模小（全球 425 億美元，跟美國電視傳媒業 1,000 億美元比），因此迪士尼影業事業群成長幅度小，佔迪士尼公司營收比重下滑趨勢。

10-2　迪士尼公司三階段四事業群發展

全球營收最大公司是美國平價百貨店沃爾瑪（Walmart），2020 年度（2019 年 2 月～ 2020 年 1 月）營收 5240 億美元、淨利 152 億美元。分析沃爾瑪很容易，因為他跟好市多都是平價量販店，只做一種行業。

美國迪士尼公司營收約只有沃爾瑪的八分之一大，但因下列二因素，子公司上百家。

1. 橫跨四個行業

公司組織層級分五級，四大事業群〈Business Type Segment〉。

每個事業群下大約都有三個次事業群〈Subsegment〉，每個次事業群下至少有五家子公司，以迪士尼度假區公司來說，全球六家迪士尼度假區就至少有六家業主、管理公司，再加上一家控股公司。

2. 時間

1923 年 10 月起，百年企業，以事業群的版圖來說，常會變更。

一、資訊圖表〈Information+Graphic=Infographic〉

1. 事業群

以最近（2018 年 3 月起）的事業群分群為主，不再回顧消失的事業群，這類事業群大都整併成更大事業群，像「度假區、體驗與消費品」。

2. 時間

依公司成長階段分三階段，詳見表 10-2 第一列。

☒表 10-2　迪士尼公司在四大事業群的三階段布局

四大事業群		1923年10月～1984年9月〈導入期〉	1984年10月～2005年10月〈成長期〉	2005年11月起〈成熟期〉
一、影業娛樂	(一) 影業（Studios）	1923.10跟公司同時成立 1928年11月18日推出有聲黑白電影〈汽船威力號〉 1937年首部彩色電影〈白雪公主〉上映 1984年美國市佔第九	1985～1994年迪士尼影業復興 1987年美國市佔第二 1995年第一〈19.04%〉	2005年10.44%，美國第三大 2016年起，美國第一大，2019年市佔率33%，2020年起，加上福斯影業，37%。
	(二) 迪士尼音樂集團	1956年迪士尼唱片	1998年好萊塢唱片，2019年起，下轄福斯音樂	由迪士尼音樂公司辦理，如好萊塢、迪士尼音樂會
	(三) 迪士尼戲劇集團	1944年，〈白雪公主〉在劇院以劇團方式上映 1971年4月1日事業群成立	1992年起，主要透過Feld娛樂公司排班，1999年11月，此集團成立	2015年營收6億美元公司住址在績效市
二、度假區、體驗與消費品	(一) 消費品			
	1. 授權	1929年起	佔消費品次事業群收入90%	其中80%來自米老鼠、小熊維尼
	2. 迪士尼國際出版	1930年起	另海波出版社1987年成立	兩家子公司：迪士尼書本、索尼出版
	3. 直營店	－	1986年迪士尼商店〈Disney Store〉	約387家店，美加221、歐美87、日本55
	4. 郵購	－	1994年起	稱為Disneyland Delive EARS
	(二)度假區			
	1. 度假區	1955年7月17日美國加州 1971年10月1日美國佛州 1983年4月15日日本東京	1992.4.12法國巴黎	2005年9月12日中國大陸香港 2016年6月16日上海

四大事業群		1923年10月～ 1984年9月 〈導入期〉	1984年10月～ 2005年10月 〈成長期〉	2005年11月起 〈成熟期〉
	2. 度假俱樂部	加州1個、佛州7個、夏威夷3個	1991年12月20日成立，公司在美國佛州	公司名稱迪士尼度假開發公司
	3. 郵輪航線	1983年，迪士尼公司把米老鼠授權給遊戲開發公司Atari	1995年迪士尼郵輪公司成立，在美國佛州 1998～2012年共推出4艘郵輪	1997～2015年營收1.74～11.74億美元
	(三) 體驗	－	1994年，成立互動事業群	2008年合併成立互動媒體事業群〈DIMS〉
三、傳播媒體	(一) 廣播	－	－	2004年成立事業群
	(二) 無線電視	1954年，推出電影精選電視節目 1983年推出迪士尼頻道在第四台上線，扮演內容提供者（ICP）	1985年推出電視卡通節目 1996年，以190億美元，收購三大電視網之一的美國廣播公司〈ABC〉與其下體育頻道公司ESPN	2006年ABC.com網路電視試播 2016年8月斥資10億美元收購美國職棒大聯盟〈MLB〉旗下串流媒體公司BAMTech33％的股權，以跟ESPN互補。2017年8月8日，再收購42％股權 2018年3月14日事業群成立
四、串流服務與國際	(一) 國際	1954年成立博偉〈Buena Vista Distribution〉	1999年，主要是跟日本索尼公司合資，進行影視產品在東南亞國家	2006年迪士尼透過有線電視一哥康卡斯特公司的寬頻服務提供影視
	(二) 串流服務	－	2003年把電影授權給MovieLink和CinemaNow 2005年，跟蘋果公司簽約，提供影片內容	2018年推出串流服務ESPN＋ 2019年11月推出串流服務Disney＋

10-3 迪士尼公司四大事業群組合－實用 BCG 分析

　　迪士尼四大事業群分屬三大行業，套用實用 BCG 模式（修改自 1970 年美國波士頓顧問公司 BCG 模式）來分析，總的來說，迪士尼在全球、美國市場都是一哥〈只有有線電視是二哥〉，而且市佔率極高，有寡佔淨利。

一、全面分析

1. 行業：昨日、今日、明日、後日

　　由圖 10-1 可見，把行業生命週期「導入、成長、成熟、衰退」以「後天、明天、今天、昨天」來比喻，四個行業皆處於這四階段之一，詳見表 10-3。

2. 迪士尼公司董事會拿得一手好牌

　　迪士尼公司四大事業群在這四個行業，想藉著較佳的經營管理能力，在「傳統電視網路」、「影業」皆能往上提升個階段。

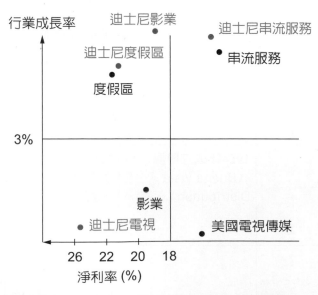

▷▷ 圖10-1　四大行業與迪士尼公司四大事業群

二、第一事業群「影業娛樂」

1. 行業：搖錢樹往落水狗階段邁進

(1) 時間：2020 年 1 月 10 日。

(2) 地點：美國維州雷斯頓鎮（Reston）。

(3) 人物：美國電影市調公司康姆斯克（ComScore），1999 年成立。

(4) 事情：公布康姆斯克報告 2019 年全球電影票房。

全球 425 億美元，成長率 2%，主要來自中國大陸（全球市佔率 21.8%），美加（北美）114 億美元，下滑 4%。

2. 迪士尼影業娛樂處於「明日之星」階段

營收成長率 14.5%；淨利率 30%。主因是全球票房十大電影（佔全球票房 25%），迪士尼佔八部，靠賣座大片便把此事業群的位置往上提。

3. 迪士尼影業全球市場地位

迪士尼影業娛樂事業群營收 111 億美元，全球市佔率 26.8%。

三、第二事業群「度假區、體驗與消費品」

1. 行業：2020 ～ 2026 年處於明日之星階段

(1) 時間：2020 年 1 月 29 日。

(2) 地點：印度馬哈拉施特拉邦浦那市（Pune）。

(3) 人物：星球市場報告公司（Planet Market Reports）。

(4) 事情：公布〈全球遊樂與主題樂園市場〉。

2019 ～ 2026 年，行業營收複合成長率 6.12%，2019 年 469 億美元，2026 年 850 億美元。

另 2019 年 11 月，美國加州舊金山市 Grand View 研究公司估 2025 年 708.3 億美元，複合成長率 5.8%。

2. 迪士尼度假區事業群跟行業比較

迪士尼度假區事業群表現比行業平均數佳。

3. 迪士尼度假區全球市場地位

迪士尼度假區營收還包括消費品、體驗，以整個事業群營收來計算全球度假區市佔率約 56%。

四、第三事業群電視傳媒

1. 行業處於落水狗階段

(1) 時間：2020 年 4 月 23 日。

(2) 地點：美國伊利諾州芝加哥市。

(3) 人物：融合研究公司（Convergence Research）。

(4) 事情：公布〈沙發馬鈴薯報告〉〈Couch Potato Report〉（從 2003 年起公布）。

美國傳統電視 2018 年營收 1,034 億美元（衰退 3%），2019 年 1,004 億美元，其中第四台訂戶從 1.21 億戶，2010 年起，每年剪線〈Cord-cutters〉500 萬戶，2020 年 42% 家戶不訂第四台，2022 年 54%。

2. 迪士尼電視傳媒事業群處於「搖錢樹」階段

迪士尼傳統電視傳媒事業群處於搖錢樹階段，這是靠佔營收 50% 的運動頻道 ESPN 的收視率支撐。

3. 迪士尼電視傳媒事業群在市場地位

迪士尼傳統電視傳媒事業群在美國市佔率約 25%，其中無線電視 ABC 排第一；在有線電視排名第二，次於美國賓州費城的康卡斯特（Comcast），其品牌是「超無限」〈Xfinity〉，旗下無線電視是全國廣播公司（NBC）。

五、第四事業群「串流服務與國際」

1. 行業：在第一象限「問題兒童」階段

串流影音服務（Over-the-top Media Service）營收 2018 年 163 億美元，2019 年 220 億美元。

2. 迪士尼串流服務與國際事業群處於問題兒童階段

迪士尼串流服務事業群 2019 年度營收成長率 174%、淨利衰退 250%，處於燒錢的本夢比的「問題兒童階段」。

3. **迪士尼串流服務次事業群在美國市佔率**

迪士尼串流服務次事業群在美國市佔率42.5%，遠遠超越網飛（Netflix），這很自然，因為迪士尼串流服務有二大利器：ESPN +、Disney +（這主要是影視資料檔）。

🔍 **資訊小幫手**

實用BCG分析

〈practical BCG matrix〉

時：1968年

地：美國麻州波士頓市

人：波士頓顧問公司（Boston Consulting Group）的 Bruce Henderson（1915~1992），1963年成立。

事：推出公司各事業部組合分析，2003年，伍忠賢在〈策略管理〉（三民書局出版）書中，把X軸改成公司損益表上獲利能力指標（毛利率或淨利率）。

⊞表 10-3　迪士尼公司四大事業群行業前景與市場地位

單位：億美元

事業群／行業	第一影業	第二度假區	第三電視傳媒	第四串流服務
一、行業				
(1) 地理範圍	全球	全球	美國傳統電視	美國串流服務
2019年	425	469	1004	220
2022年	451	2026年850	2020年948	492
成長率（%）	2	6	− 6	35
市調公司	康姆斯克公司	星球市場報告公司	融合研究公司	同左
(2) 迪士尼	114	262.3	248.3	93.5
(3) = (2) / (1) 市佔率	26.82	55.93	24.73	42.5

10-4 迪士尼公司成熟期 2005 年 11 月起－第三代經營者艾格

百年企業的美國迪士尼公司，依營收分成三階段：導入期（1923 年 10 月迄 1984 年 9 月）、成長期（1984 年 10 月迄 2005 年 10 月）、成熟期（2005 年 11 月起），本單元說明成熟期的公司經營者艾格（Robert A. Iger）。

一、艾格擔任救援投手

由表 10-4 可見，艾格可說半路出家到迪士尼公司。

2005 年 10 月，第二代經營者艾斯納（任期 1984 年 10 月迄 2005 年 10 月）請辭執行長一職，迪士尼公司董事會任命總裁艾格接任執行長。

 個人小檔案

人物：勞勃‧艾格〈Robert A. Iger〉

出生：1951年2月10日，美國紐約州紐約市長島

現職：美國迪士尼董事長（任期2012年3月1日～2021年12月），2011年10月5日
　　　起蘋果公司八席獨立董事之一

經歷：詳見艾格在迪士尼公司晉升表

學歷：美國紐約州伊薩卡（Ithaca，有譯為綺色佳）市的伊薩卡學院電視與電影
　　　系。

榮譽或貢獻：〈財星雜誌〉2006、2007年「25位最有權力的商業人士」，2009
　　　　　　年「捍衛戰士級執行長」等。2019年12月〈時代雜誌〉年度商業人
　　　　　　士，票選艾格是「全球最受愛戴和受敬佩的執行長之一」。

書：自傳〈一生的旅程〉〈The Ride of a Lifetime〉，2019年10月，英文版，
　　2020年5月中文版。

〔資料來源：大部分整理自中文維基百科「勞勃‧艾格」〕

表 10-4　艾格在迪士尼公司晉升途徑

期間	公司	職稱
	一、迪士尼公司	
2012年3月～2021年11月	（一）母公司 　　　迪士尼公司	董事長兼執行長
2005年10月～2012年2月	迪士尼公司	總裁兼執行長
2001年1月25～2005年9月	迪士尼公司	總裁兼營運長
1999年2月25～2001年1月24日	（二）子公司 　　　迪士尼國際公司	兼代總裁
同上	二、美國廣播公司（ABC）	
1995～1999年2月24日	（一）母公司	董事長
1993～1994年	（二）子公司 　　　電視公司	總裁
1974年	電視公司	節目部督導

二、艾格的策略雄心

1. 時間：2013 年。

2. 人物：迪士尼公司董事會。

3. 事情：更改迪士尼公司的「使命說明書」（Mission Statement）。

   顧客滿意績效目標，成為全球「娛樂與資訊業的領頭生產者和提供者」。

   財務績效目標：公司基本財務目標是追求淨利、現金流量極大化，追求股東長
   　　　　　　　期價值。

三、經營績效

　　由表 10-5 中第二項（四）可見艾格任內的迪士尼經營績效：14 年（2005 迄
2019 年度）營收成長 178%、淨利成長 208%、股價成長 438%。

四、後續問題

2019 年 4 月 11 日，艾格宣布 2021 年 12 月退休，因合約期滿。

2020 年 2 月，美國聯博證券公司〈AllianceBernstein〉向投資人詢問最多問題之一：「你認為誰是接替艾格的最佳人選？」一致回答是：「沒有」。

（註：各種事業群董事長皆缺乏跨事業群的歷練與績效）。

（摘自 Ping West，「華爾街不樂意！」，數位時代，2020 年 3 月 5 日）

田 表 10-5　2005.11 ～ 2021.12 艾格經營迪士尼公司功過

層面	外界評論	伍忠賢評論
一、公司治理	時：2019年4月23日 地：美國 人：Abigail Disney〈洛伊・愛德華・迪士尼孫女〉 事：臺灣的自由時報電子報，她批評2018年艾格年薪6560萬美元，是美國人年薪中位數4.6萬美元的1,424倍。	1. 相對標準 　以2018年來說，美國年薪前十大執行長中，第一名是特斯拉公司伊隆・馬斯克（22.84億美元），艾格排第七。 2. 公司標準 　以2018年度公司淨利126億美元來說，0.6565億美元，佔0.521%，不算高。
二、經營		
（一）公司成長方向	人：百度百科 事：以下列評論艾格：透過深思熟慮的冒險措施〈主要是指在影業的〉，對權力的謹慎使用，來逐步恢復迪士尼公司的光芒。	時：2015年8月14日 地：美國加州安那翰（Aneheim）市 人：艾格 事：舉辦的D23 Expo博覽會中，艾格表示，上任10年做的事跟1957年華特・迪士尼的事業藍圖一樣。
（二）公司成長方式	公司收購，外部成長。	收購四大影業公司，且經營成功。
（三）公司成長速度	高於行業平均值 時：2019年10月14日 地：中國大陸北京市 人：36氪 事：在〈極客公園〉上，「賈伯斯與艾格的深度友情，拯救了迪士尼與皮克斯二家公司」。	時：2019年11月 地：臺灣臺北市 人：Ping 事：在〈英語島〉月刊上，刊登美國名嘴歐普拉訪問艾格的文章「不平凡的企業，平凡的CEO」〈I'm pretty human〉。

層面	外界評論	伍忠賢評論
（四）經營績效	時：2020年2月27日 地：美國 人：CNBC新聞 事：艾格把迪士尼公司股價從23.8美元到2020年130美元，總市值2,350億美元。	1. 營收 　2005年度營收319億美元到2019年度694億美元。 2. 淨利 　2005年度51億美元，到2018年度126億美元高點，2019年104億美元（認列收購20世紀福斯的損失）。
	時：2012年5月9日 地：美國 人：華倫・巴菲特 事：在〈財星〉雜誌他以下列來評價艾格：「他總是非常冷靜、理智，而且通情達理，他在管理時，不需要鐵腕政策。他善於借助其他人來完成工作。」	時：2011年7月 地：美國 人：〈哈佛商業評論〉總編輯 事：訪問艾格，談三個課題： 　(1) 米老鼠改造計畫 　(2) 領導力 　(3) 創造力

10-5 迪士尼的組織設計

　　每次談到任何全球大公司的組織設計，其實很簡單，單一產品（例如汽車業），依洲（區域）設事業部；多產品依產品別設事業部。

　　公司內依企業功能設立部門，各公司大同小異，名稱稍有不同。本單元說明美國迪士尼的組織設計。

一、依照「核心－支援活動」列出組織圖

　　依 1985 年麥可・波特（Michael E. Porter）在《競爭優勢》一書中《價值鏈》〈Value Chain〉，把公司功能部門區分為核心、支援活動。以這表來說把各公司的組織圖重歸類，詳見表 10-6。

表 10-6　迪士尼公司組織設計

時間：2020年6月

組織層級	職稱	職位〈副總裁〉	人員
一、董事會	董事長	－	Robert A. Iger
二、總裁直屬	執行長	－	Bob Chapek
1. 法律事務	法務與「公司秘書」〈臺灣的公司治理〉	資深執行	Alan N.Braverman
2. 策略規劃	公司策略與事業發展	執行	Kevin A. Mayer（2018.3已調至串流服務事業群董事長）
3. 法令	法令遵循長	－	Jeck Yellin
三、功能部門			
(一) 核心活動　　1. 研發：以迪士尼	迪士尼「想像工程」公司	總裁	Bob Weis
2. 度假區事業群為例	（Imagineering）設計長		Craig Russell
3. 生產　• 採購	採購、聯盟、房地產	資深	Jonathan s. Headley
• 工業安全等	安全長	資深	Ronald L. Iden
4. 行銷	溝通長	資深執行	Zenia B.bMucha
(二) 支援活動			
1. 財務	財務長	資深執行	ChristinebM. McCarthy
	控制、財務規劃與租稅	執行	Brent A. Woodford
	投資人關係	資深	Lowell Singer
	會計長	資深	Carlos A. Gómez
2. 人力資源	人資長	資深執行	Mary Jayne Parker
	多元長（Diversity）	資深	Latondra Newton
3. 資訊管理	數位技術長	執行	Tilak Mandadi

資料來源：迪士尼公司，The Walt Disney Company。

二、公司功能部門主管來源（詳見表 10-7）

以人資長來說，珍妮・派克（Mary Jayne Parker）人生第二個工作在迪士尼度假區公司，一路歷練人資各相關組處；再升任度假區次事業群人資長，最後再晉升到公司人資長。從基層做起，憑績效一步一步往上晉升，到了母公司，仍很接地氣。

三、組織能力

每家公司的組織設計大同小異，依產品別設立子公司〈或事業部〉，總裁下轄功能部門。比較重要的是「組織能力」（Organizational Capability），其中之一是政策方向、執行力，由小檔案可見，美國加州 Comparably 公司對迪士尼公司事業群、公司功能部主管評分。

表 10-7　迪士尼公司人力資源部主管珍妮・派克晉升途徑

年月	公司務門	職稱	職位
2009年11月起	迪士尼公司	人資長	資深執行副總裁
2007年8月…2009年10月	度假區次事業群	人資長	資深副總裁
2005年10月～2007年7月	次事業群之國外迪士尼度假區	人資長，包括員工包容（inclusion）、多元	資深副總裁
2003年3月～2005年10月	度假區之子事業群下的迪士尼大學	組織與專業發展	副總裁
		組織改善	副總裁、處長
		該訓練機構1981年成立	處長（Director）、經理
1988年	迪士尼學院（Disney Institute）	註：該學院1996年2月	註：在美國佛州

資料來源：整理自 Disney：Executive Leadership。

迪士尼公司的組織能力評分

時：2020年5月（每月一次）

地：美國加州聖塔莫尼卡市

人：Comparably公司，2015年11月成立，是人力資源顧問公司，提供薪資與企業文化資料。

事：給迪士尼公司董事長暨23位功能、事業群與區域主管評分得68分（英文等級B−），在5家同業中名列第三。

員工回答二大類問題：

1. How would you rate your executive team?　68分
   〈滿分100〉
2. Do you approve of the job your executive team is doing at your company?　57分
   〈滿分100〉

10-6 迪士尼公司與四大事業群的組織設計

　　迪士尼公司下轄四個事業群（Business Type Segment），每個事業群又下轄三個次事業群〈Subsegment〉，次事業群再分 2 個子事業群〈常是大型公司〉。大型子公司又依全球各洲區域設立區域或大國公司，再下轄各區域內國家級公司。簡單的說，迪士尼公司下共有五個層級，組織設計極繁複。本文從迪士尼公司、事業群兩個層級說明，詳見表 10-8。

一、四大事業群的產業關聯：投入－轉換－產出架構

　　迪士尼公司四個事業群依「投入－轉換－產出」架構分成三類。

1. 投入：1.5 個事業群

(1) 影業事業群；影業公司透過影片經銷公司把電影播映權賣給各國的影片經銷公司，再批發給各省市的經銷公司、影城。

(2) 度假區事業群下次事業群中「消費品」的授權公司。

2. 產出〈即銷售〉：1.5 個事業群

(1) 度假區事業群下度假區次事業群。

(2) 串流服務事業群，包括迪士尼國際、串流服務次事業群。

3. 兼具「投入－產出」的事業群：電視傳媒事業群

電視傳媒事業群旗下有二個次事業群兼具「內容－銷售」：

(1) 美國廣播公司之廣播公司。

(2) 美國廣播公司之電視公司。

二、第一事業群影業娛樂組織設計

影業娛樂事業群有三個次事業群，以影業次事業群為例，下轄兩類影業公司，由公司名稱大抵可看出誰是公司收購來的。

1. 內部成長：掛迪士尼名稱

迪士尼製片（Walt Disney Productions）等。

戰鬥品牌：1984 年 2 月成立「正金石影業」〈Touchstone Pictures〉公司，以進軍成人電影市場區隔。

2. 外部成長：維持原公司名稱

2006 年以後，艾格任內收購四大影業公司，仍維持公司名字，對外，這些公司有商標價值；對內，維持該公司獨立，有利於維持其公司企業文化只在中等水準。

三、第二事業群度假區體驗與消費品組織設計

1. 度假區次事業群，分三個層級

(1) 次事業群董事長。

(2) 次事業群區分兩個子事業群：國際（美國之外四座迪士尼度假區）、美國（加州、佛州兩座迪士尼度假區）。

(3) 六座迪士尼度假區管理公司都是子公司層級，組織層級很大。

2. 體驗次事業群

這是原「互動娛樂」事業群，開發電玩、手機遊戲〈包括社群媒體〉。

3. 消費品次事業群

分成授權、出版、商店三個子公司。

四、第三事業群電視傳媒組織設計

旗下由兩個次事業群的董事長出任事業群共同董事長，採雙首長制。

1. 內容頻道次事業群

主要是娛樂與體育節目電視網（Entertainment Sport Programming Netwonh, ESPN）（1979 年 9 月成立）。

2. 電視廣播次事業群

再細分三個子事業群：

(1) 美國廣播公司電視、福斯。

(2) 美國廣播公司廣播電台。

(3) 有線電視。

五、第四事業群串流服務與國際組織設計

串流服務與國際業群串流（Direct-to-Consumer & International）組織設計，又細分為以下：

1. 國際次事業群

這主要是影業娛樂事業群中影業次事業群的國際部。

2. 串流服務次事業群

這次事業群組織很細，有依產品別（ESPN；Disney），再各自依各洲區域別。

表 10-8　迪士尼公司四大事業群的主管

第一事業群：影業娛樂		第二事業群：度假區與體驗、消費品	第三事業群：電視傳媒	第四事業群：串流服務與國際
掛迪士尼名字	1. 華特‧迪士尼電影公司（Walt Disney Picture）	董事長Josh D'amaro	共同董事長Peter Rice、James Pitaro 至少分二個次事業群	董事長Rebecca Campbell 分成二個次事業群
	2. 華特‧迪士尼電影工作室	（一）迪士尼「招牌」體驗總裁	（一）次事業群內容頻道 最大是ESPN 共同董事長、總裁James Pitaro	（一）迪士尼國際
	3. 華特‧迪士尼「動畫工作室」（Feature Animated）又稱迪士尼‧皮克斯動畫工作室			
	4. 迪士尼音樂公司	（二）迪士尼消費品 *全球各授權商店 總裁Kareem Daniel	（二）無線電視台、第四台與廣播電台 1. 無線電視台：美國廣播公司其中，ABC公司董事長Dana Walden 2. 第四台 3. 廣播電台	（一）串流服務（Streaming services）總裁Michael Paull再分為子公司 1. Hulu（2007年成立，持股47%） 2. Disney+（2019年11月推出）
	5. 迪士尼戲劇公司 (1)共同董事長Alan Bergman (2)共同董事長與創意長Alan F. Horn	（三）迪士尼度假區 1. 國際迪士尼樂園（美國以外四個）總裁Jill Estorino 2. 迪士尼度假區（美國二個）(a.) Walt Disney World Resort 總裁Jeff Vahle (b.) 迪士尼度假區總裁		
沒掛迪士尼名字	1. 20世紀福斯			
	2. 盧卡斯影業			
	3. 漫威影業			

資料來源：整理自英文維基「List of mannagement of the Walt Disney Company」。

章後習題

一、選擇題

(　　　) 1. 迪士尼四大事業群哪個營收、淨利最大？　(A)影業　(B)度假區　(C)傳播媒體。

(　　　) 2. 迪士尼四大事業群哪個長期看空？　(A)影業　(B)度假區　(C)傳播媒體。

(　　　) 3. 迪士尼集團在串流服務方面能超越網飛（Netflix）主因？　(A)片子（Disney＋、ESPN＋）多且強　(B)訂價低　(C)以上皆是。

(　　　) 4. 迪士尼度假區經營管理公司中樂園組織設計以何為主？　(A)各主題園區副總裁管理　(B)功能部門為主　(C)以上皆是。

(　　　) 5. 迪士尼影業集團旗下公司如何分類？　(A)依自己成立、收購來的　(B)依動畫、真人電影分　(C)依國家分。

(　　　) 6. 迪士尼影業賣座片種為何？　(A)恐怖片　(B)動作片　(C)漫威英雄、動畫（含真人版）。

(　　　) 7. 網飛（Netflix）為什麼要自己拍片？　(A)擔心電影龍頭迪士尼影業不給片　(B)走出差異化　(C)省錢。

(　　　) 8. 全球十大票房電影中第一是　(A)長城　(B)復仇者聯盟：終局之戰　(C)那年我們一起追的女孩。

(　　　) 9. 邏輯上，串流服務是從哪裡衍生的？　(A)電視　(B)廣播　(C)報紙刊物。

(　　　) 10. 串流服務興起，主要得何種通訊技術之助？　(A)2G　(B)3G　(C)4G以上。

二、問答題

1. 2020年因新冠肺炎，迪士尼四大事業群「二好二壞」，把表10-1中2020年數字更新並分析。

2. 以實用BCG圖為例，各把迪士尼四大事業群單獨作圖，請畫出2010、2015、2020年的位置，分析其趨勢。

3. 如果評論迪士尼董事長艾格的功過，包含營收、淨利、股價？

4. 請將華納兄弟影業公司的組織圖跟迪士尼組織圖做比較。

5. 請把美國康卡斯特集團組織跟迪士尼四大事業群組織表做比較。

個案11
中國大陸旅遊產業SWOT分析

遊樂園是觀光景點之最

　　隨著各國經濟的成長，家庭所得提高；加上週休二日，家庭消費支出中「食品」（溫飽）比率降低、育（醫療保健）、樂（休閒、文化與教育）、餐廳及旅館比率逐漸提高。

　　因為有錢有閒，人們花更多錢在「吃喝玩樂」，公司因應這些需求，推出室內娛樂（1950 到 2000 年電視，2001 年起電玩遊戲、影音串流），戶外主要是觀光景點（谷歌稱 Sightseeing Spot）。當休閒產業（Leisure Industry）已成形，大學中分拆觀光系成立休閒產業管理系，休閒經濟學（Leisure Economy）成為必修課，臺灣大學通識中心也將其列為選修課。

　　觀光景點的主角是主題樂園（Theme Park），本書以四章篇幅，以全球主題樂園霸主的迪士尼度假區（Disney Resort）中的中國大陸上海迪士尼為例子，具體說明。

學習影片 QR code

第三篇　迪士尼的崛起與發展

11-1 從行銷研究了解遊客動機遊樂園的分類－以英國默林娛樂集團為例

人們休閒活動，有各種型態，小到在家養寵物（魚狗貓）、從事園藝，大至離家和親朋共度快樂的時光，例如到風景地點走馬看花的看風景和吃美食，享受美好時刻。因此景點之一的「遊」（中稱游）樂園成為主流，由於在遊樂設施、表演等，能滿足遊客多種需求。

本單元從顧客的需求層級，例如馬斯洛的需求層級，來把遊樂園分成五大類，許多遊樂園皆具備其中兩種以上性質。

一、人們光臨遊樂園的動機：

有關遊客在遊樂園的實證論文，大約起於 1991 年，較主要的有兩人。

1. 美國北達科他州立大學教授 Kwangsoo Park

例如 2009 年，他三人在〈Event Management〉期刊上論文 "Visitors' motivation for attending theme parks in Orlando, Florida"

2. 挪威的內陸挪威大學應用科學大學教授 Jones Karlsen Astrom

這二位的論文，問卷調查回卷 200 位，很低，使用集群分析，得到結果跟表 11-1 很接近。

二、遊樂園的分類

人們到遊樂園（Amusement Park），至少有五種動機，本書以伍忠賢（2020 年）商品五層級予以區分，由表 11-1 可見，由低往高越往上進入門檻（以園區面積來說）越高，入場券（Admission Ticket）的票價（Admission Fee）越高。

1. 60 分，核心效益，庭院、公園，滿足輕鬆需求

這是從富人「庭院」出發，最大到皇宮的庭院；對公眾來說，則是公園，有特色的稱為「花園」、「植物園」。

這是滿足人的興奮動機之一的休閒。

(1) 休閒（Leisure），例如遊山玩水。

(2) 娛樂（Recreation），例如打球。

田表 11-1　遊樂園的遊客需求與園方供給

需求端：遊客（公司、家庭、個人）				供給端：遊樂園	
顧客動機	得分	面積（公頃）	成人票價（美元）	商品層級（高至低）	遊樂園分類
夢幻與神秘（Fantasyand mystery）	100	40	70	五、潛在商品（Potential products）	情境模擬（Situational simulation）
學習、科學與技術（Learning, science and technology）	90	30	50	四、擴增商品（Augmented products）	主題（Theme park）
輕度享受（Light enjoyment）	80	20	30	三、期望商品（Expected products）	風土民情體驗（Customs culture examples）1. 地方（都市、鄉村）2. 異國文化（Culture）
興奮（Excitement）1. 遊憩（Recreation）	70	10	20	二、基本商品（Basic products）	遊樂設施（Attraction）
2. 休閒（Leisure）	60	5	10	一、核心效益（Core benefits）或核心產品（Core products）	觀光（Tourism）

® 伍忠賢，2020 年 4 月。

2. **70 分，基本商品，「遊樂園」，滿足「刺激」需求**

這種遊樂園，主要來自遊客對機械式遊樂設施（Attraction）的兩項需求

(1) 好玩：主要是旋轉木馬、摩天輪、旋轉杯等。

(2) 刺激：主要是雲霄飛車、海盜船、大怒神等，給顧客帶來「尖叫」的刺激，全球主題樂園中最著重雲霄飛車的則屬美國六面旗樂園（Six Flags）。

3. **80 分，期望商品，風土民情體驗**

其核心效益偏重益智性。

(1) 歷史文化：最常見是古蹟再現。

這種入門門檻最低，大抵弄個老街便稱為「文化村」；弄些古建築等，便稱為影視城，出租給傳播公司拍片，也賣門票給遊客入園參觀，對遊客來說，「紅利」是有機會看到明星拍片。

(2) 科技娛樂：以環球影城（Universal Studios）來說，便是把電影精彩拍攝場景再現。

4. **90 分，擴增商品，主題樂園**

有主題的餐廳、旅館，稱為主題餐廳、主題旅館；同樣的，有主題的遊樂園，稱為主題樂園（Theme Park），例如 2012 年成立的馬來西亞柔佛州樂高樂園。

5. **100 分，潛在商品，情境模擬**

這是遊樂場的最高商品層級，主要功能在於滿足人們夢幻（Fantasy）、神秘（Mystery）的需求，以暫時脫離現實生活的時空。

把卡通（Animation）場景再現最著名的是迪士尼樂園，讓遊客把自己「投射」到場景中。

三、英國默林娛樂集團

全球第二大客流量的遊樂園默林娛樂集團（詳見小檔案），這是一個 2007 年起靠收購英澳紐樂園，而快速成長的集團。旗下機構 100 家以上，依主題樂園五層級，包括三個層級。

1. 60分等級觀光、60分等級樂園的「短途景點」

(1) 杜莎夫人蠟像館（Madame Tussauds），全球20國約23個城市設館。

(2) 水族館（Sea Life）約34個大城市。

(3) 地牢（The Dungeons）約11個城市有。

2. 70分等級的度假主題公園

(1) 澳大利亞的維多利亞省的二個度假村（Resort）。

(2) 佩佩豬主題樂園（Peppa Pig World），可說是英國版迷你的迪士尼樂園，這是英國卡通影集，再延伸到手機遊戲，2019年起進而擴大到主題樂園。

3. 80分等級的主題樂園

樂高樂園（Legoland）是丹麥版的小型迪士尼樂園，源自拼圖樂高，1968年在丹麥比隆市開第一家，分為室內的探索中心22家、室外的樂園14家。（詳見中文維基百科樂高樂園）

公司小檔案

默林娛樂集團（Merlin Entertainment Group, PLC）

成立：1998年12月，英國倫敦證券交易所上市

住址：英國普爾市，員工約27000人

董事長：John Sunderland

總裁：Nick Varney

營收：2019年度17.4億英磅（+2.95%）

資訊小幫手

有關遊樂園旅客動機的重要論文

時：2011年5月

地：美國阿肯色州小岩城

人：Gary L. Geisslen 和 Gneway T. Qcche，前者是阿肯色大學商學院教授。

事：在〈Vecelion Marheting，期刊上，The overall theme, park experience：A visitor satanis actim tracking study〉，第127～178頁，論文引用次數71次。

11-2 　歐美中主題樂園發展沿革

由表 11-2 可見，全球遊樂園（Amusement Park）歐美中的三個階段發展，這跟經濟、人口有關。

一、1583 年起，丹麥

丹麥位於北歐，是童話故事作家安徒生的故鄉，1492 年起由於大航海時代，西班牙、葡萄牙因開採銀礦，國家變富有，大量從周邊國家（主要是法國等）進口，帶動歐洲經濟成長。丹麥也雨露均霑，1583 年，在首都哥本哈根市蓋了全球第一座遊樂園。

二、1955 年起美國加州迪士尼度假區公司

經濟背景是二次大戰後嬰兒潮（1946 ～ 1965 年 Post-World War II Baby Boom）美國約 7,600 萬人，帶動家庭娛樂支出，迪士尼公司成立迪士尼度假區公司，推出第一個加州迪士尼度假區。

由於地處加州洛杉磯市中區之東南，車程 20 分鐘（距離 45 公里），一開始時擔心交通不便，所以「樂園加旅館」的度假區（Resort）方式經營。這也成了之後迪士尼度假區的必備規格。

田表 11-2　歐美中第一座主題遊樂園沿革

時	1583年	1955年7月17日	1989年10月
地	丹麥 哥本哈根市北邊 10公里	美國加州 安納翰市	中國大陸 廣東省深圳市南山區
人	Kristen Piil	迪士尼集團	華僑城集團公司
事	巴根遊樂園（Bakken, DH）每年250萬人次，每年3～8月開放，主軸是852公尺的雲霄飛車，1932年推出。	迪士尼度假區，兩個樂園，入園人次約5000萬。	華僑城，錦繡中華，縮小版的主建築，4個主題園區： 1. 錦繡中華 2. 中國民俗村 3. 世界之窗 4. 歡樂谷 入園人次約2200萬。

資料來源：整理自英文維基百科 Dyrehavsbakken，維基百科巴根遊樂園。

三、1989 年 10 月起，中國大陸

　　1979 年中國大陸經濟改革開放，先開放廣東省珠江三角洲，經歷十年發展，已能支撐家庭娛樂消費，由表 11-2 可見，國務院國有資產監督管理委員會（2003 年 4 月成立）旗下廣東省深圳市華僑城集團推出首座「遊」（中稱游）樂園。（樓面，「深圳軼事—華僑城」，旅遊、每日頭條，2019 年 11 月 30 日）

中國大陸主題樂園沿革

時：2016年6月13日

地：中國大陸

人：江雁南，端傳媒（香港，2015年8月成立）記者

事：在（端傳媒）上「中國主題樂園進化史」

11-3　全景：全球主題樂園優勢劣勢分析

　　全球 194 國（聯合國會員），各國有外來的、本土的主題樂園，以營收來說，如同美國迪士尼公司佔全球電影收入一半。大勢已定，環球影城、六面旗等分食另一半市場，本單元詳細說明。

一、全球資料來源

　　由表 11-3 可見，全球主題樂園的市場調查公司有兩家，依主流程度區分。

1. 主流市調：美國艾奕康工程顧問公司

　　美國艾奕康公司（AECOM）因業務需求，本身便須了解全球主要國家的大型土木工程（國家基礎建設、民間的主題樂園等）的興建計畫。全球主題娛樂協會（TEA，詳見小檔案）跟其合作，每年 5 月發表〈全球景點遊客量報告〉等。

2. 次主流市調：印度公司

Wise Guy 研究顧問公司，一年出兩次主題樂園的報告。5 月 2 日，偏重入園人次等統計數字；9 月 9 日，偏重 SWOT 分析。

田表 11-3　全球遊樂園的資料來源

時	每年5月14日	每年5月
地	印度馬哈拉施特拉邦浦那市	美國加州伯班克市
人	Wise Guy研究顧問公司	主題娛樂協會（TEA）與美國艾奕康（AECOM）
事	在Wise Guy市場研究報告，全球樂園規模狀態與預測，以2020年來說。 1. 時： 　(1) 歷史2014～2019年 　(2) 預測2020～2026年 2. 地（洲）： 　(1) 美 　(2) 歐 　(3) 亞：中、日、東南亞、印度 3. 事： 　(1) 科學主題樂園 　(2) 音樂／藝術主題樂園 　(3) 其他主題	《全球景點遊客量報告》、〈全球主題公園和博物館調查指數〉

公司小檔案

艾奕康工程顧問公司（AECOM）

成立：1990年，美國紐約證券交易所股票上市，2020年股價約45美元

住址：美國加州洛杉磯市

資本額：1.5722億美元

董事長：Michael S. Burke；總裁：John Dionisio

營收：（2019年度）202億美元，美國《財富》雜誌500強中第156名

淨利：（2019年度）－2.61億美元，每股淨利－1.66美元

主要產品：全球基礎設施（鐵路、橋、大樓、體育館甚至奧運場館）

主要客戶：各國政府、大型公司

員工數：48,800人

資訊小幫手

主題娛樂協會（Themed Entertainment Association, TEA）

成立：1991年，由Monty Lunde二人成立

地點：美國加州伯班克市

人：1,600家公司是會員

事：從1994年起，每年3月左右，頒發協會獎項，包括遊樂設施、博物館、主題公園（陸上、水上）等。

[資料來源：整理自英文維基百科 Themed Entertainment Association]

二、美中資料來源

美中是全球第一、二經濟國，總產值佔全球總產值 40%；在主題樂園行業的產值佔全球產值比 40% 還高。相關市場調查公司，詳見表 11-4。

附表 11-4　美中有關遊樂園產業的著名研究公司

時	每年3月	每年8月16日	每年3、10月	每年12月
地	美國加州洛杉磯市	中國大陸廣東省、香港	中國大陸廣東省廣州市	北京市
人	IBIS World，公司成立於1971年，產業研究公司。	艾媒諮詢（iiMedia Research）2007年成立，是中國大陸專攻網際網路行業的產業、市場調查公司。	廣州掌淘網科技公司，2012年9月成立，資本額人民幣一億元。	遊藝機遊樂園協會
事	發布「美國遊樂園」的市場研究報告，預測期間（當年與未來五年），年成長率約1～7%。	發布（當年迄未來三年全球及中國主題公園運行大數據及行業升級趨勢報告）。	在MobData（兩年整理）的行業分析，稱為（某年主題公園研究報告）。	四類主題公園遊客分析

三、產業結構

時間：2008 到 2018 年。

人物：英文維基百科 List of amusement park rankings。

事情：全球主題樂園的入園人次來統計，分成五種項目。

1. 以公司（集團）為統計對象，全球前 10 大，詳見表 11-5

(1) 美國公司五家。

(2) 中資公司三家：偏重歐洲式。

　　a. 優勢：娛樂互動性強、主題鮮明。

　　b. 劣勢：智慧財產權較少。

表 11-5　2018 年全球十大主題樂園公司

排名	國家	城市	樂園	人次（億）	主題樂園
1	美國	加州伯班本克	迪士尼	1.5731 (＋ 4.9%)	6個度假區，旗下12個樂園
2	英國	多塞特郡普爾	默林娛樂	0.67 (1.5%)	20多個，杜莎夫人蠟像館、海洋世界、樂高公園
3	美國	加州洛杉磯	環球影城娛樂	0.5 (1.2%)	5個影城 美國2個、日本大阪市、新加坡、中國大陸北京市（20年21月5日起）
4	中國大陸	廣東省深圳	華僑城 （OCT Park）	0.4935 (15.1%)	4個樂園以上
5	中國大陸	廣東省深圳	華強方特 （Fantawild）	0.42 (9.3%)	16個樂園，另7個興建中
6	中國大陸	廣東省廣州	長隆 （Chimelong）	0.34 (9.6%)	廣東省廣州市、珠海市
7	美國	德州大草原城	六面旗 （Six Flags）	0.32 (5.3%)	30家主題公園、水上樂園
8	美國	俄亥俄州桑達斯基	雪松會娛樂 （Cedar Fair）	0.259 (0.7%)	13個主題公園
9	美國	佛州奧蘭多	海洋世界娛樂	0.2258 (8.6%)	12個主題公園
10	西班牙	馬德里	團聚公園 （Parques Reunidos）	0.209 (1.5%)	12國、50多個水上樂園
全部				5.01	

資料來源：部分資料整理自英文維基百科 List of amusement park rankings。

(3) 英、西班牙各一家。

英國默林娛樂、西班牙團聚公園，默林看似入園人次居全球第二，但由於一半以上都是算短途遊客，入園票價低，以致營收上不來，默林營收約 23 億美元，跟東京迪士尼度假區 43.4 億美元的一半。

2. 以樂園為統計對象，全球前 25 大，詳見表 11-6

3. 以各洲區域（北美、拉美、歐洲、亞太）20 大

4. 水上樂園（Water Park）

田表 11-6　全球前 12 人多主題樂園

單位：萬人次

排名	國	州／省	市／區	樂園	2017	2018	2019
1	美	佛洲	布納維斯塔湖	迪士尼	2045	2086	2296.3
2	美	加洲	安納翰	迪士尼	1830	1867	1867
3	日	千葉縣	浦安市	迪士尼	1660	1791	1791
4	日	千葉縣	浦安市	迪士尼海洋	1350	1465	1465
5	日	－	大阪市	環球影城	1494	1430	1450
6	美	佛洲	布納維斯塔湖	迪士尼動物王國	1250	1375	1389
7	美	佛洲	布納維斯塔湖	迪士尼未來世界	1220	1244	1244
8	中	上海市	川沙新鎮市	迪士尼	1100	1180	1121
9	美	佛洲	布納維斯塔湖	迪士尼好萊塢影城	1072	1126	1092
10	中	廣東省	珠海市	長隆	980	1087	1173.6
11	美	佛洲	布納維斯塔湖	環球影城	1020	1071	1037.5
12	美	加洲	安納翰	迪士尼冒險樂園	957	986	986
小計					47580	51020	51240

資料來源：整理自美國主題樂園協會與 AECOM，2020 年 7 月 25 日。

11-4 中國大陸主題樂園業 SWOT 分析：機會威脅分析

　　以行銷管理書上總體環境（俗稱大環境），來分析中國大陸主題樂園的商機與威脅，詳見表 11-7。

一、政治／法令

　　由表 11-7 可見，旅遊業有五大特性：內生的創新引領性、協調帶動性、開放互動性、環境友好性、共建共用性，一向是重點行業，尤其是較少工業化的省。

1. 1980 年改革開放起

旅遊（中稱游）業成爲重點行業。一般來說，相關用詞有「旅遊大國」、「國民經濟建設的前沿（前沿，the frontier，即極限）」、「成爲國民經濟策略性支柱產業」、「全面融入國家策略（中稱戰略）體系」。

2. 十三五規劃到十四五（2021 ～ 2025 年）規劃

(1) 時間：2016 年 12 月 26 日。

(2) 人物：國務院。

(3) 事情：印發（十三五旅遊業發展現況的通知）。

田表 11-7　從總體環境分析中國大陸主題樂園的機會威脅

總體環境	影響方向	說明
一、政治／法令 　　1. 政治	正	1. 1980年以來，國務院一直把發展國內旅遊政策視爲重點政策等。 2. 省市政府 　對大型主題樂園在高速公路（匝道）、地鐵（捷運）站、公車站等交通便利，皆會盡量配合。
2. 法令	正	2013年4月25日發布旅遊法，10月實施，對業者較有規範，對顧客較保障。 以對智慧財產權（IP）的保障來說，有助於打擊樂園（含遊樂設施、商品抄襲、剽竊）。

總體環境	影響方向	說明
二、經濟／人口 　1. 經濟		
(1) 人均總產值	正	2020年人均總產值11,000美元，上海市22,000美元，在樂園票價上漲幅度比人均總產值成長幅度小，每人消費能力提高。
(2) 所得分配 　　（例如吉尼係數）	正	一般來說，主題樂園是中所得人士的休閒方式，所得分配越平均，消費客群基礎越大。
2. 人口	正	2020年約14.1億人，婦女總生育率約1.5人，人口自然成長率0.3%，每年約淨增加500萬人。
(1) 人口總數	負	預計2030年14.41億人後，人口衰退。
(2) 年齡增加		
a. 兒童比率 　　　（15歲以下）	負	佔人口數17%，處於少子女化。
b. 老年化比率 　　　（60歲以上）	負	佔人口數18%，快速老年化，一般來說，老年人不是主題樂園的主力客群，主力客群18～39歲，佔遊客數53%。
三、文化／社會 　1. 文化	正	以全球六個迪士尼度假區來說，只有巴黎，法國人對美國文化象徵的迪士尼影城較排斥。
2. 社會	正	迪士尼影業向中國大陸傾斜（例如：花木蘭電影）等。
四、科技／環境 　1. 家庭內遊戲取代戶外休閒	負	2000年起，美國人民休閒方式轉向3C產品（包括手機遊戲、電腦的玩樂），取代戶外遊樂。
2. 氣候		
(1) 極端溫度： 　　　高溫、遽冷	負	跟日本東京都比較，上海市平均溫度約高攝氏3度。
(2) 極端氣候： 　　　豪雨、下雪	負	這對以戶外為主的主題樂園比較不利。
3. 水電空氣	正	遊樂園一半在戶外，空氣品質改善，有助於人民戶外活動。
4. 疾病	負	新冠肺炎等。

® 伍忠賢，2020 年。

二、經濟 / 人口：經濟

「經濟 / 人口」中的「經濟」，以人均總產值、所得分配來說，對旅遊業都是好消息。

1. 經濟成長率

2015 年起，邁入中高速（8% 以下）經濟成長率，但速度仍算高。

2. 所得分配

以吉尼係數（中稱基尼係數）來說，從 2008 年 0.491 往下降，2019 年 0.465，這代表所得分配不平均程度降低。換另一個角度說，以中所得階級（美國富比世雜誌定義，年薪 1 ～ 6 萬美元，年齡 25 ～ 45 歲，城鎮中）約 3 億人，而且比率在成長中。

三、經濟 / 人口：人口

總體四大因素中「經濟 / 人口」中的「人口」來說，對主題樂園來說，是「壞消息」。

1. 預計 2030 年，人口數衰退

中國大陸每年人口淨增加 500 萬人，隨著「單身化」、「少子女化」的發展，人口在 2029 年到達頂點 14.42 億人，之後人口數目衰退，2065 年 12.48 億人。

🔍 資訊小幫手

中國大陸人口2030年衰退資料來源

時：2019年1月6日

地：中國大陸北京市

人：中國社會科學研究院旗下人口與勞動經濟研究所

事：發布（人口與勞動綠皮書）

2. 人口高齡化

樂園的主力市場在 18 ～ 40 歲人口，中國大陸老年化（指 60 歲以上）比率 18%，這些人沒體力或沒興致在主題樂園玩。

3. 總體資料來說

各國基於統計法等緣故，許多行業統計資料以官方統計數字為準，由表 11-8 可見，主要有兩個資料來源。

(1) 原始資料：來自旅遊業的中央主管機關文化和旅遊（中稱游）部附屬的旅遊研究院，其次是消費行為的攜程網。

(2) 次級資料：國務院旗下的國家統計局。

4. 旅遊業對經濟的重要性

由表 11-9 可見，從生產因素市場、商品市場，皆可見旅遊業對經濟的重要性，「旅遊業」的定義可分為狹義（即文化和旅遊部主管的行業）、廣義（包括商務部、農業部等主管行業），對就業、總產值的貢獻皆舉足輕重。此處，沒找到旅遊業對經濟成長率的資料貢獻。

田表 11-8　中國大陸國內旅遊、出境旅遊資料來源

時	人	事
1月19日	文化和旅遊部旗下旅遊研究院	〈旅遊經濟運行盤點〉系列
2月12日	文化和旅遊部旗下旅遊研究院	旅遊市場基本情況報告
2月28日	國家統計局	公布〈國民經濟和社會發展統計公報〉
3月14日	文化部與攜程旅遊大數據聯合實驗室	中國旅遊統計年鑑發表〈中國遊客出境遊大數據報告〉 母體：護照1.73億本
8月11日	旅遊研究院 國際所（所長楊勁松） 統計與經濟分析中心（所長何瓊）	母體：3億會員 商店：7000多家店 發表〈出境旅遊發展年度報告〉

資訊小幫手

中國大陸文化和旅遊部

時：2018年3月10日

地：中國大陸北京市

人：文化和旅遊部（前身之一是國家旅遊局）

事：直屬事業單位：旅遊研究院（2015年12月加掛文化和旅遊部數據中心）

2008年6月6日成立，下設三種處級單位：

1. 3個行政處

2. 5個研究所（中心）

3. 一個實驗室

〔部分整理自中國旅遊研究院簡約版簡介〕

⊞ 表 11-9　2019 年中國大陸文化和旅遊部推估旅遊業對經濟貢獻

幣別：人民幣

項目	生產因素市場	商品市場
1. 全部	工作人口7.7468億人	總產值人民幣99.486兆元
2. 廣義（含間接）	含間接就業0.7987億人	綜合貢獻10.94兆元
3. ＝ (2) / (1)	10.31%	11.05%
4. 狹義	直接就業0.2825億人	6.63兆元
5. ＝ (4) / (1)	3.647%	6.69%

資料來源：中國大陸文化與旅遊部之中國旅遊研究院，2020 年 3 月 10 日。

資訊小幫手

2019年中國大陸旅遊市場

時：每年每月10日

地：中國大陸北京市

人：中國旅遊研究院

事：發布旅遊市場基本情況

四、主題樂園的地區分布

由表 11-10 可見，近 300 個主題樂園，跟七大區的人口佔全國人口比率相近，嚴格來說，表中第五、六欄比較，分三種情況。

⊞表 11-10　中國大陸七大區人口與樂園分配圖

單位：%

大區	省／市	人口（億人）	人均總產值（美元）	(1)佔全國人口比率	(2)樂園分配率
東北	遼寧省	0.44	9593	8.87 氣候：不佳、寒帶 交通：不方便	8
	黑龍江省	0.377	6529		
	吉林省	0.27	8748		
華北	河北省	0.76	7219	12.5 氣候：稍差、溫帶 交通：方便	12
	山西省	0.37	6850		
	內蒙古	0.25	10322		
	北京市	0.215	21100		
	天津市	0.156	18021		
華東	山東省	1	11525	32.12 氣候：普通、亞熱帶 交通：方便	34
	江蘇省	0.8	17445		
	安徽省	0.64	8479		
	上海市	0.24	20421		
	浙江省	0.517	14907		
	江西省	0.465	7193		
	福建省	0.4	13838		
華南	廣東省	1.135	13058	12.9 超標 氣候：佳、熱帶 交通：方便	17
	廣西省	0.5	6270		
	海南省	0.1	7851		
	港澳省	0.07	4860		
華中	河南省	0.96	7597	15.14 氣候：普通、亞熱帶 交通：方便	12
	湖北省	0.6	10079		
	湖南省	0.56	8001		

大區	省／市	人口（億人）	人均總產值（美元）	(1) 佔全國人口比率	(2) 樂園分配率
西北	陝西省	0.39	9769	8.1	6
	甘肅省	0.26	4735	氣候：稍差、溫度低	
	青海省	0.06	7100	交通：不方便	
	寧夏省	0.07	8175		
	新疆省	0.25	7567		
西南	四川省	0.83	8085	15.626	13
	重慶市	0.31	10007	氣候：溫帶	
	雲南省	0.48	5629	交通：稍不方便	
	貴州省	0.36	6233		
	西藏省	0.03	7089		

資料來源：整理自艾奕康工程顧問公司人口，2019 年。

1. **高於人口比率**：華東、華南

這兩大區，主題樂園比率超過人口比率，主因是人均所得在全國中較高，再加上氣候屬於亞熱帶附近。

2. **跟人口比率相近**：華北、東北

華北、東北屬於溫帶地區，氣候上比較不適合主題樂園，但主題樂園旺季在暑假，溫帶地區夏天氣候宜人。

3. **低於人口比率**：華中、西北、西南

西北、西南地處偏僻，較少工業、服務業，人均所得較低。比較例外的是華中地區，主題樂園比率低，後勢看好。

11-5 SWOT 分析中，機會威脅分析 II：威脅

對遊樂園的威脅主要是科技（即替代品），我們把大自然放在科技面討論，主因是「人定勝天」，但 2015 年以來，極端氣候加上流行病（俗稱天災），遠遠超過人所能掌握。

一、科技之線上遊戲到社交媒體

從 1990 年代後誕生的 X、Y 世代，從小就熟悉 3C 產品，俗稱「數位原住民」，最極端共同特徵是「3C 產品成癮」，只是強弱之分罷了。「宅男」、「宅女」的特色之一就是放假不出門玩 3C 產品。

1. 2000 年起，美國迪士尼樂園漸受威脅

2000 年起，隨著 4G 技術逐漸普及，手機上網比個人電腦上網方便，臉書、IG（Instagram）、抖音、微博等社交媒體（social media，或社群媒體），兼具影音功能，內容強大。網友們黏在 3C 產品上（詳見小檔案），戶外運動越來越走下坡，高爾夫球等首當其衝。美國加州、佛州迪士尼度假區也感受「3C 產品」的威脅。

2. 2010 年起，中國大陸宅男宅女越來越多

(1) 中國大陸的 3C 產品遊戲很多，再加上一年三次大假，到處塞車、塞人（電視每次都拍八達嶺長城寸步難行）。有人估計「diao 絲（即宅男宅女）」約 5.6 億人。

(2) 宅在家比率越來越高。

二、科技之疾病：以新型冠狀肺炎（Coronavirus COVID-19）來說

2020 年 1 月 23 日，中國大陸湖北省武漢市封城，以對抗新型冠狀肺炎，之後，歐美等疫情蔓延，2020 年全球約 4,200 萬人確診，約 145 萬人死亡。三種以上疫苗美國最快 2020 年 10 月上市，才有「全體免疫」，這標準極高，連流行感冒疫苗接種率 45%，僅老年人、需學生超過 60%。

如此一來，各景點勢必實施入全檢測、遊客戴口罩、洗手、維持社交距離（Social Distancing）、人流管制，這些都將造成主題樂園的入園人次打折。

三、環境之氣候

遊樂園有分室內、室外，室內的好處是不受氣候影響（有空調），但是造價高，反映在票價上是露天遊樂園的四倍以上。縱使室內樂園也受極端氣候的影響，例如豪大雨（甚至颱風、豪大雪（極寒）、酷暑（攝氏 32 度以上），都會打擊人們出門去玩的興趣，詳見表 11-11。

田表 11-11　中國大陸三大氣候區

雨量	年均溫	10度c	–	20度c	30度c
	一月均溫	0度c以下	–	0～18度c	18度c以上
	一、季風氣候 七大區之六大區	寒	溫帶	亞熱帶	熱帶
		東北	華北	華東 華中 西南	華南
年雨量 50公分以上	二、乾燥氣候 （一）草原	西北			
年雨量 25公分以下	（二）沙漠	西北之青海	西南之西藏		
	三、高地氣候 （3000公尺以上）	–	–	7月均溫 20度以下	–

資料來源：整理自我要讀地理系列，中國大陸的氣候。

全球各國人民上網行為每年報告

時：每年約2月1日，公布去年的統計

地：加拿大溫哥華市

人：Hootsuite（社群整合發文平台，2008年12月上線），We Are Social公司
（美國紐約市，數位行銷公司）。

事：發布150國的市場調查，全球約57%（約45億人）人口上網，每日平均
「上網」（合併計算多項活動，例如看電視、聽廣播、讀書、上班）時間
6小時42分鐘，美國6小時31分鐘，中國大陸5小時52分鐘。

11-6 中國大陸境內旅遊產業 SWOT 分析 III：
統計數字分析

　　在分析中國大陸境內旅遊業產業規模時，你會發現中國大陸文化和旅遊部使用
「出境／入境」人次，至於國內旅遊也是只「境內」。

以日本東京迪士尼度假區的國內、外國人次比 90 比 10 來說，跟中國大陸的上海迪士尼度假區定義不同，所以，本單元依序說明。

一、近景：國內旅遊佔主題樂園市場 90%

2019 年中國大陸境內旅遊人數達 60 億人次，成長率 8.4%。

以迪士尼度假區來說，加州有兩個樂園（迪士尼、冒險），外州遊客可能住宿，分二天好好玩。至於上海迪士尼，只有一個樂園，主要以三小時交通時程內居民為主力，偏向國內遊樂為主，詳見圖 11-1、11-2。

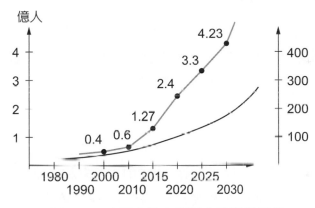

▷▷圖11-1　中國大陸中所得人數與樂園數

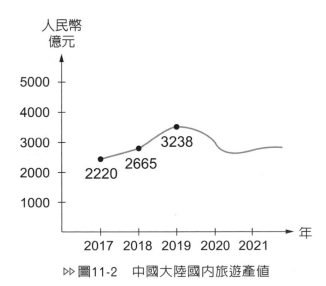

▷▷圖11-2　中國大陸國內旅遊產值

二、入境旅遊頂多佔主題樂園市場 10%

以 2019 年入境 1.45 億人次來說，文化和旅遊部公布的數字跟世界旅遊組織的數字是不同的，詳見表 11-12。

1. 入「境」人數中：「純外國人」佔 22%，港澳佔 74%

1.45 億人次看似很大，這是定義問題，中國大陸把香港、澳門、甚至臺灣，視為「境外」。如果只算港澳，就佔 1.073 億人，這些人主要是港澳居民通勤到廣東省（主要是深圳市）上班，其次是購物（中國大陸物價較低）。

2. 嚴格來說，過夜入境佔 45%

一般在計算國際旅客只計算隔夜的，以加拿大到美國「不用」簽證來說，每天加拿大人開車到美國工作、購物，大都當天來往返，不算國際旅客。以此來說，中國大陸 1.45 億入境人次有 40% 是旅客。

3. 世界旅遊組織（UNWTO）的排名

把入境的旅客粗分成旅遊、旅遊以外，世界旅遊組織每年會公布各國旅遊人次排名，旅遊是採取「過夜人數」來算。以 2019 年來說，前五名如下：法國（9,000 萬人次）、西班牙（8,300 萬人次）、美國（8,000 萬人次）、中國大陸（6,300 萬人次）、義大利（6,250 萬人次）。

田表 11-12　全球與中國大陸入境旅客的分類

大分類	目的	2019年中國大陸入境		
		1.45億人次	國籍／地區	1.313美元
一、過夜	(一) 度假55%	佔45%	1. 外國人佔17.2% 即0.25億人	58.7%
	(二) 探親友27% 醫療 宗教與其他	－	2. 港澳台佔82.8% 港：佔70% 澳：佔4.2% 臺：佔6.8% 其他：1.83%	21.7% 7.23% 12.34%
	(三) 洽公13%	－	－	－
	(四) 沒特定5%	－	－	－
二、當日往返		佔55%	－	－

 **資訊小幫手**

世界旅遊組織（United Nations World Tourism Organization, UNWTO）

時：1975年1月2日

地：西班牙馬德里市

人：154個成員國

事：聯合國15個專門機構之一，成立宗旨在促進和發展旅遊事業，以利於經濟
　　發展。

章後習題

一、選擇題

( ) 1. 中國大陸號稱入境旅客每年有 1.45 億人次,主要來自哪裡? (A) 港澳 (B) 日本 (C) 美國。

( ) 2. 中國大陸號稱一年出境旅客 1.55 億人次,主要去哪裡? (A) 港澳 (B) 日本 (C) 美國。

( ) 3. 中國大陸人口約 14 億人,2019 年國內旅遊人次約多少? (A)14 億人次 (B)28 億人次 (C)60 億人次。

( ) 4. 中國大陸出國人次不多主因在哪? (A) 護照 2 億本 (B) 人均總產值有限 (C) 沒空。

( ) 5. 以金額來說,旅遊業產值佔國內生產毛額比率? (A)1% (B)10% (C)20%。

( ) 6. 中國大陸旅客出境、出發城市第一名為? (A) 上海市 (B) 北京市 (C) 廣東省廣州市。

( ) 7. 中國大陸旅出境人均支出最大的城市為? (A) 吉林長春市 (B) 北京市 (C) 上海市。

( ) 8. 中國大陸旅客出國第一名的國家是? (A) 泰國 (B) 日本 (C) 越南。

( ) 9. 中國大陸出境人次中,哪種性別居多? (A) 女性 (B) 男性 (C) 第三性。

( )10. 中國大陸出境旅遊主力年齡層是哪年代? (A)1980 年代 (B)1990 年 (C)1970 年代。

二、問答題

1. 2018 年 3 月,中國大陸國務院下組織再造成立「文化和旅遊部」,這比原國家旅遊局時如何?(預算、位階等)

2. 把中國大陸國內旅遊人次每年作表,從 2000、2005、2010、2015、2020 年成長率如何?

3. 影響中國大陸出境旅客到某國主要影響因素有哪些?

4. 中國大陸如何吸引境外旅客?

5. 中國大陸國內旅遊政策趨勢分析。

個案12
全球迪士尼度假區分析

有人加有錢，迪士尼樂園會贏

　　一座迪士尼度假區 50 公頃，每年到訪人次必須 1000 萬以上才有可能賺錢。工學院中土木建設系都市計畫組、觀光學院等喜歡談選址該考慮什麼因素。

　　本單元以行銷管理書中的總體環境，以製作表格方式，把各中類因素整理出來，由美日法中六座迪士尼度假區來說，答案很簡單：北緯 30 度以下（冬天不太冷）、腹地人口 1 億人、人均總產值 1 萬美元以上，符合這條件的還真不多，印度、印尼、巴西等人口大國都卡到第三點，而不能發展。

學習影片 QR code

12-1 全景：全球 6 家迪士尼度假區比較

如果你是位產業（例如觀光旅遊業）、證券分析師，想分析上海迪士尼度假公司未來五、十年的前景，你覺得它會比較像五個迪士尼度假區的哪一類？

1. **將星下沈組（虧損）**：法國巴黎、中國大陸、香港

2. **帥星上升組**：美國加州、佛州或日本東京迪士尼

   我的答案是像日本迪士尼，「天時（北緯 30 度）、地利（在中國大陸東部）、人和（3 小時交通時間內 5 億人）」。

   本單元先拉個廣角鏡頭看：

一、全景：美國迪士尼度假區公司手上六張牌

套用實用 BCG 模型，X、Y 軸門檻值因產業而異，主題樂園產業是成熟行業，詳見圖 12-1、表 12-1、圖 12-2。

1. **X 軸**

   淨利率 17%，三家有獲利的迪士尼度假區，以東京迪士尼的淨利率比較低，所以以此作為高低分水嶺。

2. **Y 軸**

   產業產值成長率 3%，主題樂園行業是「人」的行業，工業國家人均總產值成長率 0.5% 以下，中國大陸約 5%。Y 軸是產業值成長率，以 3% 為分水嶺。

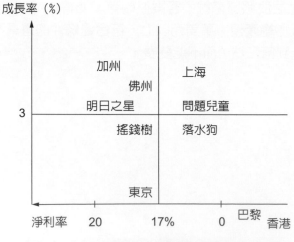

▷▷圖12-1　全球六家迪士尼度假區BCG分析

二、近景：落水狗階段的法國巴黎、中國大陸香港迪士尼

1. 法國巴黎迪士尼

法國巴黎迪士尼度假區樂園遊園人數一直拉不起來（1,000 萬人次），原因有三：

(1) 巴黎市緯度太高（北緯 48 度），冬天太長，人民戶外活動意願低。

(2) 法國甚至歐洲經濟低迷（例如 2010、2015 年二次歐債風暴）。

(3) 人禍連連，2015 ～ 2016 年恐怖份子攻擊。

2002 年開第二個樂園迪士尼影城，法國人不喜歡美國文化相關事務，年入園人次一直在 525 萬人次。

選錯地點與樂園型態，屋漏偏逢連夜雨，舉債金額高，再加上利率高，只有 2008 年，樂園入園人次 1,270 萬人，損益兩平。

2009 年以後，全球金融海嘯、再加上上述因素，總入園人數跌到 1,500 萬人次，持續虧損。

2. 中國大陸香港迪士尼度假區

香港迪士尼受限於腹地太小，入園人次一直衝不高，只有 2012 ～ 2014 年小賺。入園人次 670 ～ 750 萬人次，其他年皆虧損。2019 年度 670 萬人次，虧損 0.1365 億美元。（詳見中文維基百科「香港迪士尼樂園」）

三、近景：搖錢樹階級的日本東京度假區

日本地狹人稠，對美國文化親近，東京迪士尼開園後 3 年（1987 年）虧損兩平，之後便持續獲利。

四、近景：明日之星階段的美國加州和佛州

美日兩國人均總產值（人均 GDP）4 萬美元以上，二座迪士尼度假區是迪士尼度假區公司的明日之星：

(1) 美國加州迪士尼度假區。

(2) 美國佛州迪士尼度假區。

田表 12-1　全球六家迪士尼度假區比較

項目	小型	中型	中型	中型	大型	超大型
成立時間	2005.9.12	1983.4.15	1955.7.17	2016.6.16	1992.4.12	1971.10.1
一、天時 1. 北緯	22.18	35	34	30	48	28
2. 全年平均溫度（攝氏）	23.3	15.4	15.8	17	12.4	20
地利 1. 國際機場	1個	2個	1個	2個	1個	1+1
2. 客運量 （萬人次）	7500	13500 (8700 + 4800)	880	11900 (7500 + 4400)	7200	奧蘭400 邁阿密4500
二、人和 1. 人口 （萬人）	740	1375	1313（全球 4000）	2423	1230	22（全球 2150）
2. 人均GDP	49000	41000	70700	20500	43000	44500
三、地點	中國大陸 香港	日本東京都	美國加州安那 翰市	中國大陸 上海市	法國巴黎市	美國佛州
1. 面積（公頃）	126	201	206	700	1942.5	12228
2. 樂園 　迪士尼 　第二座	1 ✓ －	2 ✓ 海洋	2 ✓ 加州冒險樂 園（2001.2.8）	1 ✓ －	2 ✓ 影城	4 魔法王國 動物世界 未來世界 好萊塢影城
四、票價 　（成人） 　（一日） 1. 美元 2. 台幣	2337	1983	3038	1630	1452	5481
人次（萬） **2018年度** **2019年度** **2020年度**	620 670 －	3010 3256 2091	2787.4 2852.7 2852.7	2016年560 2017年1100 1180 1121 －	2017年1486 1514 1489 －	5811 － 5877 －
獲利狀況	2012年轉 虧為盈； 2015年起 虧損	1987年獲利	獲利	虧損	虧損	獲利

　　　　　　　　　　　　　資料來源：整理自英文維基百科 list of amusement parh ranhing。

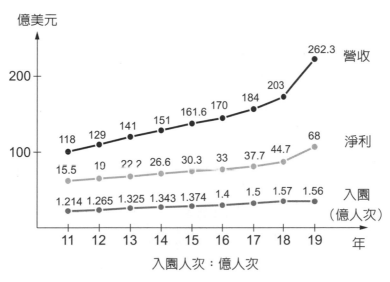

▷▷ 圖12-2　迪士尼度假區事業群

五、近景：問題兒童階段的中國大陸上海迪士尼

　　上海迪士尼度假區 2016 年 6 月 16 日開園，2017 ～ 2019 年入園人次 1,000 至 1,180 萬，成長率 6%，看似不高。你如果看美國加州、日本東京迪士尼度假區的入園人次，開園前三年，也都是緩慢上升。所以上海迪士尼可說是「問題兒童」階段，也許 2023 年以後，會開始獲利，進入「明日之星」階段。

12-2 外資公司可投資地主國進入模式

　　在國際企業管理書中，商品、服務如何進軍國外市場，成為「進入模式」。在圖中，我們開門見山的說，回答這問題考量因素跟簡單，詳見圖 12-3。

一、投資進入模式（Investment Entry Modes）

1. X 軸：地主國是否有外資投資（持股比率）限制分為兩分類：

(1) 多數情況，佔 95%

　　970 年，宋太祖趙匡胤對宰相趙普說：「臥床之榻豈容他人酣睡」，企業經營也是如此，合夥、合資都是力有未逮時的下策，人多嘴雜。所以在地主國對外資沒有持股比率（例如 49%）上限時。

(2) 少數情況，佔 5%

工業國家對外投資大都「負面表列」，大都偏重「國家安全」（國防、政府管制行業例如國家通訊傳播委員會）。

新興國家對外資公司大都「正面表列」，以核准投資。

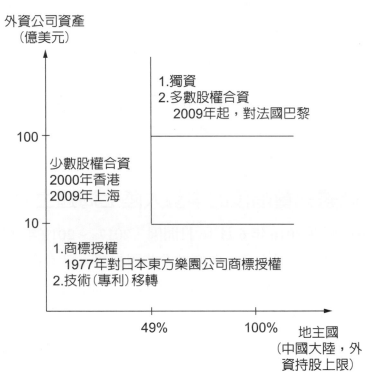

▷▷ 圖12-3　外資公司投資地主國的進入模式－以迪士尼度假區海外四座度假區進入

2. Y 軸：外資公司資產大中小

依公司資源（此處以資產為例）分三種情況，以 100、10 億美元（舉例）分三種情況：

(1) 資產 100 億美元，佔投資額 80%，出國投資設點，大公司會佔外資公司投資金額 80%。

(2) 資產 10 ~ 100 億美元，佔外資公司投資額 16%。

(3) 資產 10 億美元，佔外資公司可投資額 4%，以外資公司家數來說，會佔 80%。

二、綜合來看

X 軸兩狀況、Y 軸 3 規格，2 乘以 3 等於 6，事實上，只有三種情況：

1. X 軸：沒有投資限制；**Y 軸**：大公司

大型公司可赴地主國投資，大都會選擇 100% 持股比率，好東西不得跟別人分享

2. X 軸：不論投資限制；**Y 軸**：外資公司小公司

小公司大都採商標授權、技術轉移，賺點權利金。整廠出口機台方式資金入股，頂多取得少數（低於 33.3%）股權，分享公司獲利。

3. X 軸：外資投資限制；**Y 軸**：外資公司中大型公司

這情況下，大、中型外資公司被迫讓地主國公司（許多是省市營公司）持有多數股權。

三、漏了考慮分險風散的考慮

座標圖只能考慮兩個因素，有人表示：「分散經營風險的因素中很重要，所以要跟地主國的地頭蛇合資」。我們認為「分散風險」的合資是假議題，大公司在海外投資，會因投資金額過大，被迫跟地頭蛇公司合作，這是「力有未逮」，跟「風險分散」無關。為了風險分散，讓地頭蛇公司佔大股，所有權、經營權接拱手讓人，那風險更大。如果讓地頭蛇公司佔 30% 股權，對分散風險助益不大。

🔍 資訊小幫手

美國特斯拉公司在中國大陸上海市設廠

時：2018年4月

地：中國大陸上海市浦東新區南匯新城鎮

人：特斯拉公司

事：2018年4月，國務院開放外資汽車公司在「自由貿易試驗區」持股比率 49%的限制，另在試驗區以外，2022年後，完全不受限。2018年7月，美國特斯拉公司在上海市臨港設組裝廠，投資人民幣500億元，年產量50萬輛，主要是Model 3車款。

12-3　四個國外迪士尼度假區的進入模式－兼論中國大陸上海迪士尼的合營方式

　　美國迪士尼度假公司旗下有美國二座、法日各一座、中國大陸二座度假區，從 1980 年起，每 10 年進軍一個海外市場，以服務歐亞國家。本單元說明其進入（市場）模式。

一、地主國沒有外資持股上限，外資公司財力弱

　　1970 年代，兩次石油危機重創美國經濟，美國迪士尼公司深受其害。

1. 美國迪士尼度假公司「力有未逮」

1971 年美國佛州迪士尼度假區第一個樂園「神奇王國」開幕，投資案搞太大，第二個樂園「未來世界」（Epcot，1982 年開幕）又接力蓋。迪士尼度假區公司財力不足。

2. 授權日本公司經營是無奈

1979 年 3 月，美國迪士尼公司跟日本公司簽契約時，想賺日本市場的錢，手頭又緊，無奈之下授權日本公司，入園門票收 10% 權利金、商品銷售抽 5%。

3. 1994 年 4 月開幕 10 週年

美國迪士尼公司董事長艾斯納參加東京迪士尼 10 週年活動時，半開玩笑的說：「東京迪士尼度假區很賺錢，當初採取授權經營方式，是迪士尼度假區公司的大錯誤」。

二、地主國沒有外資投資限制－法國巴黎迪士尼度假區

　　1985 年，美國迪士尼度假區公司跟法國政府簽約，蓋巴黎迪士尼度假區。由於度假區中固定資產佔比超過 60%（詳見表 12-2），法國政府以土地 19.42 平方公里（1942 公頃）的土地作價，跟美國迪士尼集團合資。

　　法國巴黎迪士尼度假區的組織圖極複雜，因虧損連連，美國迪士尼集團逐漸放款，以償還銀行較高利率的貸款，迄 2020 年，美國迪士尼集團持股比率已近 90%。

田表 12-2　上海迪士尼度假區的頂層設計

公司	控股公司	研發、興建公司	營運公司
一、美國迪士尼	度假區、消費品與體驗事業群 1971年成立，2018年3月更名	迪士尼想像工程公司（Walt Disney Imagineering）	1. 海外迪士尼樂園國際（Disney park international） 2. 各國 法國、中國大陸香港與上海市
二、上海申迪集團旗下，皆掛上「上海申迪」名稱	上海申迪（集團公司）資本額人民幣3億元 2014年人民幣204.51億元	1. 文化發展研究院 2. 建設公司 3. 發展公司 4. 旅遊度假開發公司	1. 上海市國際旅遊度假置業公司 2. 上海市旅遊度假區運營管理公司 3. 物業管理公司
三、有關上海迪士尼	上海國際主題樂園公司兩大股東 1.（上海）申迪集團 57% 2. 迪士尼度假區公司 43%	上海國際主題樂園配套措施公司	上海迪士尼樂園管理公司，兩大股東 1. 申迪集團30% 2. 迪士尼度假區公司 70%

資料來源：百度上海申迪（集團）有限公司。

三、地主國有外資公司持股比率上限：中國大陸

中國大陸國務院對美國迪士尼集團在中國大陸設立度假區，在持股比率一直要求中資公司過半，以上海迪士尼度假區為例，到 2009 年，美國迪士尼公司基於中國大陸市場太大，必須進軍，11 月 5 日，跟上海市政府簽約，以業主公司來說，市營公司申迪集團佔上海迪士尼公司持股 57%、美國迪士尼度假區公司持股比率 43%。

四、雙管設計：以中國大陸上海迪士尼為例

在地主國合資經營情況下，所有權、經營權分離。

1. 所有權（俗稱業主）

一般會成立三家所有權公司。

(1) 樂園（Park 或 Land）。

(2) 旅館（Hotel），旗下還包括高爾夫球場等。

(3) 其他，主要是購物商場，其他包括運輸公司（例如東京迪士尼輕軌電車）等。

2. 經營權公司

同樣的，會依營業活動（Activity）成立三家以上管理公司，主要由美國迪士尼度假區公司持股比率 70% 以上，美國迪士尼度假區公司藉此以確保「原汁原味」，營收包括四項：

(1) 權利金（Royalty）。

(2) 管理費（Management Fee）。

(3) 遊樂設施「發展（例如升級）與維修」。

(4) 其他服務。

3. 批評

2015 年 2 月 2 日，英國路透社新聞「For French Investors A Gyro Disney Nightmare」，法國巴黎迪士尼度假區公司只賺了二年錢，因此有總體環境原因（緯度太高，冬季太長，地點偏僻，離巴黎 40.8 公里，遊客不來）；但也有個體環境原因，矛頭指向管理公司 Euro Disney S.S.A. 抽佣佔營收 10%，這太高；而且遊樂設施發展、維修等執行效率低。

公司小檔案

上海申迪（集團）

成立：2010年8月8日

住址：中國大陸上海市浦東新區浦明路

資本額：人民幣204.5億元，上海陸家嘴公司佔45%、上海廣播公司30%、上海市國資委旗下錦江國際公司25%。

董事長：范希平，上海市政府副秘書長

營收：－

淨利：－

主要產品：旅遊、文化、娛樂產業投資

（資料來源：整理自申迪集團，「關於我們」）

12-4 全景：全球 12 座迪士尼樂園超級比一比－
東京迪士尼度假區數一數二

全球四國（美日法中）、六座迪士尼度假區，共有 12 座迪士尼樂園，以日本東京的迪士尼樂園與迪士尼海洋來說，遊客須分別買票才能進單一樂園。

你上網看六座迪士尼度假區的「迪士尼樂園」的地圖，會發現七個主題園區的時鐘方位一樣，名稱幾乎大同小異，差別的只是大小規模、獨家遊樂設施，再加上餐飲、服務人員的差別，各國迪士尼樂園令遊客的滿意程度也有高低，本單元說明之。

一、公版迪士尼樂園：美國佛州迪士尼的神奇王國

以陸地樂園來說，大抵以 1971 年 10 月開幕的美國佛州神奇王國（Magic Kingdom）當「公版」（Reference），每個樂園再依兩條件小改。稱為「近乎仿照」（Near Carbon Copy）。

1. 因地（以迪士尼城堡造型為例）

上海市迪士尼樂園的迪士尼城堡最高、最大，屋頂有中國風。

2. 因時

主要是遊樂設施的版本，甚至東京迪士尼園區面積較小，有些加州迪士尼樂園遊樂設施沒放。

二、迪士尼樂園超級粉絲的主觀評比

要把全球 12 座迪士尼樂園的各方面評分，必須在二個月內全跑遍、玩夠，以免遊樂設施改變等，本處以迪士尼度假區粉絲專業之一〈米老鼠駭客〉（Mouse Hacking）2019 年 12 月 5 日上的一篇文章為基礎來說明：

1. 遊客的需求動機：五種核心效益

表 12-4 中第一欄是站在遊客角度，以高至低的層級方式來分析旅行遊覽（Tourism）中主題樂園的五種分類。（中文維基百科主題樂園）。

此處配合迪士尼樂園的商品五層級，硬湊，例如把「觀光」（吃吃喝喝加購物）跟迪士尼樂園的「商品與餐飲」對應，「風情體驗」跟迪士尼樂園的「表演」對應。

田表 12-3　海外迪士尼樂園的公版：美國佛州神奇王國樂園

時	1971年10月	1983年4月15日
時鐘方位	美國佛州奧倫多市	日本東京迪士尼
6	美國小鎮大街 （Main Street U.S.A.）	世界市集
4	明日世界 （Tomorrowland）	明日樂園
2 12	幻想世界 （Fantasyland）	卡通城 （Mickey's Toontown）
11 7	邊域世界 （Frontier world） 探險世界 （（Adventure Lard）	夢幻樂園 動物天地 西部樂園 探險樂園
中間	圓環	圓環
飯店	10家	4家

2. 迪士尼樂園的商品五層級

迪士尼樂園園內套用商品五層級概念，來說明迪士尼度假區公司如何一一滿足遊客到主題樂園的五種動機。

其中「潛在商品」我們以迪士尼樂園「夢想」（Dream）來說，這主要是晚上8點半在樂園「幻想世界」（Fantasyland）迪士尼城堡的的光雕秀、煙火秀，營造出夢幻的感覺。為了營造「脫離現實」的遊樂感，東京迪士尼度假區管理公司不建議遊客把跟生活中特別相關的東西（例如學校制服）、其它公司的卡通人物造型帶到園區。

3. 東京迪士尼樂園

套用〈荀子〉一書「勸學篇」中的「青出於藍而勝於藍」來形容東京迪士尼樂園可說恰當，五項產品層級中只有第二項「樂園氣氛」排第二，可能原因是園區較小，遊樂設施版本較舊。

4. 東京迪士尼海洋

東京迪士尼海洋是海洋樂園，先天缺點是沒有陸地樂園的迪士尼城堡（Non-Castle Park）。

田表 12-4　全球 12 座迪士尼樂園中日本東京二座樂園在滿足遊客需求的主觀排名

主題樂園 遊客需求動機	商品五層級	迪士尼樂園	迪士尼海洋
五、情境模擬： 夢幻程度	100分 夢想 →五、潛在商品 （Potential Products）	*必看表演 • 童話之夜：迪士尼經典電影光雕在城堡上 • 夜間煙火秀	*必看表演 • Fantasmic! 　燈光、水舞、煙火與迪士尼經典電影交織而成的水上表演，迪士尼海洋獨家
四、主題樂園氣氛	90分 演員員工 （cast member） →四、擴增商品 （Augmented Products）	第2名 美學的（Aesthetic） 1. 以「灰姑娘」城堡為象徵 2. 明星齊全	第2名 漂亮（Beautiful）、令人敬畏的（Awesome Inspirational），只有佛州迪士尼樂園動物王國、未來世界可比
		*必看表演 • 一個人的夢想II魔法長青	*必看表演 • 動感大樂團
三、風情體驗	80分 表演 →三、期望商品 （Expected Products）	1. 園外購物商場有販售「土特產、伴手禮」，這是日本的特色 2. 日本風格 　許多遊樂設施有日本風格	東京迪士尼打紅達菲熊等卡通人物，而且發揚光大到其他迪士尼樂園
二、觀光	70分 商品與餐飲 →二、基本商品 （Basic Products）	第1名 以小吃來說，傳奇性（Legendary）	第1名 小吃極棒 （Excellent Snake） *必吃、必買 • 達菲熊 • 米奇包子、三眼怪麻糬、爆米花與造型爆米花桶
一、遊樂	60分 遊樂設施 →一、核心 「商品」（或是效益） （Core Products）	第1名 24項遊樂設施，大部分仿加州迪士尼樂園，但許多青出於藍。 *獨家設施 • 星際旅行：冒險續行 • 怪獸電力公司 • 巡遊車 *兩項必玩 • 太空山 • 巴斯光年星際歷險	第1名 20項遊樂設施（Best Places Linecy） *三項最刺激如下 • 驚魂古塔 　（即自由落體） • 玩具總動員 • 瘋狂遊戲印第 • 安納瓊斯冒險旅程：水晶骷髏頭魔宮

資料來源：整理自中文維基百科，「東京迪士尼樂園」；聯合新聞網，「亞洲三座迪士尼魅力有何不同」，2017 年 7 月 6 日。

商品五層級（Product Hierarchy）

時：1967年

地：美國伊利諾州埃文斯頓市西北大學

人：菲利浦.科特勒（Philip Kotler, 1931～）

事：在〈行銷管理：分析、規劃、執行與控制〉書提出商品三層級，之後再擴
　　充到五層級。

12-5 日本東京迪士尼度假區的業主－東方樂園公司

全球六座迪士尼度假區，只有日本東京迪士尼度假區是「商業授權」，本單元說明業主、經營公司東方樂園公司，一開始先說明母公司京城電氣鐵路公司。本單元許多內容在東方樂園公司網頁上「Beginning of the Oriental Land Co.」有詳細說明。

一、母公司：京成電氣鐵路公司

1909 年 6 月 30 日，東成電氣鐵路公司成立，一開始比像臺北市捷運的藍線，後來擴大爲到桃園國際機場的「機場捷運」。

1. 京成

公司名字「京成」，指的是東「京」都到千葉縣「成田」市，1978 年 5 月 28 日，新東京國際（俗稱成田）機場啓用，主要功能是國際航班客運量 4,300 萬人次。兩地相距 60 公里，電車 36 分鐘。

2. 1960 年成立東方樂園公司

京成電氣公司 1960 年成立東方樂園公司，參與千葉縣政府在浦安市的海浦新生地工程，1969 年向美國迪士尼公司提案，到日本設立迪士尼度假區。1979 年雙方簽約，1983 年 4 月 15 日，東京迪士尼度假區開幕。

二、子公司：東方樂園公司

　　1968 年，日本總產值超越德國，成為全球第二大經濟國（不算蘇聯），人均總產值 1,451 美元，1960 ～ 1978（1974 ～ 1975 年例外）年平均成長率 5% 以上。美國迪士尼公司打算進軍日本成立度假區，至少有 6 個市備選，千葉縣浦安市出線。

1. 東方樂園公司原始四大股東，持股比率近 40%

　　由表 12-5 第一欄可見，東方樂園公司原始四大股東持股比率約 40%，第 5 ～ 10 大股東（都是資產管理公司）持股比率 8.62%，跟第三大股東三井房地產公司相近。

2. 營業範圍

　　二個樂園加 6 家飯店，1 個購物商場（伊克斯皮兒莉 Ikspiari），商場中有迪士尼商店（Disney Store）。

3. 交通：地利之便

　　東京迪士尼度假區不在東京都，在右邊的千葉縣，佔遊客 90% 國內遊客、10% 的外國遊客有兩種方式到園。

(1)「成田機場－東京迪士尼」機場巴士

　　成田機場 1978 年啟用，成田機場到東京迪士尼的機場巴士 1985 年 4 月 26 日啟用，交通時間約 60 ～ 70 分鐘，成人票約 1,900 日圓。

(2) 東京都－東京迪士尼

　　東京都有兩條地鐵到迪士尼，JR 武藏野線與京成的京葉線，1988 年 12 月 1 日，東京迪士尼外的「舞濱」站開業。從東京都到舞濱站約 7 站、16 分鐘的車程，成人票價約 310 日圓。

田表 12-5　日本東京樂園的四大股東

四大股東	持股（%）	經營權
1. 京成（Keisei）電氣鐵路公司	22.16	1. 東方樂園公司： 　　每年支付權利金：入園門票收入10%、園內商品和餐飲銷售5%
2. 三井房地產（Mitsui Fudosan）	9.09	
3. 千葉縣政府（Prefecture Of Chiba）	4.03	2. 授權公司 　　華特・迪士尼遊樂設施（日本）公司 　　（Walt Disney Attractions Japan）
4. 瑞穗銀行（Mizuho）	2.29	

資料來源：Market Screener，2020 年 3 月。

日本東方樂園公司

（Oriental Land Co., Ltd.）

成立：1960年9月11日，1996年12月11日東京證券一部股票上市（股票代碼 4661）

住址：日本千葉縣浦安市

資本額：632億日圓

董事長：加賀見俊天（Toshio Kagami）

營收（2020年度）：4,644億日圓

淨利（2020年度）：622億日圓

主要顧客：

1. 1984年4月15日東京迪士尼樂園開幕，51公頃，1985年度入園1,000萬人次，2019年1,791萬人次，全球第三。

2. 2001年9月4日，東京迪士尼海洋開幕，49公頃（0.49平方公里），7個區，2019年1,465萬人次，全球第四。

3. 主要顧客：90%日本人、10%外國人。
   員工數：20,000名，其中2,000名全職員工。

[資料來源：部分整理自東京迪士尼樂園、東京迪士尼海洋。]

12-6 日本東京迪士尼度假區

　　日本東京迪士尼度假區是美國迪士尼度假區在國外的第一座，且採授權經營方式，以便利商店來說，是日本的東方樂園公司加盟。本單元以入園人數（圖 12-5）來區分，分成導入、成長和成熟階段。

一、導入期：1983 年 4 月～ 2011 年 8 月

　　這階段只有一個樂園（即東京迪士尼樂園），依成長率分為二個次期。

1. 1985 到 1995 年，每年平均成長率 5%

　　1945 年 9 月～ 1952 年 4 月 28 日，同盟國佔領日本，這 6 年半，美國電視節目、商品等在日本盛行，日本人大量接受美國文化。對美國文化之一的迪士尼樂園趨之若鶩。再加上東方樂園公司精心經營，東京迪士尼度假區入園人數快速成長。

2. 1996 到 2001 年，遊客人次每年成長 0.9%

1996 年 4 月 6 日，樂園第七座主題園區卡通城（Toontown）營業，入園人次由 1995 年 1,551 萬人次上升到 1,700 萬人次，到 1999 年 1,746 萬人次，平均成長率 0.9%，這是因為園內人潮壅擠，遊客設施大排長龍，遊客抱怨連連。

為了分散人潮，1998 年 10 月 22 日，東京迪士尼海洋（Tokyo Disney Sea）動工，2001 年 9 月 4 日開幕。

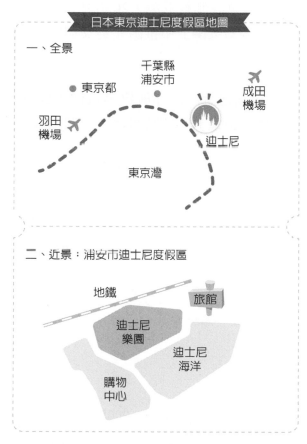

▷▷ 圖12-4　日本東京迪士尼度假區地圖

二、成長期：2001 年 9 月～ 2013 年

此階段，東京迪士尼度假區有兩個樂園，須單獨買票才能入園，此時，已有美國加州迪士尼度假區雙樂園的架式。

1. 2002 年度遊客人次 2200 萬

東京迪士尼度假區人數大幅超越加州迪士尼度假區（第二個主題樂園加州冒險樂園 2001 年 2 月 8 日開幕），主因之一是日本東京都周圍人口比加州多。

2. 青出於藍而勝於藍

東京迪士尼度假區從開園後，便一再得到各種獎項。

三、成熟期：2014 年起

1. 2014 年度，遊客 3130 萬人次，突破 3000 萬人次

2019 年度 3,256 萬人次，2017 年顧客滿意程度由 2012 年第五名掉到第 36 名，主因是園區壅擠，加上遊樂設施較老調，2020 年 9 月 28 日東京迪士尼樂園在 12 點鐘方位主題園區「夢幻樂園」中推出「美女與野獸」城堡。

2. 擴建計畫

2020 年，東方樂園公司在迪士尼海洋興建第八個主題園區「魔法之泉」，包括「冰雪奇緣」、「魔法奇緣」、「彼得潘」，投資金額 2500 億日圓，2022 年開幕。

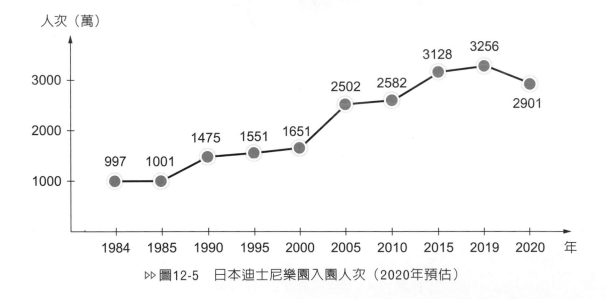

▷▷圖12-5　日本迪士尼樂園入園人次（2020年預估）

12-7　迪士尼度假區的營業範圍－以東京迪士尼度假區為例

當我們想拿全球六家迪士尼度假區跟對手比較時，需先釐清各度假區的營業範圍（Business Boundary），即營業項目有哪些？

六座迪士尼度假區中有兩家公司股票上市，即法國巴黎、日本東方樂園公司，有較多資料可分析，其它四座只能拼拼湊湊分析。

一、大分類：依遊客在景點停留時間

旅遊景點依遊客停留時間，是否過夜分成兩類。以全球六座迪士尼度假區為例。

1. 短程旅遊（Trip 或 Short Journey 或 Day Tour）

這種「一（或半）日遊」，主要是東京迪士尼度假區，90% 遊客是日本人，60% 來自東京都（遊客回頭率 85% 以上），搭捷運一般 20 分鐘車程會到。

田表 12-6　全球六座迪士尼度假區的分類與佔營收重

大分類 （業務區塊）	衣與食	住與食：旅館	樂：樂園	「樂」的中分類：東京迪士尼樂園		
一、長程旅途 （一天以上）	4%	40%	56%	—		
美國佛州	—	32	4	攻擊性產品	核心產品	基本產品
法國巴黎	—	8	2			
中國大陸香港	—	3	1	迪士尼商店	餐廳與飲料	樂園門票
二、短程旅遊 （一日遊）	3.45%	13.87%	82.68%	店：商品	餐飲	遊樂
美國加州	—	3	2	27.615	17.36	37.7
日本東京	—	4	2	—	—	—
中國大陸上海	—	3	1	—	—	—

資料來源：其他整理自 Disney Magic Guide，Walt Disney World Statistic。
* 這主要是 Euro Disney Associates（S.C.A.）公司年報。
** 這主要是日本東京迪士尼 2020 年度年報數字 Results for the fiscal year ended march 2020。

2. 長程旅遊（Long-Distance Travel）

美國佛州、法國巴黎、香港迪士尼度假區都是以收過夜客為主，所以旅館收入佔營收 40%。香港迪士尼樂園 35 公頃，是全球最小的迪士尼樂園，香港遊客佔 40%，60% 是中國大陸（佔 33%）或外國遊客（佔 26%），比較會在香港住一晚。

3. **長程旅遊景點必備業務**：飯店

二日遊以上的長程旅遊，景點公司會蓋飯店，以讓遊客就近過夜，這在迪士尼度假區分兩種，以東京迪士尼度假區為例，分兩類：

(1) 迪士尼直營飯店（Disney Hotel）

　　地點在迪士尼樂園旁，走路便可到樂園入園處，標準房間數 520 間。

(2) 迪士尼度假區合作飯店

　　由表 12-7 可見，以樂園為同心圓中心，往外像洋蔥般分三圈，分成三種名稱的合作飯店，即「公認」、「好夥伴」、「好鄰居」，其中公認飯店多兩項「特權」，即跟迪士尼飯店同等地位。

田表 12-7　東京迪士尼度假區的外部合作飯店與對顧客效益

距離樂園車程	種類	座	免費接駁車	入園保證	附記
5分鐘	公認 （Official Hotel）	6	在度假區內	入園人數管制時，仍可入場	1. 提前15分鐘入園 2. 隨時回飯店休息
15分鐘	好夥伴 （Partner Hotel）	4	在浦安市內	－	－
1小時	好鄰居 （Good Neighbor Hotel）	12	班次較少	－	－

資炲來源：整理自東京迪士尼度假區網站，另日本自由行網站「東京迪士尼度假區內的 4 間飯店，6 間公認飯店」。

二、中分類：短程旅程為主的東京迪士尼度假區

　　迪士尼「度假區」（Resort，英文名稱 Holiday Resort，中文綜合度假區），分屬三個行業，以東京迪士尼度假區為例。

1. 樂園（Land）佔營收 83%

東京迪士尼旗下有二座樂園：迪士尼樂園、迪士尼海洋，各附設收費停車場。

2. 飯店佔營收 14%

遊客數等法定飯店家數，此處有 4 家飯店，每家飯店 500 間房間。

3. 購物商場與景點佔營收 3%

在迪士尼小鎮伊克斯皮兒莉（IKSPIARI）購物商場，2000 年 7 月 3 日開幕，約 140 家商店和餐廳。2012 年，影城開幕。

三、小分類：樂園營收結構

由表 12-6 第三欄可見，佔度假區營收 87% 的樂園，有三種分類。

1. 基本產品（樂）：門票佔樂園營收 43%

一般來說，隨著園內主題樂園（包括娛樂設施）增加，成本（折舊費用）提高，票價會逐年提高。

2. 核心產品（衣）：迪士尼品牌商品佔樂園營收 37%

樂園內的商店，迪士尼商品的產品廣度、深度，遠大於樂園外的迪士尼商店，所以大部分遊客大都會買米老鼠帽、衣服等，以便留下回憶。

3. 攻擊性產品（食）：佔樂園營收 20%

食品與飲料佔樂園營收比重逐漸降低，大部分原因是因為園內食品價格是園外 2 倍以上，因此遊客傾向於自帶食品與飲料。

2、3 再加上飯店合稱二次消費，商品、餐飲成長率、淨利率比門票收入高。

12-8 日本東京迪士尼度假區經營績效－總體環境的影響

一個在地型大公司，顧客人數影響營收、淨利；影響顧客人數的主要因素是總體環境、其次是個體環境中的對手。以東京迪士尼度假區來說，1983 年 4 月成立以來，東京都內（東京迪士尼在千葉縣浦安市）沒有相近規模的對手，因此影響東京迪士尼度假區遊客人數、營收的總體環境因素如下，詳見表 12-8。

一、政治／法令

景點需要政府支持的有觀光簽證方便、交通，其次是針對觀光客的購物退稅。

二、經濟／人口

1994 年起，日本經濟停滯，2011 年後人口每年少 13 萬，這環境對景點都是利空。

三、科技／環境

以環境中的氣候（2019 年 8 個颱風）、天災（2011、2016 年兩個大地震，2020 年新冠肺炎）來說，對樂園來說都是利空。

表 12-8　日本東京迪士尼度假區總體環境與入園人次

年	1981～1990	1991～2000	2001～2010	2011～2022
一、政治／法令 （一）政治	1985.4.26 成田機場往返 巴士營運	1988年JR京葉 線舞濱站開業	－	2019年10月1日消 費稅從8％上漲到 10%
二、經濟／人口 （一）人口平均 （億人）	1.193～1.236	1.235～1.268	1.271～1.274	1.278～1.252
15～64歲 人口佔比	67.3～69.5	67.9	63.7	59
（二）經濟：人均總 產值（美元）	10361～25359	28925～38532	33846～ 44508	48168～40847
（三）平均經濟成長 率（%）	5	0.606	0.667	－ 0.3
三、文化／社會	利多	利多	利多	利多
四、科技／環境	1971年，政 府成立五大 廳，1981年在 主要城市實施 限排措施	2001年，五大 城市升格2F	2011年3月11日，本州東北9級地震 2016年4月16日，九州熊本7.3級地震 2020年1月起新冠肺炎肆虐， 2020.2.29～6月，日本東京迪士尼 休園4個月	

四、經營績效

1. 2011 年 3 月 11 日，本州東北地方 311 地震 9 級

2012 年度入園人數成長 0.1%。

2. 2016 年 4 月 16 日，九州熊本地震 7.3 級

2017 年度，入園人數成長 0.6%。

3. **2020 年 1 月 23 日，新冠肺炎，中國大陸湖北省武漢市封城 76 天**

2020 年 2 月 29 日，東京迪士尼休園 4 個月，7 月 1 日開園。

五、特寫：東京迪士尼樂園遊客

1. 入園人次，詳見表 12-9。

2. 營收。

3. 淨利。

田表 12-9　日本東京迪士尼兩座樂園入園人次

單位：萬

年	06	07	08	09	10	11	12	13
樂園	1290	1390.6	1429.3	1364.6	1445.2	1400	1484.7	1721.4
海洋	1210	1241.3	1250	1200	1266.3	1193	1265.6	1408.4
年	14	15	16	17	18	19	20	
樂園	1730	1660	1654	1660	1791	1791	—	
海洋	1410	1360	1346	1350	1465.1	1465	—	

12-9　12 座迪士尼樂園的經營績效－入園人次到平均每公頃入園人數

要比較全球四國、六座迪士尼度假區中 12 座樂園的經營績效，由於各樂園沒有單獨公布營收，所有樂園皆有每年「入園」（Attendance）人次，本單元以此進一步分析。

一、客觀經營績效

1. 年入園人次比較，表 12-11 中第四欄

全球入園人次 25 名的主題樂園的過去 10 年資料，很容易查，可用 2018、2019 年資料；2020 年因新冠肺炎肆虐，大部分樂園休園 3 ～ 5 個月，不建議以此年資料分析。

2. **套用「每單位面積營收」，表中第六欄**

以商店「平方公尺營收」（Sales Per Unit Area）的觀念，樂園以公頃為土地面積的單位，由表中第六欄可見。

3. **依「每單位面積入園人次」排名**

表中第七欄。

二、影響樂園人次的因素

以迪士尼樂園來說，每公頃入園人數差異很大，我們以「天時、地利、人和」三因素來分析，佔比重是主觀推測的，詳見表 12-11。

1. **天時，佔 40%**

比較早成立的樂園，累積幾億人次的好口碑效果，而且一般來說，「回頭率」85% 以上，光作回頭客，生意就可觀，遊客一來再來原因如下：跟不同的人來玩、不同節慶來玩、樂園推出新的主題園區。

2. **地利，佔 20%**

最不「地利」的可說是香港迪士尼，營業面積小，第一圈的營業地區香港人只有 700 萬人，不符合 5,000 萬人水準。另外地利不佳的是法國巴黎迪士尼度假區，在北緯 48 度的溫帶，冬季太長，遊客冷到不出門玩。

3. **人和，佔 40%**

我們把樂園「好不好玩」歸在「人和」項目，這部分在迪士尼樂園粉絲團中，有二篇文章，一如「琅琊榜」中每年推出天下高手前十名排名，另外還有公子榜。

表 12-10 中記載 Tom Bricker（代號 @Tom Bricker）的評比，他在 Instagram 上追蹤人數 2.8 萬人，專門拍迪士尼樂園。

三、大者恆大

日本經濟產業省（一般國家經濟部、商務部）每年發表「特定服務產業實態調查」，資本額 1 億日圓以上樂園，1997 年到 2004 年減少四成，2015 年只剩 28 家。這主要是東京迪士尼、環球影城大軍壓境所致。（部分整理自 2019 年日本主題公園行業調查報告，旅行預訂，2019 年 5 月 24 日）

曰表 12-10　全球六座迪士尼度假區 12 座樂園評比

時	2019年12月5日	2019年12月13日
地	全球12座	全球12座
人	2個人	Tom Bricker
事	在<Mouse Hacking>上："All the Disney Parks in the world ranked by the two people who visited them"	在<Disney Tourist Blog>上："Best & worst Disney Parks in the world"

曰表 12-11　全球 12 座迪士尼樂園入園人次坪效與主觀排名

人次排行	國／市	樂園	(1) 人次*（萬）	(2) 面積（公頃）	(3)=(1)／(2)	公頃績效排名	主觀排名（表12-11）
1	美國佛州	神奇王國	2096.3	53	39.55	2	5
2	美國加州	迪士尼樂園	1867	34	54.91	1	2
3	日本東京	迪士尼樂園	1791	46	38.93	3	3
4	日本東京	海洋	1465	49	2939	5	1
5	美國佛州	動物王國	1389	205	6.01	12	6
6	美國佛州	未來世界	1248	121	10.314	11	10
7	中國大陸上海	迪士尼	1121	91	12.32	9	8
8	美國佛州	好萊塢夢工廠	1092	54.6	20	6	7
9	美國加州	冒險樂園	986	29	34	4	11
10	法國巴黎	迪士尼樂園	9115	56.66	17.21	8	4
11	中國大陸香港	迪士尼	670	35	19.14	7	9
12	法國巴黎	迪士尼影城	525	50	10.5	10	12

* 資料來源：英文維基百科「List of amusement park rankings」，2019 年。

章後習題

一、選擇題

( ) 1. 迪士尼度假區設點主要考量，腹地要有多少人？ (A)0.1 億人 (B)1 億人 (C)10 億人。

( ) 2. 迪士尼度假區公司最喜歡以何種持股比率進軍各國？ (A)67% 以上 (B)50% 以上 (C) 不計較。

( ) 3. 迪士尼度假區公司在外國（日本除外）如何確保經營品質？ (A) 罰則 (B) 由迪士尼度假區管理公司負責 (C) 獎勵。

( ) 4. 提高迪士尼樂園回頭客最有效方式？ (A) 增設主題園區 (B) 舊主題園區增加新遊樂設施 (C) 找新卡通人物。

( ) 5. 1979 年美國迪士尼公司爲何全權授權日本東方樂園公司經營東京迪士尼度假區？ (A) 美國迪士尼錢不夠 (B) 日本政府堅持 (C) 法令。

( ) 6. 下列哪個迪士尼樂園是唯一沒有迪士尼城堡？ (A) 東京迪士尼海洋 (B) 香港迪士尼 (C) 法國迪士尼。

( ) 7. 法國迪士尼影城樂園爲何每年入園人次只有 500 萬？ (A) 冬天太冷 (B) 地點太偏僻 (C) 歐洲（尤其法國）人不熱衷美國電影。

( ) 8. 法國二座迪士尼主題樂園爲何虧損累累？ (A) 冬天太冷 (B) 地點太偏（配合法國政府造鎮） (C) 不好玩。

( ) 9. 香港迪士尼樂園爲何虧損累累？ (A) 面積太小，玩一下就玩完了 (B) 上海迪士尼度假區吸引 (C) 新冠肺炎疫情。

( )10. 上海迪士尼度假區可能有什麼缺點？ (A) 太缺乏美國味（太傾向中國風） (B) 票價太貴 (C) 面積太大，容易走累。

二、問答題

1. 美國迪士尼大學對培養迪士尼樂園員工能力的功能如何？

2. 美國佛羅里達的迪士尼度假區有 4 座樂園、27 座旅館，經營情況如何？

3. 日本迪士尼是由東方樂園公司全權經營，爲何不會想偷工減料或走自己的路？

4. 香港迪士尼度假區前景如何？

5. 上海迪士尼度假區何年會達到年入園人次 3000 萬人次？爲何？

個案13
上海迪士尼度假區經營管理

迪士尼樂園經營快易通

全球美法日中等四國有六座迪士尼度假區,旗下 12 座主題園區,以樂園來說,七座主題園區方位大同小異;各旅館房間數都大約 500 房。有點像麥當勞、星巴克等連鎖餐飲店的標準為準,因地制宜為輔。

在本章中特別說明商店的天職「維護員工、顧客健康和安全」,尤其是 2020 年 1 月起新型冠狀病毒肺炎疫情下的情況。

學習影片 QR code

13-1 從美國到上海迪士尼度假區

主題樂園（Theme Park）式度假區的經營涉及樂園、餐廳、旅館、購物中心，一次涵蓋服務業中四大行業：綜合觀光、餐飲、飯店、商品零售。本書以全球主題樂園霸主迪士尼度假區來詳細說明，以上海迪士尼度假區爲對象。

一、美國迪士尼度假區的發展沿革

從產品研發系統來說明第一座迪士尼樂園的發展沿革。

1. 三種蓋迪士尼樂園的想法

在維基中文百科「迪士尼樂園」中，有三種有關華特·迪士尼發起想蓋遊樂園的想法，表 13-1 中列中比較多人引用的，華特·迪士尼說：「迪士尼的信念：世界上一定存在著父母跟孩子能夠一起玩的樂園」。

"I think what I want Disneyland to be most of all is a happy place – a place where adults and children can experience together some of the wonders of life, of adventure, and feel better because of it." —Walter E. Disney

2. 營建到開幕 3 年（1952 ～ 1955 年）

(1) 時間：1955 年 7 月 17 日，加州迪士尼度假區開幕。

(2) 地點：美國加州洛杉磯市東南方 48 公里處。

(3) 人物：Walter E. Disney（華特·迪士尼，中稱沃爾特·迪士尼）。

(4) 事情："Disneyland is your land. Here age relived fond memories of the past, and here youth may savor the challenge and promise of the future. Disneyland is dedicated to the ideals, the dreams, and the hard facts that have created America；with the hope that it will be a source of joy and inspiration to all the world".

田表 13-1 美國加州迪士尼度假區的研究發展

研發流程	時	地	人
C0構想階段	1937年	美國加州洛杉磯市格里菲斯公園（Griffith Park）	華特‧迪士尼與兩位女兒Diane（1993~2013）與Sharon（1936~1993）坐旋轉木馬（Merry-go-round）。
	1937年12月21日	美國洛杉磯加州好萊塢卡泰劇場	全球第一部動畫電影（白雪公主和七個小矮人），首映會時，華特‧迪士尼向部屬表示想蓋樂園。許多影迷來信、來電表示想參觀影城。
C1規劃階段	1938~1948年	美國加州柏本克市	華特‧迪士尼參觀丹麥、尼德蘭（前稱荷蘭）、美國的樂園。
	1948年8月30日	美國加州柏本克市	華特‧迪士尼下文給電影場景設計師Dick Kelsey要蓋座米老鼠公園。
	1950年代	美國加州柏本克市	聘請史丹佛研究機構的Harrison Price研究樂園地點。
C6量產階段	1955年7月17日	美國加州安納翰市（Anaheim）	1. 主題樂園：1座。 2. 飯店1個：因樂園位於加州東南部較遠處，優點是地較大。

資料來源：整理自英文維基，Disneyland Resort。

二、近景：中國大陸上海市浦東新區

1. 全景：中國大陸中的上海市

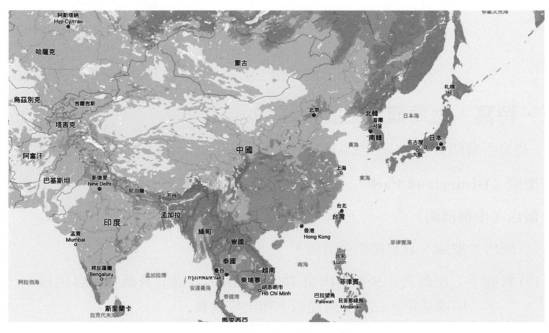

▷▷圖13-1 從谷歌地圖方式看上海

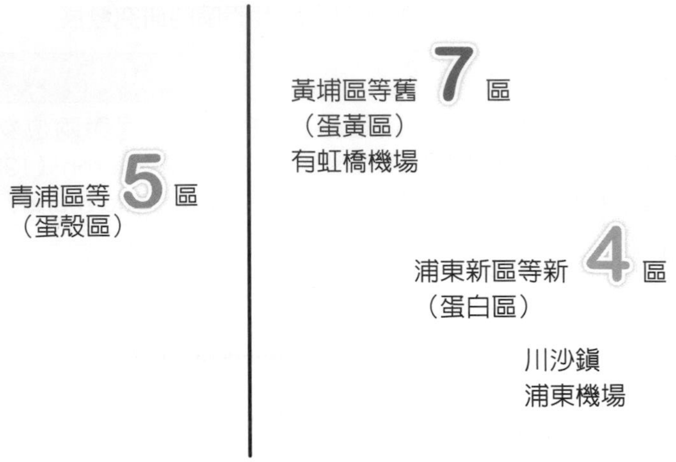

青浦區等 **5** 區
（蛋殼區）

黃埔區等舊 **7** 區
（蛋黃區）
有虹橋機場

浦東新區等新 **4** 區
（蛋白區）

川沙鎮
浦東機場

▷▷ 圖13-2　上海市浦東與鄰近地區圖

資訊小幫手

上海市旗下浦東新區川沙新鎮

上海市：面積6,340平方公里

行政區：16個縣級、210個鄉級

人口：2,428萬人

地點：浦東新區川沙新鎮

面積：140平方公里

行政區：79個

人口：15萬人

[資料來源：整理自中文維基百科「川沙新鎮」]

三、特寫：上海迪士尼度假區

從是否買門票，分成三個事業區塊（Business Segment）。

1. 樂園（Disneyland Park）

2. 飯店（中稱酒店）

(1) 飯店：樂園、玩具總動員酒店。

(2) 餐飲：二座飯店中央廚房內有 760 名廚師，八成的餐飲都出自這裡。七成
中國菜系、二成東南亞菜系和一成西餐。

(3) 景觀：星願公園，湖。

3. **購物中心**：迪士尼小鎮

(1)商店：例如全球最大的樂高玩具店（242 坪，一坪 3.3056 平方公尺），2016 年 5 月 11 日在迪士尼小鎮開幕。

(2)表演：迪士尼小鎮中有迪士尼大劇院，上演全球首個中文版的百老匯熱門音樂劇《獅子王》。

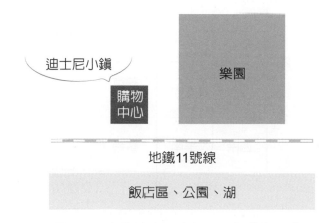

▷▷ 圖13-3　上海迪士尼度假區三個業務區塊

四、上海迪士尼度假區管理公司

有關上海迪士尼度假區管理公司的組織圖與人名，詳見表 13-2。

田表 13-2　上海迪士尼度假區管理公司組織表

層級／部門	主管
總裁	Joe Schott
一、核心活動	
（一）研發	－
（二）生產：營運（operating）	Andrew Bolstein
（三）公共事務與溝通	－
（四）政府與社區關係	王凱（Murray King）
二、支援活動	
（一）人力資源	CiCi Li
（二）財務	Losz Banham
（三）資訊	－

13-2 上海迪士尼的行銷策略中的市場定位

由圖 13-4 可見上海迪士尼的市場定位。

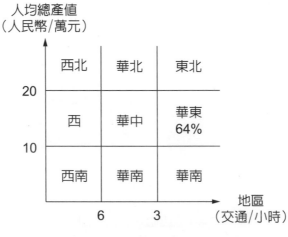

▷▷圖13-4　上海迪士尼市場定位

一、X 軸：3 小時交通時間內佔 64% 客層

上海迪士尼度假區管理公司公共事務部副總裁王凱（Murray King）表示，主要客群是針對上海市為中心，交通三小時內可以到達的鄰近地區居民。

1. 交通方式

交通方式主要是搭上海市捷運、開車，上海市以外搭高速鐵路，由表 13-3 可見，東西、南北線的車程和票價。

2. 人口數量

第一圈佔64%：華東的上海市（0.2428億人）、江蘇省（0.8億人）、浙江省（0.57億人）、安徽省（0.63億人）。

第二圈佔 20%：華東的江西省（0.47 億人）、華中的湖北省（0.6 億人）、華東的福建省（0.4 億人）……等。

第三圈佔 16%：華東的山東省（1 億人）……等。

二、Ｙ軸：一年一次，玩得起？

1. 票價

上海迪士尼樂園平日成人票票價人民幣 399 元。

2. 人均總產值

從 2016 年起人民幣 11.36 萬元以上。

3. 票價和人均總產值比率

每人票價加上園內消費約人民幣 800 元，約佔人均總產值 0.7%，算便宜的。

三、市場定位

基本經營地區佔一年 1,200 萬人次的客群 64%。

表 13.3　中國大陸四橫四縱高速鐵路到上海市

貨幣單位：人民幣元

方向	路線	都市間距離與票價
一、南北	四縱中的京滬線	北京市－上海市 1318公里（24個車站） 最快4小時55分鐘 最便宜551元
二、東西	四橫中的滬漢蓉	四川省成都市 ── 湖北省武漢市 ── 上海市 → Ⅰ　1231公里 ── 928公里 Ⅱ　3 小時 ── 2 小時42分 Ⅲ　480 元 ── 34.5元

13-3 全景：迪士尼樂園的產品層級

從單純的的一家 150 坪（一坪等於 3.306 平方公尺）的星巴克咖啡店，大到 50 公頃的主題樂園，顧客的需求動機是多面向的，套用「行銷管理」書中對商品的的五層次定義，我們可以把遊客在迪士尼樂園的期望分層，知己知彼，才能百戰百勝。

一、顧客需求分析

迪士尼度假區透過事前、事中、事後的三個階段，以了解顧客對度假區的期望服務水準，一般稱為「了解顧客」（Know Your Customer, KYC）。

1. 事前：焦點團體（Focus Group）。

2. 事中：顧客意見調查（Opinion Poll）。

3. 事後：顧客滿意程度調查（Customer Satisfaction Survey）。

結果詳見表 13-4 第二欄，至少有三項，本書再加上兩項 60、40 分。另第一欄的評分標準是本書所加。

二、目標：超過顧客期望的滿意水準

華特‧迪士尼針對樂園內三中類營業項目（樂園設施、商品與餐飲、表演）、人員服務、幸福與夢想，這五個產品層級標準，皆有相關的「金玉良言」，詳見表 13-5。

三、策略：靠人員服務取勝

表 13-5 中第五欄迪士尼樂園稱為「四個關鍵基本」（Four Keys 或 Basics）SCSE，由下往上英文簡稱 SESC（迪士尼樂園順序 SCSE），此字跟麥當勞的 QSCV 一樣，無法像名詞般發音。

1. 40 分，安全（Safety）

遊客、員工安全至上。

2. 60 分，效率（Efficiency）

工作講究效率、方法，要與時俱進。

3. 80 分，表演（Show）

整個樂園就是一場「表演」，高品質的「秀」，會有高回客率（repurchese rate 或 return rate）。

4. 90 分，禮貌（Courtesy）

員工臉上永遠掛著笑容，遊客對迪士尼員工的服務觀感更好。

（部分整理自 CMoney，「主管搶著學的「不敗迪士尼」帶人法！4 步驟教出超水準員工」）

田表 13-4　迪士尼樂園的五層級商品

顧客期望得分	說明	產品五層級	迪士尼樂園營業項目等	人員服務層級
100	－	潛在商品（Potential Products）	幸福（Happiness）創造夢想（Dream）	員工（尤其是 Cast Member）
90	員工友善（Friendly）	擴增商品（Augmented Products）	人員服務（Attendant）	禮貌（Courtesy）
80	好玩（To Be Fun）	期望商品（Expected Products）	表演（Show）	表演（Show）
70	環境乾淨（Clean）	基本商品（Basic Products）	商店與餐飲（Shops and Restaurants）	－
60	不擁擠（Less Crowded）	核心利益（Core Benefit）	遊樂設施（Attraction）	效率（Efficiency）
40	健康與安全（Health & Safety）	－	－	安全（Safety）

® 伍忠賢，2020 年 3 月 18 日。

田表 13-5　華特・迪士尼對迪士尼樂園商品五層級主張

商品 五層級	華特・迪士尼的主張
幸福與 夢想	I don't want the public to see the world they live in while they're in the Park（Disneyland）. I want them to feel they're in another world. Disneyland is a work of love. We didn't go into Disneyland just with the idea of making money.
人員 服務	You can design and create, and build the most wonderful place in the world. But it takes people to make the dream a reality.
表演	Disneyland is a show.
產品與 餐飲	We believed in our idea - a family park where parents and children could have fun together.
遊樂 設施	Disneyland will never be completed. It will continue to grow as long as there is imagination left in the world.

資料來源：部分整理自 Hannah Hutyra, "107 Walter Disney Quotes That Perfectly Capture His Spirit ", KeepinSpiring.Me。

13-4 迪士尼樂園的風險管理－兼論迪士尼樂園基本天職：安全和健康

　　露天、對外營業的服務業，比較容易受（極端）氣候的侵襲，室內最怕火災、地震，人群聚集處最擔心流行病傳染等。這些都是各個公司面臨的天災人禍（包括恐怖攻擊、電腦駭客），必須做好風險管理，才能維護顧客及員工「安全和健康」，迪士尼主題樂園和度假區（簡稱度假區）管理公司在這方面是全球公司標竿，本單元說明。

資訊 小幫手

時：2018年10月17日
地：中國大陸上海市
人：環球解密之未解之謎
事：在〈環球雜誌〉上一篇文章「迪士尼樂園的16大恐怖意外事件」

一、問題：樂園內死亡打擊遊興

遊客與員工意外死亡，往往嚴重打擊人們信心，迪士尼樂園有「大雷山」雲霄飛車，有水池（運河甚至湖），遊客、員工可能導致意外而受傷甚至死亡，你打關鍵字「迪士尼樂園（工安）死亡」，會有三條以上，大都是先有英文報導，中文報刊再譯成中文。

商務風險管理安全指南

時：1996年

地：英國弗羅姆（Frome）市

人：Kit Sadgrove，英國 Blackford Centre公司的總裁兼執行長

事：〈The Complete Guide To Business Risk Management〉共出了7版，由Gower出版公司出版。2019年3月，本書第7版論文引用次數268次。

二、目標：遊客和員工安全與健康的重要性

1. 對遊客與員工

在迪士尼度假區〈安全與健康手冊〉序言中，開宗明義的指出「安全與健康」的重要性。

Safety has always come first.

（安全第一。）

It's at the heart of the priceless trust we've earned with Cast Members and Guests alike.

（我們贏得顧客與員工無價的信任的核心在於確保「安全和健康。」）

2 對遊客「安全與健康」的重視

(1) 公司遠景：給顧客帶來夢想、創造幸福

At Walter Disney Parks and Resorts, our commitment to safety is as bmuch a part of our culture as our dedication to making dreams come true for our Guests.

（在迪士尼樂園和渡假區，本公司對遊客與員工安全的承諾視公司文化的一部分，如同我們致力於讓顧客美夢成真。）

(2) 香港迪士尼管理公司營運長的說法

We believe that safety is our single most important responsibility as a theme park and resort operator.

（迪士尼樂園和度假區最重要職責是維護顧客和員工生命安全。）

三、風險管理之規劃

1. 策略

公司員工「安全和健康」手冊，詳見表 13-6。

2. 組織設計

詳見表 13-7。這部門人員很多來自職業安全與衛生工程系，詳見表 13-8。

3. 實地演練

每年 180 場防災訓練，平均兩天一場，這跟你平常看到海軍電影、影集中的「救火」演習一樣，是日常作業的一部分，每天皆須有救火防水演習，且需任務編組。

4. 「風險評估」（Risk Assessment）

營運長的職責之一便是風險評估，天災中的颱風較易有天氣預報，至少有兩天以上的時間預做準備，相關文章很多，例如：risk assessment Disneyland Paris。

四、風險管理之執行

由表 13-9，你可以看到美國佛州迪士尼度假區 2004 年遭受三個超級颶風，和 2011 年日本東京迪士尼度假區遭受芮氏九級大地震，迪士尼度假區從公司、單一員工的處理，有口皆碑，相關文章很多。

田表 13-6　迪士尼度假區員工與顧客健康和安全手冊

風險管理程序	風險管理之規劃	規劃、執行	風險管理之執行
對象	潛在危險 （hazard）辨識	預防人員傷害 （injury）	危機處理 （risk management）
一、顧客 （一）環境	每天天氣須達到安全開園條件	1. 極端氣候：太熱、太寒、大雨、狂風、地震 2. 人禍：火災等（甚至恐怖攻擊）	1. 極端大氣之災害處理 2. 火災之撲滅：滅火器之使用、人員疏散等
（二）設備	顧客個人電腦、手機連迪士尼網路之網路安全	1. 停電、停機 2. 遊樂設施開園前測試	1. 樂園、旅館緊急電話（SOS） 2. 自動體外心臟除顫器（AED） 3. 園內有該市消防局駐園消防隊
（三）人、方法	人禍：流行性疾病（新型冠狀肺炎）	1. 遊樂設施標準程序 2. 員工主動辨識老弱遊客之健康和安全	1. 心肺復甦術（CPR） 2. 園內醫務中心 3. 園內有各市警察局駐園 4. 數個警察派出所
二、員工 （一）環境	1. 水邊等作業防止落水，落水急救 2. 建築等危險物	1. 極端天氣的員工工作規定，演練 2. 隨時巡視（環境溫度等）	1. 遵照應變計畫執行 2. 其他
（二）設備	1. 運輸車輛、設備操作 2. 水、電等	夏天站崗員工要有遮陽傘等防護裝備	1. 隱密電話通訊、無線電通訊，員工可匿名通報危險之虞 2. 園內醫務室
（三）人、方法	員工訓練	主管、同仁監督	主管應變決策

資料來源：部分整理自迪士尼度假區「Cast Member Safety and Health Handbook」。

1. 2020 年 1 月 23 日，中國大陸湖北省武漢市政府宣布「封城」，以便處理「新冠肺炎」（COVID-19）疾病，4 月 8 日，解除封城（簡稱解封）。

2. 2020 年 1 月 24 日起，六家迪士尼樂園陸續停業

1 月 25 日上海迪士尼；1 月 25 日香港迪士尼；2 月 29 日東京迪士尼；3 月 14 日美國加州迪士尼；3 月 15 日美國佛州和法國巴黎迪士尼陸續保園。5 月 11 日，上海迪士尼度假區重啟營運。

五、風險管理之控制

詳見表 13-10，一個是對各省市政府的安全備忘錄，一是年度對外的安全報告。

田表 13-7　迪士尼度假區公司安全部組織設計

一級單位：部，資深副總	二級單位：處，助理副總裁	三級單位：組，資深經理
母公司迪士尼度假區公司 一、直屬董事會的安全部 （Safety Department）	（一）顧客安全處 （Guest Safety Initiative） 例如緊急營運中心 （Emergency Operations Center） （二）員工處	1. 保全人員組 （Security Team） 2. 緊急事件指揮組 （Incident Command Team） 3. 食物安全 4. 水上救生員 5. 員工救生訓練 6. 野生動物安全
二、安全長 （Chief Safety Officer） 二級主管頭銜，資深副總裁：Greg Hale （1954年生，密西西比大學電機系畢） 2002年5月迄今，在擔任安全長之前曾任「設計與工程、法令遵循」部資深副總裁 （1998.09～2002.05）	（三）遊樂設施 1. 遊樂設計安全處 2. 遊樂設施與表演工程處 （Ride & Show Engineering）	由員工組成「安全委員會」在各主題園區 1. 品質保證組 （Quality Assurance Team） 2. 其他例如： 　健康與安全組 （Health And Safety Team）

資料來源：整理自 Greg Hale, The Conference Board。

田表 13-8　環境、職業安全與衛生法、官與大學

法、官、學	說明
一、法律 　　1974年4月19日施行	職業安全衛生法 （Occupational Safety and Health Act）
二、官（政府） 　1. 中央政府 　2. 地方政府	職業安全衛生「管理單位」（Management Entities） 勞動部職業安全衛生署（Safety and Health Administration） 例如：臺北市勞動局：就業安全科、勞動檢查處
三、大學 　1. 醫學院 　2. 工學院 　3. 其他	約18家大學分在兩種學院： 1. 職業安全與衛生工程系 　(1) 勞工安全技術士（師） 　(2) 勞工衛生甲級技術士 　(3) 消防安全設備士（師） 　(4) 工礦衛生技術師 2. 環境與安全衛生工程系（簡稱環安系） 　(1) 環境工程技師 　(2) 環境測定甲、乙級技術士

田表 13-9　迪士尼度假區（對風災地震）的風險管理

時	2004年8～9月	2011年3月11日14時46分
地	美國佛州迪士尼度假區	日本千葉縣東京迪士尼度假區
人	李‧科克雷爾（Lee Cockerell）	Ru
事	2017年10月19日 在〈風傳媒〉上一篇文章，「為何迪士尼樂園數十年來始終人氣滿點」，以2004年如下三個颱風為例： *8月13日查理颱風 *9月15日伊萬颱風 *9月20～26日麗塔颱風 侵襲度假區，說明迪士尼度假區對內對外處理之道。	2014年3月8日 在〈CMoney〉上一篇文章，「夢幻樂園東京迪士尼，遭遇311強震時，工作人員憑著「1個關鍵」處理危機，贏得人心」，「一個關鍵」指的是：「人性優先」。

資料來源：整理自世界地理知識，資訊，2019 年 2 月 17 日。

⊞表 13-10　迪士尼度假區公司的對外安全報告

時	每季	2002年起1月起
地	美國佛州	美國佛州
人	美國佛州農業與消費者服務廳	Paul S. Pressler，華特・迪士尼度假區董事長
事	發布（MOU Exempt Facilities Report），俗稱「傷害報告」（Injury Report）	發布〈安全報告〉（Report On Safety）

13-5　迪士尼度假區在解決園內擁擠的研究發展－2008 ～ 2013 年美國佛州迪士尼度假區的智慧手環

　　開餐廳，最喜歡高朋滿座；開樂園，最喜歡人如潮水，碰到例假日，一線風景區（遊樂園是其中之一）往往人擠人到寸步難行，對許多公司來說，這是個噩夢，有許多遊客會「乘興而來，敗興而歸」；尤有甚者，一肚子氣的遊客，還會上網給負評，有壞口碑（Bad Wordsb Of Mouth）效果。本單元以 2008 ～ 2013 年，美國佛州迪士尼度假區的智慧手環（Smart Bracelet）研發與推廣過程為例，說明迪士尼度假區公司如何解決問題。

一、問題診斷：2000 ～ 2007 年

1. **時間**：2000 年。

2. **地點**：美國加州、佛州。

3. **人物**：迪士尼度假區公司董事長、總裁。

4. **事情**：遊客從入園大排長龍、入園後導覽等，皆是遊客痛點（Pain Points），以致首次入園遊客回頭意願低於 50%。

　　造成此問題原因在於迪士尼度假區公司疏忽了人民生活方式的改變，也就是使用智慧型手機、社群媒體。

二、構想到決策：2008 ～ 2010 年

詳見表 13-11。

1. 構想

(1) 時間：2008 ～ 2010 年。

(2) 地點：佛州迪士尼神奇王國樂園中一個廢棄的劇場，第二攤是在好萊塢夢工廠樂園，約 11,145 平方公尺（或 3,372 坪），搭成遊客家中的客廳、機場、迪士尼樂園入口、園內場景（商店等）、迪士尼樂園旅館。

(3) 人物：主要是尼克・富蘭克林（Nick Franklin），再加上米奇老鼠環球的五位副總裁。

(4) 事情：進行研發專案「下一代體驗」（Next-Generation Experience, NGE），用智慧手環以解決遊客入園等大排長龍問題，主要技術是物聯網技術之一的電子標籤（RFID）。

組織設計：

(1) 外部：下列公司。

(2) 方法：埃森哲（Accenture）、英國 FROG 集團（成立於 1996 年）。

(3) 軟體：突觸（Synapse）公司。

(4) 硬體：美國惠普，迪士尼度假區公司：30 位設計師與軟體工程師。

2. 決策

(1) 時間：2011 年 1 月。

(2) 地點：美國加州伯班克市。

(3) 人物：迪士尼公司董事會。

(4) 事情：核准迪士尼度假區公司智慧手環資本支出 10 億美元，13 位董事會成員中至少有三位是科技背景。如臉書營運長桑德伯格（Sheryl Sandberg）、推特創辦人之一 Jack Dorsey、加拿大行動研究公司（旗下黑莓機）總裁兼執行長 John Chen。

3. 執行

(1) 時間：2011 年 1 月～ 2012 年 12 月。

(2) 地點：佛州奧蘭多國際機場、專用接駁車、迪士尼樂園、飯店等

(3) 事情：在樂園、飯店建置 6,000 支電子標籤發射器，以接收遊客智慧手環發出訊號，旅館內 2,400 個房間等把磁卡感應門禁卡，改成電子標籤感應。

(4) 推出時間：2013 年 1 月 7 日。

原定推出時間 2012 年 2 月，慢了 11 個月，主因是樂園內放置射頻發射器要有巧思，因為要藏於無形，地點不好找，尤其是遊樂設施，魔術手環有五大功能：魔術手環、快速通行券（Fast Pass+）、我的迪士尼體驗（My Disney Experience，MDE）、照片（Photo Pass）紀念品、支付（即儲值），詳見表 13-11。

資訊小幫手

佛州迪士尼度假區魔術手環（Magic Band）
時：電池可用兩年
地：傳輸距離12公尺，手環內建電子標籤，頻寬2.4GHZ
人：遊客
事：魔術手環外型比較像蘋果手錶（Apple Watch），上面有刻遊客名字，7種顏色可挑

三、控制

1. 對迪士尼功能

詳見表 13-12、13-13。

2. 集團擴大使用

智慧手環延伸到迪士尼集團相關公司，美國加州、中國大陸上海迪士尼度假區遊客採用手機。

3. 外部評價

2014 年〈快公司〉（Fast Company）雜誌評為當年「設計創新」（Innovation By Design Awards）獎。

田表 13-11　佛州迪士尼度假區智慧手環的研發過程

年月	行銷管理步驟	新產品開發 程式-C系統	負責單位	領銜主管
2007年	構想蒐集 （Idea Collection）	C0構想階段 （Proposal Phase）	迪士尼度假區 公司董事會	董事長 Jay Rascelo （2009年12月前）
	構想甄選 （Idea Screening）	C1規劃階段 （Planning Phase）	執行副總裁	Nick Franklin 執行副總裁
2008年	產品的工程發展 （Engineering Development）	C2設計階段 （R & D Design Phase）	科技部	技術長 Andy Schwalb
	代號「下一代體驗」 （Next Generation Experience，NGE）	C3樣品試做階段 （Sample Pilot Run Phase） C4工程試做階段 （Engineering Sample Pilot Run Phase）	—	另外四位 Eric Jacobson Jim MacPhee John Padgett Kevin Rice
2010～ 2012年	市場測試	C5試產階段 （Product Pilot Run Phase）	—	—
		C6量產階段 （Mass Production Phase）	營運部	—
2013年 1月7日	上市行銷	1. 新品 2. 新品廣告	迪士尼公司董事會 魔術手環1100萬個	董事長 ThomasbbO. Staggs （2010年1月起）

資料來源：整理自英文維基百科 MyMagic+。

田表 13-12　美國佛州迪士尼度假區智慧手環的功能

大／中分類	功能說明
一、魔術手環 （Magic Band）	下列三種顧客在到迪士尼度假區前的60天便可郵寄收到智慧手環
(一) 奧蘭多國際機場可搭接駁車 （Express Shuttle）	1. 企業客戶，即團體票 2. 迪士尼旅館顧客 3. 買樂園年票
(二) 開車	買1或2日票遊客，在入園前可買停車卡
(三) 迪士尼旅館	門禁卡、接駁車
(四) 手機付款儲值卡	比較像悠遊卡，可以再儲值，在迪士尼度假區內購物用餐
二、快速通行券 （Fast Pass＋）	1. 2012年12月以前是紙本 　2013年1月起，是魔術手環 　可用在三個遊樂設施（包括餐廳）訂位 2. 魔法時間（Magic Extra Hour）提前1小時入園或延後1小時出園
三、我的迪士尼體驗 （My Disney Experience）	這是一個網址，也是手機APP，WiFi，比較像是「票亭」（Kiosk），可以： 1. 安排樂園行程，包括快速通行券的預約 2. 導覽（Maps） 3. 查詢遊樂設施等待時間 4. 分享「行程」（itinerary）以跟（園內）的朋友約在某點會合
四、照片紀念品製作 （Photo Pass Memory Maker）	1. 迪士尼照片護照卡（Disney photopass card） 2. 在迪士尼樂園內，有許多攝影機會替遊客拍照，迪士尼樂園替遊客保存電子檔45天，並可依遊客指示印在杯、T恤上
五、其他功能	例如：（Test Track）（註：1998.12.19～2012.1.15） 在未來世界（艾波卡特，Epcot）的實驗景點

資料來源：少部分整理自 lista，「迪士尼魔法」，2017 年 12 月 2 日。

13-6　6 家迪士尼樂園的大數據分析－各樂園公司工業工程及資料分析處負責

　　五大（一小：香港）迪士尼度假區，年入園人數 1,000 萬以上，吃喝玩爲主：在度假區的旅館以食（餐廳）、住（旅館）、衣（商品購物）爲主，遊客會在一年各季各服務時段（每 15 分鐘）各地留下巨量的交易資料。

　　各地迪士尼度假區管理公司想盡方法進行大數據分析，2016 年起，隨著人工智慧技術的成熟，又引進分析軟體，讓大數據分析更快、更聰明，如本文說明。

一、投入：遊客大數據的來源

　　針對遊客大數據得來源，以樂園來說，分成三階段。

1. 2012 年以前，銷售時點系統（POS）

以便利商店結帳櫃檯的銷售時點系統來舉例，此時迪士尼樂園入口、園內商店餐廳、遊樂設施大抵是此水準。只知道各分鐘的商品銷售數量、價格，但个知買方的人文屬性，甚至在園內的排隊時間。

2. 2013 年 1 月起，佛州迪士尼遊客智慧手環

遊客智慧手環比較像身分證加悠遊卡，電腦系統可以辨識遊客身分（性別、年齡…等），在園內的遊園路線，排隊等待時間、交易資料。智慧手環收集到資料量是銷售時點系統的萬倍以上。

3. 2016 年起其他五個迪士尼度假區採用智慧型手機 APP

由於智慧型手機功能強，2016 年起，上海、加州迪士尼等樂園採取智慧型手機 APP，各項對外對內的數據比智慧手環高數萬倍以上。

二、轉換

由表 13-13 可見，各度假區的商業資料分析處負責。

1. 組織設計

各迪士尼度假區管理公司的工業工程部負責設施、車輛等維護等，知己知彼，百戰百勝，所以便想方設法「超前部署」，如此才不會「江郎才盡」。工業工程部下設商業分析處來分析、預測。

田表 13-13　各國迪士尼度假區管理公司工業工程部資料分析處的職掌

投入	轉換	產出：對內部「提供服務給樂園其他部門」
(一) 資料收集 　1. Apache Cassandra 　　（臉書公司電子郵件資料庫） 　2. Apache Hadoop 　　（開發軟體架構） 　3. MongoDB（資料庫）	(一) 預測 　1. 設施使用率 　2. 員工人數需求 　　（Workload）	(一) 核心部門 　1. 運輸部1位副總裁 　2. 各主題園區7位副總裁 　3. 全球行銷與行銷部門1位副總裁
(二) 資料分析 　1. 相關軟體功能如下 　　(1) 電腦模擬 　　(2) 系統分析 　　(3) 生產流程分析（Production 　　　Flow Analysis） 　2. 軟體 　　美國賽仕電腦軟體（SAS）	(二) 生產力/流程改善 　詳見表13-15。	(二) 功能部門 　1. 人力資源部一位副總裁 　2. 財務部1位副總裁 　3. 其他部門

資料來源：整理自迪士尼度假區公司 Industrial Engineering Co-op/Internship Disneyland；美國賓州州立大學新聞 Penn State News "Shannon McCully finds magic in industrial engineering through career at Disney"，2020 年 3 月 22 日。list of management of the Walt Disney company.

2. 經驗交流

(1) 時間：每年 10 月。

(2) 地點：美國佛州迪士尼度假區。

(3) 人物：六個度假區公司的工業工程部商業分析處人員，約 300 位。

(4) 事情：舉行一年一次的迪士尼分析與優化高峰會（Disney Analytics &bOptimization summit），探討各樂園商業分析相關課題。（整理自 Pete Buczkowski「分析和優化如何提升迪士尼的客戶體驗」，報導，2018 年 8 月 13 日）

3. 執行

由表 13-12 可見，以美國加州迪士尼來說，游客採用手機迪士尼 APP 取代票卡、現金等，2018 年分兩階段完成（6 月、11 月）。

三、產出

人工智慧在大數據分析的運用，主要在精準、預測與分析，對內、對外功能如下。

1. 對內管埋，詳見表 13-15。

2. 對遊客營運，詳見表 13-16。

田表 13-14　迪士尼度假區遊客手機 APP 相關功能進程

營業範圍	入園前	入園時：大門口	在園中	離園後
一、樂園				
(一) 門票等	1. 門票網路購買 (1) 電腦 (2) 手機 　2018年6月	1. 快速通行券（Fast pass tickets）：2019年11月，在東京迪士尼遊客中心領取	看些主題園區室內表演時要抽籤，手機可代抽（Show's lottery）	失物招領等
(二) 園內導覽	－	1. 導覽地圖（Guide map） 2. 定位：知道自己在哪裡	1. 知道各遊樂設施排隊時間多久 2. 知道園內餐廳訂位、排隊時間	依遊客的「我的迪士尼體驗」製造、寄送紀念品
(三) 手機支付	2019年11月	買門票	付款	其他
二、旅館	2019年11月	可手機預定餐廳、購物	在客房，手機可以當門禁卡	其他

表 13-15　電腦人工智慧在迪士尼樂園對內運用

損益表	運用方式
一、營業成本	
（一）原料	
1. 運輸物流	包括預估遊客量以調度機場到園內接駁車，園內遊客乘車、船等。
2. 員工服裝	尤其卡司員工服裝約200萬套，針對送洗、回庫、在外使用、耗損與更換等，皆須有預測。
（二）直接人工	
1. 人員排班	由預測每天、每時段（每15分鐘）各地點的遊客人數等，大度假區（例如佛州）員工約8萬人，派至各商店、餐廳、公園服務等，排班與人力緊急調度，排班準確度提升。
（三）製造費用	－
二、營業費用	
（一）研發費用	以遊樂設施的市場測試來說，透過遊客試用，可減少推出錯誤的遊樂設施。 遊客在手機APP上也看得到，例如「幽靈公館」（The Haunted Mansion）。
（二）管理費用	主要是員工訓練課程規劃等。
（三）行銷費用	1. 由於清楚了解顧客人文屬性、在度假區內的消費型態，以進行精準行銷，包括迪士尼旅館客服人員的電話行銷。 2. 預測購買機率最高的度假套裝行程。

資料來源：整理自「迪士尼樂園施展數據魔法，打造你的夢幻體驗」，若水 Flow AI Blog。

☺表 13-16 人工智慧在迪士尼度假區對遊客服務的運用

營業區塊	運用方式
一、購物中心	—
二、旅館等 (一) 旅館 　洗衣（包括房間床單、毛巾等）、前台人員、餐廚設備	這是旅館經營管理的後勤作業，例行且作業量大又繁瑣，有人工智慧軟體協助大大提高準精度。
(二) 餐廳 　餐點喜愛程度分析	計算出顧客人數、時間、餐點的份數，分析顧客們來店時間分布、上菜、時間、用餐時間……等，以決定餐點、員工組合。
宴會餐	預約「Be My Guest」。
顧客關係管理	電腦系統會自動跳單，指示店員替生日壽星遊客慶祝。
(三) 戶外設施 　高爾夫球場 　景點（公園）	—
三、樂園 (一) 遊樂設施 　遊玩規劃	主要為單元13-5中的智慧手環五大功能：「我的迪士尼體驗」，依據你的心願清單（Wishlist）規劃園區行程表，且避開人潮。
入園驗票	速度比紙本門票快，每天增加5000位遊客。《星際大戰》電影中智慧機器人R202導覽。
預約攝影	許多主題園區、遊樂設施皆有附設高處攝影機，遊客可預約幾個景點，指定拍照與產出方式，像是照片或是列印在紀念品上，例如：飛濺山（Splash Mountain）。
排隊管理	以「神奇王國」主題園區來說，有LED螢幕，每5～10分鐘更新一次，顯示排隊人數、已分發快速通行券人數，以讓遊客決定是否祭出快速通行券「大絕招」。 快速通行券（Fast Pass＋）允許讓遊客在「指定1小時」可不排隊，有多少人會使用等，對迪士尼預測各遊樂設施排隊時間，構成難度。
顧客關係管理	當顧客在遊樂設施等太久，例如等1小時，電腦系統會送「抵用券」到遊客手機，澆熄火氣。
人潮管理	當（預測）發現某些景點人潮過多，迪士尼可以採取圍堵措施（即加派人手）、疏導（在鄰近處舉辦即興遊行，把人潮引到人少的地方）。
(二) 商店／餐廳	以流動餐車來說，用大數據找出最佳地點、備料。

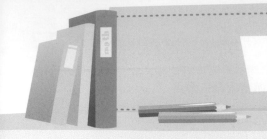

章後習題

一、選擇題

( ) 1. 迪士尼樂園的核心「效益」（商品）是什麼？ (A)表演 (B)遊樂設施 (C)產品與餐飲。

( ) 2. 上海迪士尼度假區的市場定位以何為主？ (A)車程3小時內 (B)飛機航程3小時內 (C)上海市。

( ) 3. 商店（包括主題樂園）對顧客最基本的責任是什麼？ (A)最低價 (B)健康與安全 (C)產品好。

( ) 4. 解決迪士尼樂園擁擠最有效方法 (A)入園人數管制 (B)快速通行券 (C)依時段差別定價。

( ) 5. 各座迪士尼度假區的顧客大數據分析由哪單位承辦？ (A)樂園工業工程部旗下商業資料分析處 (B)旅館 (C)購物商場。

( ) 6. 迪士尼樂園內各種餐點最大特色是？ (A)卡通人物造型 (B)口味特殊 (C)超便宜。

( ) 7. 迪士尼商品在哪裡最廣最齊全？ (A)樂園內商店 (B)授權商店 (C)自營商店。

( ) 8. 迪士尼樂園爆米花筒最大特色為何？ (A)口味20種（含咖哩） (B)筒子圖案 (C)超便宜。

( ) 9. 迪士尼樂園最適合哪種人去？ (A)1個人 (B)朋友們 (C)有小孩家庭。

( )10. 全球哪一個迪士尼樂園入園票最低？ (A)香港 (B)上海 (C)東京。

二、問答題

1. 分析上海迪士尼樂園內各主題園區、遊樂設施的設計方式。

2. 比較迪士尼商品與丹麥樂高、瑞典宜家在設計商品的異同。

3. 迪士尼樂園內各主題園區的餐廳種類如何決定？

4. 迪士尼樂園內的表演如何讓人一來再來呢？

5. 迪士尼樂園的未來產品是城堡遊行、光雕秀、煙火秀，為什麼？

個案14
迪士尼度假區－樂園的產品策略

電影場景為首的主題樂園加上餐飲、商品、表演

　　全球主題式樂園市佔率 50% 的是迪士尼樂園，經典電影塑造出的場景、角色人物，再加上相關專利商品，這些構成「智慧財產」（Intellectual Property, IP），是其他以機械式遊樂設施為主的樂園難以比擬的。

　　迪士尼樂園遊客在園平均待 8.9 小時，本章以 1967 年美國行銷大師柯特勒的商品五層級，每個單元詳細說明每個商品層級，迪士尼度假區是怎麼想到、做到的，這就跟 3C 產品的逆向工程一樣，知其然，才能超越。

學習影片 QR code

第三篇　迪士尼的崛起與發展

14-1　產品策略中之核心效益：主題園區

樂園門票收入佔樂園營收 45%，樂園的核心效益是主題園區的景點和「遊樂設施」（Attraction），詳見表 14-1。

一、全景：樂園的核心效益：主題園區組合

一個樂園至少有 7 個主題園區（Theme Park），以股票型基金的投資組合來比喻。

1. 基本持股

4 個必有的主題園區：米奇大街、探險島、夢幻世界、明日世界，各迪士尼樂園用詞大同小異。

以入園後的第一個主題園區「美國小鎮大街」（Main Street, U.S.A.），東京迪士尼稱為 World Bazaar，上海迪士尼稱米奇大街，這取材自華特・迪士尼的童年回憶，展現 19 世紀美國西部小鎮風光，是每天花車遊行的終點，對許多人入園的人來說，這是卡通人物米奇（米老鼠）、米妮（米奇的女友）出現且跟遊客合照的地方。有許多商店，遊客可以買食品……等。

2. 核心、攻擊性持股：3 個以上特殊主題樂園

寶藏灣、奇想花園、玩具總動員。

3. 迪士尼樂園的分類方式

七個主題園區分成四大類。

(1) 懷舊之心：米奇大街、奇想花園。

(2) 未來之心：明日世界。

(3) 奇幻之心：夢幻世界、玩具總動員。

(4) 探險之心：探險島、寶藏灣。

4. 水陸搭配

有兩種搭配方式：

(1) 3、9 點鐘方位是各式水區，其餘是陸地區，如此讓遊客有水、陸場景變化。

(2) 圖 14-1 上海迪士尼樂園，水區在 2 與 5 點鐘方位，包括探險島、寶藏灣。

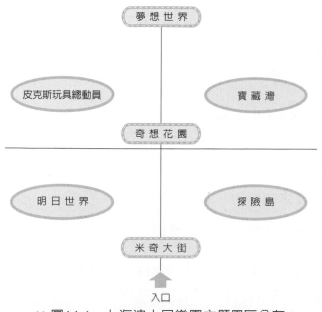

▷▷ 圖14-1　上海迪士尼樂園主題園區分布

二、上海迪士尼樂園的特色

1. 中國風

由於遊客九成是中國大陸人民，所以許多景點、服務人員都很有「中國風」（表 14-2），例如「12 朋友園」、商品 12 生肖版本的達菲熊。

2. 最大的

董事長伊格指示：「China was so important to the future of the Disney company that we should be ambitious. We shouldn't build something small or easy; we should build something that's big.」

從樂園中的城堡為例，連中國大陸籍顧問都建議挑戰最大的去蓋。（部分整理自 Rebecca Davis, "Walt Disney Imagineering President Bob Weis Welcomes More China Theme Parks", variety，2019 年 11 月 7 日）

三、基本商品

1. 商店

各主題園區商店販售相關獨家紀念商品。

2. 餐飲

分成餐廳（餐廳、周邊攤販）、飲料（含冰淇淋等）。

四、近景：把一個主題園區當成一個股市中的類股，每類股的重點如下

核心效益：遊樂設施。

1. **數目**：每個主題園區平均 5 個遊樂設施。

2. **上海迪士尼專屬**：香港迪士尼有七成的設施、巴黎迪士尼有六成的設施複製於美國或日本的迪士尼樂園。上海迪士尼有八成的遊樂設施是全新設施，或是經過修改而來，是最為創新的一個。

3. **遊樂設施分三小類**：前戲、正戲、後戲。

表 14-1　上海迪士尼樂園各主題園區的功能

商品層級		核心效益		基本產品	
時鐘方向	主題園區	遊樂設施	影城	商店	餐廳
6點鐘	米奇大街（Mickey Avenue）	其他迪士尼樂園稱「美國小鎮大街」（Main Street U.S.A.）	米奇－米妮	M 大街購物廊、Whistle公車站商店	米奇好夥伴美味市集（原文：等市）：如小米大廚烘焙坊
4點鐘	探險島（Adventure Isle）註：其他迪士尼稱「探險世界」	1. 雷鳴山漂流 2. 古蹟探索營 3. 明石台	翱翔飛越地平線。故事舞台：「人猿泰山：叢林的呼喚」	3家冒險日用品：如笑猴商鋪、霓蛙彩物	2家部落豐盛堂（小炒與燒烤）：如水虎魚大口咬
2點鐘	*寶藏灣（Treasure Cove）	1. 探險家獨木舟 2. 探秘海妖復仇號	以電影《神鬼奇航》為主題：1. 神鬼奇航－沉沒寶藏之戰 2. 船奇戲水灘 3. 凡鐵戈戲院	1家：達布隆「集市」	4家：如巴波薩燒烤

商品層級		核心效益		基本產品	
時鐘方向	主題園區	遊樂設施	影城	商店	餐廳
12點鐘	夢幻世界（Fantasyland），或稱「神奇王國」（Magic Kingdom）	1. 七個小矮人 2. 礦山車 3. *晶彩奇航 4. 旋轉杯（運河船）	*奇幻童話城堡（海洋奇緣） 1. 日間舞台秀 2. 夜光幻影秀，點亮奇夢	4家：如城堡禮品店、森林百物	7家：如皇家宴會廳、皮諾丘鄉村廚房、老藤樹食棧
10點鐘	*皮克斯玩具總動員（Pixar Toy Story Land）	1. 抱抱龍沖天賽車 2. 彈簧狗團團轉	胡迪牛仔嘉年華	1家：艾爾玩具店	2家：玩具盒歡、宴廣場
8點鐘	*明日世界（Tomorrowland）	1.《創：光速戰紀》（Tron） 2. 雲霄飛車 3. 極速光輪 4. 噴氣背包 5. 飛行器	1. 小飛俠天空奇遇 2. 巴斯光年 3. 星際營救（室內射擊遊戲） 4. 星球大戰 5. 遠征基地 6. 太空幸會史迪奇 7. Arene E創意舞台	2家：如星際貿易港、晶品	2家：如旋味、星露台餐廳
中心	奇想花園（Gardens of Imagination）	旋轉木馬「幻想曲」	1. 多座花園，其中「12朋友園」 2. 漫威英雄總部	4家：米奇與米妮商店、小貴客禮品屋	3家：提摩太小吃、花間美味、漫月食府

資料來源：整理自中文維基百科上海迪士尼樂園，*為上海迪士尼第一，「餐廳」來自雄獅旅遊。

資訊小幫手

遊樂設施（Attractions, or rides）

一、吸引物，喜聞樂園的事物

二、觀光勝地（Tourist Attraction = sighteening place to go）

    1. 依遊客年齡區分

      (1)兒童用：兒童樂園內最常見

      (2)大人用

    2. 依遊樂設施的機械性質（Mobile Game Facilities）

      (1)機械遊樂設施：雲霄飛車（Rollen Csten）12種等

      (2)其他

    3. 依室內室外

［資料來源：整理自中文維基百科，遊樂場機動遊戲；英文維基百科 tourist attrecion ］

田 表 14-2　上海迪士尼樂園的第一與中國特色

主題園區	遊樂設施與影城	說明：9個第一	中國特色
探險島	1. 古蹟探索營	攀岩、越野	可以看到北京的萬里長城
	2. 飛越地平線	4D全息投影的飛天電影	
	3. 人猿泰山：叢林的呼喚音樂劇	全球唯一的中文迪士尼音樂劇	中文迪士尼音樂劇 融合中國武術和上海傳統雜技
寶藏灣	神鬼奇航－沉沒寶藏之戰	(1)全球首個海盜主題景區 (2)裸視3D螢幕的機動遊戲	－
夢幻世界	1. 晶彩奇航	(1)全球首個且唯一 (2)白天與夜間不同的船載漂流項目	迪士尼城堡塔頂是牡丹花、祥雲、蓮花造型
	2. 奇幻童話城堡	全球最大、高城堡，所有（約17位）迪士尼之主	(1)中國音樂 (2)中國公主花木蘭在遊行彩車上
	3. 花車巡遊	（號稱遊行路線最多）	米奇、米妮穿唐裝
明日世界	〈創〉極速光輪	以摩托車方式的過山車（或是雲霄飛車）迪士尼樂園歷史上速度最快的雲霄飛車之一	－
奇想花園	12朋友園	12朋友園，融合兩項： (1)中國12生肖與迪士尼動物卡通 (2)〈桃花源記〉的桃花園	餐廳漫月軒，中國建築，服務人員穿著宋朝服裝「中國風園林」

14-2 產品策略之基本商品：商品與餐飲

到景點，尤其是樂園玩，往往是全家一日遊，當票價不低時，遊客會待更久，以求撈本。既然是一日遊，園內會有餐廳、商店販售餐點、飲料。

一、核心商品：迪士尼商品，佔營收 37%

迪士尼商品佔樂園收入 37%，原因簡單，詳見表 14-3。

田表 14-3　東京迪士尼樂園商主題園區商店與商品

大分類	中分類	主題園區商店*	15項必買商品
一、食	1. 餐桌用品 2. 廚房用品 3. 餅乾	1. 威尼斯嘉年華市集 2. 情人甜點 3. 威尼斯商人西點	1. 星黛露、達菲造型馬克杯 2. 米奇、唐老鴨、小熊維尼飯匙
二、衣	1. 服飾 2. 雨具 3. 嬰兒車遮雨罩 4. 暖暖包 5. 冷冷包	1. 史高治百貨公司 2. 迪士尼商場 3. 費加洛服飾專櫃 4. 純美、望洋 5. 美哉米妮 6. 回憶 7. 裴葛姑媽村莊商店 8. 蒸汽船米奇商店 9. 報童小舖	1. 米妮風蝴蝶結髮箍 2. 卡通造型玩偶帽子 3. 迪士尼經典角色大頭零錢包 4. 各種聯名衣服
三、住	家飾	唐老鴨家庭商品店	立體尾巴除塵滾筒
四、行	1. 充電器 2. 郵票	恩波利商場	1. 迪士尼公主六款造型高跟鞋鑰匙圈 2. 達菲好朋友一套四組手機吊飾
五、育	文具	郵局文具店	1. 可換色健握舒壓搖搖自動鉛筆 2. 達菲好朋友一套四組原子筆 3. 星黛露立體Memo夾
六、樂	1. 紀念幣販賣 2. 玩具扭蛋	1. 小市集 2. 彈簧狗禮品店 3. 觀天象禮品店 4. 照相用品店 5. 驚魂塔禮品店	1. 達菲護手霜 2. 各種角色造型絨毛玩偶 3. 達菲等玩偶和吊飾

*1.地中海港灣，2.美國海濱，3.發現港

資料來源：王文君，「東京迪士尼必買商品清單有哪些？」，Live Japan，2020 年 1 月 31 日；大陸旅遊，「2020 上海迪士尼樂園購物清單」，2019 年 6 月 4 日。

1. **獨家銷售**

   迪士尼主要在樂園內銷售迪士尼商店品，這商品跟樂園有「魚幫水，水幫魚」
   效果。

2. **綜合商場－產品廣度**

   格蘭恩商場。

3. **專賣店－產品深度**

   許多遊樂設施有卡通人物「把關」，其商店的產品深度最深，以「小熊維尼獵
   蜜記」商店來說，小熊維尼商品最多。

資訊小幫手

禁帶外食的衝突：2016年6月16日迄2019年9月10日

上海迪士尼度假區開園後的前三年，迪士尼樂園規定遊客不准攜帶外食，而
且在入園處「翻箱倒櫃」的把遊客包包打開。2019年3月，華東政法大學（在
上海市，約15,000位學生）學生王潔瑩向法院控告迪士尼樂園和度假區管理公
司，此條款無效。在中央電視台等大肆報導下，9月12日，上海市浦東新區法
院判決王潔瑩勝訴，迪士尼管理公司補償人民幣50元。

2019年9月11日迪士尼樂園放寬規定，允許遊客攜帶食物（不含味重的臭豆腐
等）、飲料（不含酒類）自用飲食入內。12月2日，以X光機取代開啓包包檢
驗方式，目的在於安全檢查。

（資料來源：中文維基百科－上海迪士尼）

二、攻擊性產品：餐廳與飲料，佔營收 20%

遊客平均在樂園內部 8.9 小時，至少需吃 2 餐，喝 2,000C.C. 以上的水，因此
園內各主題園區皆有餐廳（含小吃攤）、飲料店，詳見表 14-4。

1982 年東京迪士尼樂園開園，跟美國迪士尼樂園一樣，允許遊客帶食物入園，
2005 年禁止，理由是維護園內清潔等。由於禁帶外食，所以東京迪士尼餐飲佔樂
園營收近 2.5%，沒有惹眾怒的原因是園內定價比園外高 1、2 成而已。（詳見齊魯
壹點，旅遊，2019 年 8 月 15 日）

1. 食物和飲料只佔營收 20%

由這比率來看，對迪士尼樂園來說，「食物和飲料」佔營收 20%，只是支援性角色，對是否開放外食或園內共通商品（例如含糖飲料）定價，不必跟顧客「斤斤計較」，以免惹網路公憤（Online Public Outrage），詳見表 14-4。

2. 食品「入境隨俗」

七成中國菜，包括北京烤鴨、蝦仁滑蛋飯。

田表 14-4　上海迪士尼樂園內的餐飲

方位	主題園區	餐廳	餐種
6點鐘	米奇大街	米奇好夥伴美味集市	快餐
		帕帕里諾冰淇淋	小吃攤
		奇奇與蒂蒂果攤	小吃攤
		小米大廚烘焙坊	烘焙、小吃攤
4點鐘	探險島	部落豐盛堂	小炒、燒烤
		水虎魚大口咬	亞洲菜，例如：玉米捲
2點鐘	寶藏灣	海怪小吃	美國餐，例如：熱狗麵包
		水手大排檔	中式、亞洲菜
		土圖嘉風味	中式、西式小吃攤
12點鐘	夢幻世界	皇家宴會廳	與迪士尼朋友進餐多國菜式
		老藤樹食棧	多國菜式
		魔法師秘製小食	中式小吃
		皮諾丘鄉村廚房	多國菜式
		仙女教母妙味櫥	小吃攤
		吟遊風味	小吃攤
10點鐘	玩具總動員	玩具盒歡宴廣場	多國菜式快餐
8點鐘	明日世界	星露臺餐廳	多國菜式
		旋味	中式小吃攤
中心	奇想花園	花間美味	小吃攤
		漫月食府	中式快餐、小吃
		提摩太小吃	小吃攤

資料來源：整理自上海迪士尼度假區。

14-3 產品策略之期望商品：表演

在迪士尼樂園，你在手機上打關鍵字「Parades And Shows」，會看到一天時段、地區的表演、遊行時間，全球六個迪士尼度假區大同小異，本單元以上海迪士尼來說明。此處「表演」包括度假區三個地方：樂園、購物區（迪士尼小鎮）、飯店。

一、樂園內表演

1. 依涵蓋範圍

依照涵蓋範圍分成兩種：

(1) 跨區，詳見表 14-5。

(2) 單區，詳見表 14-6。

2. 時間

上海迪士尼樂園早上 8（或 9）點開門，晚上 9 點閉園，而且還有淡旺季之分，晚上 8 點遊樂設施停止。

3. 卡通人物的服裝

卡通人物的服裝跟著季節、節慶而改變，就跟人一樣，以八大卡司之二的米奇 290 套、米妮 200 套衣服。

田表 14-5　迪士尼樂園內各主題園區的表演

方位	主題園區	時	事
12點鐘	夢幻世界	一日兩次 時間長度45分鐘 每輪約8～10分鐘	花車遊行每個月皆有慶典主題：如1月過年、4月復活節、六月七夕、10月萬聖節、12月聖誕節等。 一天兩次，分別為12點、下午3點。
中心	奇想花園	晚上8點	點亮奇夢：夜光幻影秀。

資料來源：整理自上海迪士尼樂園。

田表 14-6　上海迪士尼樂園單區主題園區表演

方位	主題園區	時間（每隔1小時）	表演
6點鐘	米奇大街	–	上海迪士尼樂團
4點鐘	探險島	–	1. 亞柏櫟之歌 2. 月神節 3. 與叢林裡的迪士尼朋友見面
2點鐘	寶藏灣	7次	1. 風暴來臨：傑克船長之驚天特技 2. 海盜人生 3. 海盜氛圍 4. 水手打鬥 5. 巫毒巷打鬥 6. 在史派羅秘密基地與傑克船長見面
12點鐘	夢幻世界	9次	1. 冰雪奇緣：歡唱盛會 2. 百靈故事會 3. 夢幻節 4. 吟遊劇團
10點鐘	皮克斯玩具總動員		在友情驛站與您喜愛的玩具朋友見面
8點鐘	明日世界	10：05、11：25、12：45、14：35、16：10、17：45	1. 〈復仇者聯盟〉培訓行動 2. E空間聚樂部
中心	奇想花園	5次 12：00、15：30	1. 金色童話盛典 2. 米奇童話專列（遊行） 3. 唐式太極 4. 與米奇見面 5. 在漫威英雄總部與您喜愛的超級英雄們見面

資料來源：整理自上海迪士尼度假區「娛樂演出」或「樂園時間表」，時間會變。

二、樂園內表演型態

1. 室內表演：偏向舞台表演，16 個舞台以上。

2. 戶外表演：主要是卡通人物見面會（合影）、樂團，其中較常報導的是：

(1) 時間：2014 年起。

(2) 地點：東京迪士尼海洋的美國海濱，失落河三角洲主題樂園。

(3) 人物：2 位清潔人員。

(4) 事情：這稱為「趣味清潔夫」，不定時表演，屬於街頭娛樂表演。

3. **花車遊行（Parade）**：中國大陸稱巡遊，一天兩場，分別爲中午 12 點、下午 3 點半。

4. **夜間娛樂演出（Light&Night 或是 Light Show）**：這是指光雕、煙火秀（Firework）或 Disney Dream Light，主要在晚上 8 點或 9 點。

5. **季節性活動**：以 2017 年 4 月 23 日來說，推出遊客交換活動，以奇妙繪畫、徽章等分享。

三、購物區：迪士尼小鎮

1. 華特・迪士尼劇院

1,200 個座位， 2018 年 6 月 20 日起演出中國話的〈美女與野獸〉舞台劇（動畫版 1991 年，真人版 2017 年 3 月）。

2. 季節性活動

有季節性活動，每季有新品。

四、飯店

上海迪士尼酒店鋼琴師。飯店外的星願公園，2017 年 3 月推出 2 ～ 4 人座自行車租借，可以在星願公園騎。

14-4 產品策略之擴增商品：超出預期的人員服務－以美國服務品質量表比較迪士尼跟對手的得分

服務是落實差異化策略的主要方式之一，每個國家每年至少都有一家公司對服務業進行神秘顧客評分，成爲五星服務獎。以臺灣遠見雜誌爲例，每年 11 月公布 19 個行業，得分超過 80 分，有商務飯店（例如臺北文華東方酒店）、國際航空（日本、中華航空）、醫院（彰化基督教醫院）等，這些行業的共通點在於顧客享用服務的期間很長，日久見人心，比較容易看到公司各方面是否達到自己的要求，因此也會給予較高分。

同樣的，主題樂園內遊客平均待 9 小時，對樂園公司的服務層面很多，期望水準較高，本單元說明迪士尼度假區管理公司如何努力做到超乎遊客期望的人員服務。

一、「實用」服務品質量表

1985 年起，美國的公司採取公版的服務品質量表來衡量公司的服務水準，這「服務」包括硬體設施（廁所、停車場等）、人員。伍忠賢（2020 年）沿用其觀念，加上顧客對服務的期望水準等，發展出表 14-7「實用」服務品質量表，運用於上海迪士尼樂園與其對手評分。

表 14-7　從美國服務品質量表運用於主題樂園的衡量（由高至低）

顧客期望	五個商品層級	服務品質大分類	服務品質中／小分類	對手	上海迪士尼
100分	五、幸福、創造夢想（潛在產品）	－	－	2	10
90分	四、員內工作人員（擴增產品）	保證性（Assurance）4題	1. 專業 2. 禮貌 3. 信賴 4. 安全	2	10
80分	三、表演（期望產品）	同理心（Empathy）5題	1. 接近性 2. 溝通性 3. 理解性	2	10
70分	二、商品與餐飲（基本產品）	負責任的（Responsiveness）4題	正確的使命必達	3	5
60分	一、遊樂設施（核心效益） （一）溝通工具 （二）服務人員 （三）遊樂設施	可靠性（Reliability）5題	能達成「承諾」的服務品質	30	58
40分	－	有形的（Tangible）4題	包括設施、服務人員、溝通工具（手機版的樂園指南）	－	－
小計				39	93

® 伍忠賢，2020 年 3 月 18 日。

1. **第一欄得分**：從 40 到 100 分，這是顧客期望水準。

2. **第二欄**：跟商品五個層級對齊。

3. **第三、四欄**：美國服務品質量表的五大項、22 小項。

4. **第五、六欄**：本書評分上海迪士尼 93 分，中國大陸對手 39 分。

5. **綜合評比**：每年 9 月 2 日，全球最大的旅遊網站 Trip Advisor，根據遊客在過去 12 個月在樂園的評分計算出「旅行者之選」，全球 211 個樂園入列，以全球前十名來說，美國佛州迪士尼四個樂園佔第 1～4 名。以亞洲十大樂園來說，香港、東京迪士尼第二、五、六名，新加坡、日本環球影城居第一、三名，中國大陸廣東省番禺市長隆歡樂世界排名第 10 名。

公司小檔案

日本東方樂園公司

成立：1960年7月11日，日本東京證券一郎股票上市（4661）

住址：日本千葉縣浦安市

資本額：632億日圓

董事長：加賀見俊夫（Toshio Kagami）

總經理：上西京一郎（Kgoichiro Uenishi）

日本年度：今年4月迄翌年3月，2019年度最高點

營收：（2020年度）4644.5億日圓（－11.6%）

淨利：（2020年度）622.2億日圓（－31%）

每股淨利：189.22日圓，股價13,000日圓左右

以美元表示：1美元換110.85日圓

營業項目：迪士尼度假區，二座樂園、數家飯店

員工人數：（全職）約3,400人，（兼職）20,000人

二、近景

從低到高逐一說明由表可見，由下往上，從 40 分到 100 分，遊客關切重點不同。

1. **滿意度分數 40 分**：可靠的，迪士尼之「安全與健康」

任何設施基本要求是在安全與健康方面，對顧客、公司員工可以依靠的。

2. 滿意度分數 60 分：有形的，迪士尼之遊樂設施

遊樂設施好不好玩，涉及滿意度水準；但排隊排多久、等待時間舒不舒服（氣候因素）等涉及服務水準。

3. 滿意度分數 70 分：負責任的，迪士尼樂園貼心服務

國際航空業評分第一的日本航空公司強調「誠心款待賓至如歸」，迪士尼樂園、飯店以「貼心服務」（Caring Service）讓遊客有「賓至如歸」感覺，詳見表 14-8。

4. 滿意度分數 80 分：同理心，迪士尼「表演」

迪士尼樂園中任何一位「接觸點」（Point of Contact）的員工，都是廣義的演員員工（Cast Member），其任務在於「隨時可秀」。

以 2009 年起，香港迪士尼樂園一個會動垃圾桶叫「小推」，小推可跟遊客幽默對話，遊客問工作人員：「是不是有人在控制？」工作人員肯定的回答：「當然是真的。」這就是一場秀，要做就要做到位。

田表 14-8　迪士尼樂園的貼心服務

生活層面	項目
一、食	1. 提領現金 2. 預約餐飲秀餐廳 3. 優先入席（事先指定餐飲設施來店時刻）
二、衣	1. 失物招領 2. 留言服務
三、住	1. 投幣式置物櫃 2. 宅配服務
四、行	1. 租借輪椅、電動代步車 2. 無障礙服務諮詢 3. 信件投遞
五、育	1. 照顧走失兒童 2. 緊急醫療處理 3. 自動體外心臟電擊去顫器（AED）
六、樂	1. 嚮導遊園 2. 娛樂表演觀賞區入場 3. 迪士尼快速通行券，遊樂設施最新營運狀況 4. 出園再入園

資料來源：整理自東京迪士尼樂園網站。

5. **滿意度分數 90 分**：保證性，迪士尼員工之禮貌

一名遊客平均滯留在迪士尼樂園和購物中心時間一天九小時以上，凌晨一點，走在美國加州迪士尼，你會看見遊行工作人員或者飯店外場人員，臉上仍然掛著笑容；在遊樂設施，垃圾箱旁也一塵不染，正在維修遊樂設施的技師開心跟你打招呼，這些都是迪士尼渡假區讓遊客喜歡的原因之一。

6. **滿意度分數 100 分**：迪士尼之幸福與夢想

香港迪士尼，遊客結束一天的活動搭上捷運回到市區，捷運上廣播：「列車即將開往現實生活的香港」，表示遊客從夢幻的樂園中回到現實。

資訊小幫手

美國服務品質量表（Service Questionnaire, SERVQUAL）

時：1985年（大部分稱為1988年）

地：美國佛州邁阿密市

人：帕拉休拉曼（A.Parasuraman）、來特漢毛爾（V.Zeithaml）和貝瑞（L.L Berry）三人簡稱PZB。

事：在〈零售期刊〉（Journal of Retailing）上的論文"SERVQUAL：A Multiple -Item Scale for Measuring Customer Perceptions of Service Quality." pp.12 ～40。論文引用次數205次。

[資料來源：整理自英文維基 SERVQUAL 與 A. Parasuraman]

14-5 行銷組合第 2P：定價策略，以樂園入園門票為例

討論迪士尼度假區的定價策略，狹義的定位策略是指迪士尼的門票價位，這是本單元的內容；廣義的定價策略則是擴大到到度假區。

一、票價

1. 迪士尼直接銷售

透過微信等公眾號銷售。

2. 外界代售，票價是迪士尼的 92 折

中國大陸的旅遊網，例如途牛、飛承者網站等。（詳見吐槽科技園，十大旅遊網站，旅遊，2018 年 2 月 1 日）

臺灣的旅遊網，例如 KKDay、客路（Klook）；兩家皆 2014 年成立，位於臺北市。

二、定價大分類：依季節、假日之分

遊樂園是觀光景點之一，人們觀光旅遊受季節、工作、求學的例假日影響，所以在暑假、例假口採「時間定價」（Time Pricing），表 14-9 第一欄。

1. 暑假（七、八月）vs. 暑假以外

遊樂園（尤其是室外）受限於天氣，有淡旺季之分，遊樂園的主力客群在有小孩（3 ～ 11 歲）的家庭。暑假時天氣好、小孩放暑假，是旅遊旺季，樂園票價較高。

2. 依人數調整價格的動態定價

隨著需求量狀況，機動調整價格稱為「動態定價」（Dynamic Pricing），1980 年代起，美國航空公司採取，飯店業跟進。（詳見英文維基百科 Dynamic Pricing）

根據過去業績、顧客資料與定位情況等計算出與需求相符的價格。例如主題樂園預估未來幾天遊客人數會不會太多，可能就會調低入場票價，藉此鼓勵民眾這幾天來主題樂園玩，避開熱門假期人潮。

主題樂園不那麼壅擠，遊客滿意度會跟著改善。2016 年 3 月起，針對年齡 10 歲以上的遊客，美國加州迪士尼樂園採用 95、105 及 119 美元三種入場價格，遊樂園人潮愈壅擠，票價越貴。

3. 定價級數沿革

2016 年二級，2018 年三級，2020 年四級，詳見表 14-9。

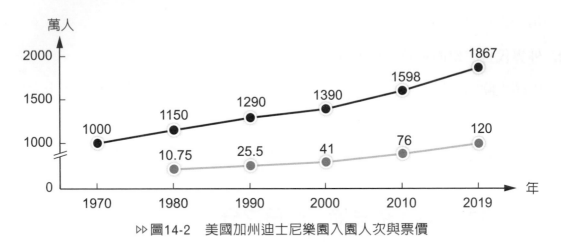

▷▷圖14-2　美國加州迪士尼樂園入園人次與票價

🏠表 14-9　2020 年 6 月起上海迪士尼入園票券

單位：人民幣元

一年四季	迪士尼用詞	顧客年齡	一日票	二日票	季票
一、法定節日	特別高峰日	1. 成年	699	一日票價格打9折，乘以2	1. 無限次數 2. 年卡 　1299～3299 三種： 1. 鑽石卡 2. 金卡 3. 銀卡
		2. 兒童、老人	－		
		3. 早鳥票	－		
二、夏季 （旺季）	(一) 高峰日 周末 (二) 高峰日 （value） 周間	1. 成年	595		
		2. 兒童、老人	－		
		3. 早鳥票	－		
三、春季 （半旺季）	特別常規日	1. 成年	499		
		2. 兒童、老人	－		
		3. 早鳥票	－		
四、秋、冬季 （淡季）	常規日 （regular）	1. 成年	399		
		2. 兒童、老人	－		
		3. 早鳥票	149		

資料來源：整理自上海迪士尼度假區網站。

三、中分類：例假日 vs. 週間

迪士尼樂園一日遊，週日來客數較多，樂園票價較高。

1. **週間**：一般是週末假的 75 折。

2. **週末**：以夏季高峰日作爲基準價。

四、小分類

1. **依每日早中晚的「時間定價」**

一早一晚，顧客較少，往往有「離峰」價格；早上有早鳥票，傍晚的星光票。

2. **依顧客年齡區分**

依遊客身分可區分爲一般人士、優惠人士。

(1) 一般價

「一般價」常指的是全票，其他稱爲「優惠票」（有時稱爲半票），一般人士指優惠人士外的人。

(2) 優惠價

有三種人可買優惠票：長者（65 歲以上）、兒童（3 ～ 11 歲，一般指身高 100 ～ 140 公分），以及殘疾人士（在臺灣稱領有殘障手冊）三歲以下（身高 100 公分以下）免票。不額外針對國中到大學生賣學生票。優惠長者、殘疾人士往往是來自法令上的要求。

五、比較門票票價高低的標準

常見的比較方式有兩種，能比較出樂園票價是貴還是便宜。

1. **水準值比較**

許多報刊喜歡做表，比較全球各迪士尼樂園的票價，涉及匯率，以上海迪士尼爲例，大都以人民幣、臺幣（給臺灣讀者看），上海迪士尼平日票價在六個度假區中第二低。

2. **相對水準**：所得票價比

由於各國人民平均所得水準不同，比較公平的比較商品價格是「所得價格比」，以這標準來看，上海迪士尼的「所得票價比」較高。

14-6 行銷組合第 3P：促銷策略

迪士尼度假區的促銷策略，以東京迪士尼為例，詳見表 14-10、14-11。

田表 14-10　東京迪士尼的促銷定價

項目	說明
一、地區行銷	
（一）附近城市	這比較偏向惠鄰措施，針對附近城市居民，推出限定時日等特惠票價。
（二）附近鄉村	針對農暇時間。
二、企業客戶	
（一）大型公司 　　（員工300人以上）	成為企業會員，員工買門票打九折。
三、住：合作行銷	
（一）住：飯店	機加酒（店）加迪士尼樂園。
（二）行：航空公司等	臺灣長榮航空公司長榮假期、自由價。
（三）樂：旅行社	例如臺灣雄獅旅遊，夢幻東京5日遊。
四、針對自然人	假期套票。

資料來源：整理自「快樂、夢想、迪士尼」，動腦雜誌，2009 年 3 月。

田表 14-11　迪士尼的季節、節慶行銷：以 2018 年迪士尼七夕為例

項目	說明
一、節慶	以2018年4月15日～2019年3月25日的35週年慶為例
1. 民俗節 　2. 迪士尼自創節	萬聖節、聖誕節、日本敬老節（例如敬老節舞會）、復活節（2020年3月27日～6月6日）、公主月、迎七夕（2018年6月7日～7月7日）。
二、表演	
1. 劇目 　2. 免費	依慶典而定，在兩座樂園皆有米奇、米妮裝扮成牛郎、織女。
三、商品	節慶商品。
四、裝飾	
1. 節慶裝飾 　2. 音樂	日本風格等。

資料來源：Live Japan，「東京迪士尼 35 周年慶」，2018 年 7 月 6 日。

《東京迪士尼的四重創意構思法》

時：2014年2月2日

地：臺灣

人：渡邊喜一郎

事：麥法斯出版社，書中說明東京迪士尼員工等，以說故事方式，來介紹遊樂
　　設施、餐飲、商品，以提高顧客回流率。

章後習題

一、選擇題

(　　) 1. 全球六座迪士尼度假區內樂園的主題樂園（一般七座以上）位置如何？　(A)大致一樣　(B)隨機設計　(C)依顧客意思。

(　　) 2. 迪士尼樂園內的治安由誰負責？　(A)米奇　(B)員工（保全）　(C)駐園警察派出所。

(　　) 3. 迪士尼樂園內的消防由誰負責？　(A)員工消防小組　(B)駐園消防隊　(C)以上皆是。

(　　) 4. 迪士尼樂園員工最怕碰到什麼問題？　(A)奧客（騷擾，尤其性騷擾）　(B)吃不飽　(C)極端氣候（太冷太熱）。

(　　) 5. 迪士尼園內卡通人物可不可以講話？　(A)可以　(B)不可以　(C)看情況。

(　　) 6. 在迪士尼樂園內扮演公主，身高最好在？　(A)156～160公分　(B)161～170公分　(C)171～180公分。

(　　) 7. 迪士尼樂園內7個主題園區（員工）食物如何走？　(A)走三條地道　(B)晚上運　(C)早上運。

(　　) 8. 迪士尼樂園內顧客不舒服，服務人員會如何處理？　(A)給你成藥　(B)叫救護車　(C)送你到中央救護室。

(　　) 9. 在迪士尼樂園「借」嬰兒車、輪椅需要付錢嗎？　(A)不用　(B)要　(C)看樂園。

(　　)10. 東京迪士尼樂園遊客可否帶便當、飲料入園？　(A)不可以　(B)可以　(C)看狀況。

二、問答題

1. 請說明迪士尼樂園中遊樂設施的維修、更新頻率、金額等。

2. 請分析上海迪士尼樂園限制遊客帶食品入園的規定。（提示：跟香港、東京迪士尼比較）

3. 上海迪士尼樂園內商品如何走出自己特色？（提示：日本迪士尼打紅了維尼小熊）

4. 上海迪士尼樂園內表演如何走出自己特色？（提示：跟日本迪士尼比較）

5. 上海迪士尼度假區的旅館、餐廳如何突顯特色？（提示：跟香港、佛州迪士尼比較）

個案15
微風廣場經營管理-臺灣百貨業
SWOT分析

在百貨超級戰場打拚的微風廣場

　　在大部分電子商務（網路購物）佔零售比率 8% 以上的國家，由於在家上網買衣服、化妝品，百貨公司營收大衰退，如美國、中國大陸是典型例子。屋漏偏逢連夜雨，再加上人口衰退，商機變小了，日本、臺灣的百貨業開始兩面受敵。

　　寫個案最好是聚焦，臺灣的百貨業中微風廣場公司 10 家店營業地區都在臺北市，而且店數多，題材豐富，本章說明之。

學習影片 QR code

第四篇　企業的營運策略與促銷

15-1　臺灣百貨業 SWOT 分析

臺灣百貨公司三強（新光三越、遠東崇光、遠東）佔百貨業營收近五成，然而每家公司店數至少七家以上，但新聞報導較為凌亂，且資料量較少，無法做深入討論。

微風廣場實業公司股票未公開發行，缺乏財務透明，但曝光率高，而且聚焦於一地（臺北市），佔了三個市場區隔，本書以此為對象。

一、全景

零售業 SWOT 分析中的商機威脅分析有兩項。

1. 商機，越來越小

(1) 日本經驗

日本百貨公司 2011 年起便受少子化之苦，再加上網路購物、平價商店侵襲，營收衰退，2019 年佔零售業比率 6%、中國大陸 18%、臺灣 5.6%。

(2) 2000 年起，少子化、老年化

2020 年 1 月，臺灣人口達到頂點 2,360 萬人；2020 年起，人口每年衰退 2 萬以上，內需走上日本經驗之路。

2. 威脅，網路購物越來越大

(1) 2000 年起，美國百貨公司（詳見圖 15-1）

美國百貨業遭受電子商務（主要是亞馬遜）的侵襲，營收下滑，2019 年佔零售業比率 8.2%，2005 年起，百貨公司紛紛閉店。2020 年的新冠肺炎疫情，人們減少出門購物，是壓垮駱駝的最後一根稻草。

(2) 2020 年起，臺灣便利商店業產值超越百貨公司業。

二、近景

綜合零售業中的百貨業，詳見表 15-1、15-2。

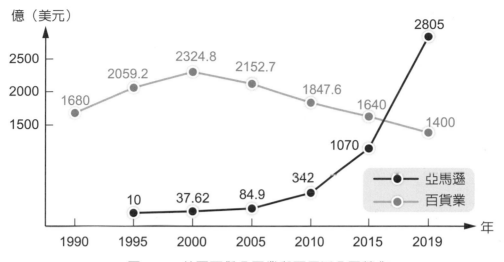

▷▷圖15-1　美國百貨公司業與亞馬遜公司營收

資料來源：整理自 Statila, department store u.s., 1992 ～ 2018。

田表 15-1　百貨業及三大百貨公司

年	2012	2013	2014	2015	2016	2017	2018	2019	2020
(1) 零售業	34932	35212	36197	35836	36244	36563	37371	38523	37752
(2) 綜合零售業	10026	10281	10774	11168	11647	11782	12226	12727	12472
(3) = (2)/(1)，(%)	28.7	29.2	29.76	31.17	32.1	32.22	32.7	33.04	33.04
(4) 百貨業	2800	2886	3061	3189	3331	3346	3401	3552	3196
(5) = (4)/(2)，(%)	27.93	28.07	28.41	28.55	28.6	28.4	27.82	27.91	25.63
二、百貨公司									
(一) 新光三越	750	744	793	795	793	781	797	807	817
店數	16	13	13	13	13	13	11	15	15
(二) 遠東崇光	410	408	434.9	460	453	456	462	460	437
店數	8	8	8	8	8	8	8	7	7
(三) 遠東	477	468	459	450	435	412	392	378.6	360
店數	10	10	10	10	10	10	10	12	12
(四) 微風廣場	109	112	130	164	160	220	225	305	305
店數	5	5	6	8	8	8	9	10	10

資料來源：營收主要來自報刊，2020 年營收為本書所估。

田表 15-2　零售業綜合、專業零售業中的營收結構（2018 年）

單位：%

行業	零售業	綜合零售	百貨公司	便利商店	超市	量販店
億元	37371	12226	3401	3217	1985	1995
一、食						
1. 食品	15.2	25	5.1	29.1	52.3	41.1
2. 飲料與菸酒	12.2	25.4	0.2	65.1	17.1	10.97
二、衣	11.7	15.2	37.1	0	4.6	5.5
三、住						
1. 住宅裝修材料與用品	0.6	0.2	0.2	0	0	61
2. 家庭設備	11.9	11.4	16.4	0.2	14.3	21.1
四、行						
1. 汽機車及零件	19.5	0.1	0	0	0	0.7
2. 油品	5.2	0	0	0	0.1	0.1
五、育 藥品及化妝產品清潔用品	9.4	9.7	13	2.4	8.5	9
六、樂						
1. 文教及娛樂用品	2.5	2.5	2.8	2.8	0	3.5
2. 資通訊	6.1	1.6	2.4	0	0	4.4
七、餐飲服務	2.6	5.5	16.1	0	0.2	0.6
八、其他	3.2	3.3	6.5	0.4	2.9	1.9

資料來源：經濟與能源即統計處，批發、零售及餐飲業經營實況調查報告，2020 年 10 月 3 日。

15-2　近景：綜合零售業中的百貨業

　　臺灣的百貨業很好分析，營收停滯，三大百貨公司店數幾乎原地踏步。比較稍有動力的是日本三井地產等在新北勢林口區、臺中市、高雄市等開「暢銷中心」（Outlet）。

一、百貨公司的營收結構

由表 15-3 可見百貨公司在人民「食衣住行育樂」六大生活項目中的功能。

1. 基本產品（佔營收 50%）的「衣」

1860 年英國有百貨公司以來，百貨公司的基本產品都是「衣飾」，「飾」主要包括珠寶手錶，甚至還擴大到 1 樓的化妝品專櫃，18 世紀末、19 世紀初，英美馬路走馬車，馬糞尿臭，所以百貨公司 1 樓主要賣香水化妝品，調和室內空氣。以「衣」來說，每年佔比減少 0.5 個百分點。

2. 核心產品（佔營收 30%）的食、住

百貨公司遭受網路購物搶食「衣飾」商機，宣稱餐廳、美食街想佔營收 30%，所有百貨公司只做到 16%。

3. 攻擊性產品（佔營收 20%）的行、育、樂

百貨公司的「行」、「育」、「樂」三種項目，佔約營收 30%。

田表 15-3　綜合零售業的營收結構

單位：%

綜合零售業	百貨公司		便利商店	超市	量販店
生活	2017年	2018年	2018年	2018年	2018年
食：餐飲	14.9	16.1	歸在食品中	0.2	0.1
1. 食品	5-1	5.1	29.1	52.3	41.1
2. 飲料、菸酒	0.2	0.2	65.1	17.1	10.8
衣	39	37.1	0	0	0
住：家庭器具	17.1	16.4	0	4.6	5.8
行：手機等	0.2	0.2	0	0	1.1
育：藥品及化妝清潔用品	13.8	13	2.4	8.5	9
樂 1. 文教及娛樂用品	4.7	2.8	2.8	0	3.5
2. 資訊通訊產品	2.4	2.4	0	0	4.4
其他	2.6	6.7	0.4	2.9	0.6
金額（億元）	3346	3401	3217	1900	1947

二、產業結構：三雄鼎立

百貨公司比較像東漢末年，群雄並起，但最終魏蜀吳三國鼎立。

1. 百貨公司範圍

百貨業主要包括三種：購物中心（店中店）、百貨公司（專櫃）、暢貨中心（Outlet），正成長主因在暢貨中心一家一家開，較大有二：三井（新北林口70、臺中50億元）、華泰（桃園72億元）。

2. 市場結構

由表15-2、15-3可見，百貨業營收約3,500億元，新光三越、遠東崇光、遠東百貨三大百貨公司，營收市佔率46.3%，符合寡佔市場。

3. 行業準則

2005年起，電子業有個獲利準則「一哥賺大錢，二哥賺小錢，三哥損益兩平，四哥以下等著被收購」的標語，在百貨業也適用。

⊞表 15-4　零售業公務統計來自經濟部統計處

時	每月25日	每年10月
事	發布上個月（批發、零售及餐飲業營業額統計）	公布〈批發、零售及餐飲業經營實況調查報告〉，以2018年來說。 1. 實體VS.無店面：90.7比9.3。 2. 無店面9.3：分為電子商務6.9（2017年5.7）、電視購物佔0.7（2017年0.5）、自動販賣機0.1、其他。

三、百貨業中的利基者微風廣場公司

1. 錢少，只能打有限戰

微風廣場公司「錢少」（資本額7.3億元，三大百貨公司皆114億元以上）、「將寡」，只能在臺北市這個佔百貨業近35%的超級戰場，以三艘主力艦去對抗百貨三雄的航空母艦或類航空母艦。

2. 微風廣場公司，守著臺北市

如同東漢末年的蜀國據有四川省（古稱益州），軍民只有400萬人，兵少將寡，丞相諸葛亮六出祁山，終因力有未逮；憾動不了軍民人數1,000萬人的魏國。

微風廣場公司二代經營者皆宣稱想走出臺北市，但只聞樓梯響，原因可能是錢少將寡。

四、特寫

　　房租侵蝕微風廣場的淨利率，微風廣場資本額 7.3 億元，只能租房子營運，臺北市租金相當高，侵蝕其淨利率，由表 15-5 可見，敬陪末座。（詳見王莞審，鉅亨網，2020 年 2 月 12 日）。

田表 15-5　四家百貨公司淨利率

單位：%

百貨公司	股票代號	2016年	2017年	2018年	2019年
京站百貨	2942	16.92	19.78	20.42	17
統領百貨	2910	5.49	9.21	20.06	16.75
遠東百貨	2903	3.44	4.48	4.21	5.68
微風廣場	–	2.17	1.02	1.83	–

田表 15-6　2018 ～ 2019 年 百貨公司前十大營收店

排名	百貨公司	市、店	2018年	2019年
1	新光三越	臺中中港	185.5	193
2	臺北101購物中心	臺北	–	150
3	遠東百貨	臺中	136.5	141.7
4	漢神巨蛋	高雄	–	140.6
5	新光三越	臺南西門新天地	–	140
6	遠東崇光	臺北復興	–	136
7	巨城購物中心	新竹	116	125
8	遠東崇光	臺北忠孝	120	123
9	夢時代購物中心	高雄	113	115
10	遠東百貨	板橋	–	100.5

註：新光三越臺北市信義店 4 館。

資料來源：購物中心情報站，2020 年 1 月 18 日。

15-3 微風廣場經營者

一般百貨公司大抵有兩種人會出來面對媒體，一是公司董事長（例如遠百徐旭東、遠東崇光黃晴雯）、總經理（例如新光三越副董事長、總經理吳昕陽）或公關、行銷企劃，以及店長（店總經理）或行銷課長。百貨公司一般都不喜歡管理者曝光太多，以免被鎖定挖角。

基於資料可行性，本書以微風廣場為對象來說明百貨公司的經營、管理階層。

一、公司簡介

2001 年微風廣場公司由廖偉志創業，向黑松公司租土地，成立復興店，以精品百貨進軍利基市場。之後一再承租商場，逐漸成為臺北市的百貨商場一方之霸。

公司小檔案

微風廣場（Breeze Center）實業公司
成立：2001年10月26日
住址：臺灣臺北市復興南路
創辦人：廖偉志（2015年5月20辭世）
資本額：7.3億元，大股東三僑國際佔70%、黑松（1234）佔25%
董事長：廖鎮漢
常務董事：岡一郎
總經理：高明頂
策略長：廖曉喬
員工人數：約700人

二、經營者

新光三越、遠東百貨都是家族成員經營，微風廣場也是，董事會成員中有二位曝光度較高。

(一) 董事長廖鎮漢

2015 年 5 月，創辦人廖偉志辭世後，由其子廖鎮漢接任董事長，之前協助父親創業與開創新局。

廖鎮漢

出生：1971年

現職：微風廣場董事長（2015年5月20日起）

經歷：微風廣場各相關職位

學歷：澳大利亞格里菲斯大學

(二) 常務董事岡一郎

由於廖偉志、廖鎮漢父子自認是百貨公司門外漢，因此 2000 年 10 月挖角岡一郎（1947 年次）擔任總經理，遠東崇光百貨使出「微風條款」，禁止品牌公司在半徑兩公里內設櫃，此後來被公平交易委員會審核為「妨害公平競爭」而勒令取消，但在復興店開幕前卻造成招商非常困難。招商是岡一郎的強項，他曾任遠東崇光百貨總經理（1997 ～ 2000 年），就知道哪些櫃位能發揮最大的成效。

(三) 黃瑞妍

微風集團七家子公司董事長皆是黃瑞妍。

三、管理階層

2014 年 4 月，微風廣場公司首次向媒體記者介紹其管理階層，其中包含日本、臺灣管理者。本處以 2020 年為主，詳見表 15-7。

田表 15-7 微風廣場的經營、管理階層

組織層級	職稱	人
一、董事會	董事長	廖鎮漢
	常務	岡一郎（日本人）
二、總經理	－	高銘頂
策略規劃	策略長	廖曉喬
三、核心活動	副總	－
行銷 1. 開店 2. 營運I 3. 營運II	開發招商事業處 百貨事業處 微風超市副總	高德璇 蔡瑞芳 西川正史（日本人）

15-4 臺北市百貨異數：微風集團的公司策略

　　每天打開電視，大都會看到媒體記者稱「微風少奶奶」、「名媛幫幫主」甚至「微風集團老闆娘」孫芸芸的廣告，主要是日立冰箱、洗衣機、內衣、吸塵器，年廣告收入數千萬元。2015 年 1 月 20 日，廖鎮漢擔任台塑生醫的調養飲品電視廣告也上線。

　　以百貨業來說，微風廣場的人比同業還有名，微風廣場從 2001 年開出第一家，2019 年營收 305 億元，比遠東集團（崇光 8 店 460 億元與遠百 12 店 378.6 億元）839 億元、新光三越（15 店 23 館）807 億元低，比臺中店（2019 年 193 億元）還高。

　　本書以一章的篇幅，由公司策略、事業部（SBU）的市場定位、管理，詳細說明一家百貨公司的發展。以微風廣場為對象原因有二，一是其成長速度，二是資料可行性。

一、微風集團的「公司策略」

　　微風集團自稱為「集團」（其定義是指三家公司以上、營收大於 5 億元的公司），但由於百貨商場佔集團營收七成，以 2019 年集團營收 305 億元為例，微風廣場的百貨店營收 213 億元，因此微風集團可視為一家微風「百貨公司」，一如遠東百貨公司一樣，詳見表 15-8。

「集團」在法律上不存在，因此本書中把廖鎮漢的頭銜寫成微風廣場董事長（微風集團董事長）。公司策略（Conporete Strategy）包括公司成長方向、方式與速度，限於篇幅，本單元只討論成長方向。

表 15-8　依遠東百貨核心活動組織設計來分析微風集團

公司核心活動	遠東百貨	微風集團
一、研發	總經理商品開發組	省略
二、生產	商品本部	1. 微風股份公司，2007年1月成立，資本額1.3億元：代理。 代理ED Hardy、Madison等品牌通路，2015年營收約5億元。 2. 微風國際，1999年7月成立，資本額5000萬元：餐飲等。 (1) 微風超市（Breeze super）：乾果、巧克力品牌Truly、Mai，年營收約15億元。 (2) sonKayser、丸壽司、阿舍食堂，Y's pizza等，含阿舍海外美國等超市10億元。 (3) 微風和伊授桌餐飲管理顧問公司。 3. 微風創業投資
二、業務／行銷		
（一）展店	營運本部新店規劃部	1. 微風開發，1999年7月成立，資本額500萬元 (1) 微風網站開發公司（2006年10月成立）資本額6億元，鎖定機場、高速公路休息站與港口（例如基隆港）等籌備開店。 (2) 微風投資開發。 (3) 微風商旅（臺北市中山區），2005年成立，20家。
（二）營運	營運本部管12家店，一般分北中南三個處	微風廣場實業公司10家店。
（三）行銷	1976年徐元智基會	2011年11月，成立微風慈善基金會。
1. 行銷活動	營運本部行銷企劃組	微風娛樂經紀公司：2008 年成立（藝人）經紀公司管理旗下專業模特兒，微風DM亮相、接秀活動，更加入歌唱與戲劇表演的訓練，強調其素人特質微風女神（Breeze girls），2015年底人數40人，微風8店接待人員開始訓練。
2. 電子商務	「電子全通路部」，隸屬商品本部	2000年1月，成立微風數位科技公司，資本額5000萬元，2015年9月4日公司解散。 2016年8月，成立微風廣場數位時代公司。

資料來源：整理自遠東百貨、微風廣場公司。

二、成長方向：垂直整合

由表 15-8 可見，微風集團由十三家公司組成，其成長方向屬於垂直整合；跟遠東百貨公司來比較，只是把核心活動中「生產」、「行銷」功能獨立成公司。一般成立公司的目的有二，跟外國公司成立合資公司，或單獨成立公司以獨立發展業務，例如微風公司的女鞋，可在同業的店中設櫃，詳見表 15-9。

三、商品中女鞋開發的微風公司

微風公司偏重發展自有品牌，詳見表 15-8，因此微風集團創辦人廖偉志的女兒廖曉喬有「時尚總監」的頭銜、兒子廖鎮漢的太太孫芸芸有「品牌顧問」之稱。此公司處於「明日之星」階段，2016 年，營收 5 億元。

⊞表 15-9　微風公司的「精品衣櫃」品牌

商品種類	說明
1. 服裝	2011年微風公司以3000萬美元（10億元）併購義大利4大設計師品牌之一Giuliano Fujiwara，本想重定位「亞洲人的時尚品牌」（女裝），但因設計師堅持在義大利設計生產，生產成本較高，3年虧損經營認賠，上海（代理商老闆是劉嘉玲）與臺灣旗艦店均已結束。
2. 鞋	美國Ed hardy，6家店。Madison個性鞋，5家店。T.H.E.store時尚複合店，2家店。

註：T.H.E store 店開在微風復興店內；Giuliano Fujiwara 店 2014 年 4 月 11 日開幕，但只是三個月期快閃店（Pop-Up Store）性質。資料來源：部分來自李麗滿，工商時報，A19 版，2013 年 4 月 12 日；D1 版，2016 年 8 月 19 日。

四、商品中餐飲開發的微風國際

微風國際可說是微風集團的餐飲業務開發公司，在 2011 年 5 月收購「阿舍乾麵」（註：網路商店），在臺南市永康區入股「阿舍食品」公司（2009 年 11 月 25 日成立），販售商品包括阿舍（臺南、外省）乾麵、阿舍金鑽鳳梨酥禮盒（2012 年推出）與（芒果乾）巧克力 Tryly，開大型複合式大型店；海外市場由外國總代理負責，資本額 4 億元。2017 年全球（美中）舖貨店數 400 店，營收 2.4 億元。

2018 年，營收 3 億元。2020 年因新冠肺炎之故，宅在家、在家煮成為**趨勢**，快煮麵大賣，阿舍乾麵在美國、臺灣皆大賣。（詳見張玉鉉，今周刊，2020 年 7 月 22 日）

2016 年 6 月阿舍國際跟林育達合資 600 萬元（曾增資到 1,600 萬元），成立「壹舍」國際公司進軍泰式餐廳，名稱為「香茅廚」、「香茅小廚」，先在微風百貨展店，2017 年到海外開店。

15-5 微風廣場的公司策略－成長方式與速度

把微風集團當成一家百貨商場公司，其公司策略中的事業部組合、成長方式與速度，本單元說明。

一、微風廣場的事業部組合

微風廣場有 10 家店（詳見表 15-10），但跟同業的店不同，可分為二分法，本處以 2019 年營收 305 億元為基準，來計算各店營收頁獻度。

田表 15-10　微風廣場實業 10 家店入中分類

大分類	中分類	店
一、綜合零售業：百貨業	(一) 百貨公司（6000坪以上），佔營收80%	1. 復興店 2. 信義區南山店 3. 信義計畫區信義店
	(二) 商場（6000坪以下）	1. 南京店 2. 信義計劃商場店
	(三) 商店（3500坪以下） (二)、(三)佔營收25%	1. 臺北車站店 2. 機場捷運A1店
二、餐飲業	美食街（3500坪以下） 佔營收5%	1. 臺大醫院店 2. 三軍總醫院內湖院區商店街 3. 南港中研院店

二、成長方式

成長方式可分為兩種。

1. 內部成長

復興店、信義、南山店是內部成長，成長方式包括獨資、合資（佔大股）。

2. 外部成長

　　來自外部成長的有六家店，成長方式包括收購、合併。

三、成長速度

　　2014 年 9 月 4 日，微風廣場總經理岡一郎表示，以過去每兩年開一店的速度，未來微風廣場拓點規模上看 11 ～ 12 家，這包括微風國際在機場、港口與高速公路休息站等標案拓新點。

　　由表 15-11 可見，微風廣場可分為三個成長曲線：導入期（復興店）、成長期初期（2006 ～ 2014 年收購來的六店）、成長中期（2015 年 11 月信義店開幕，另取得三軍總醫院商場）。

四、股票不上市原因

　　2019 年，微風廣場公司每股淨利約 5 元，營收、獲利早已達股票上市條件，但基於「靈活管理」考量，暫不股票上市，原因是「不缺資金」，且股票上市三大好處，微風廣場皆有。

田表 15-11　微風廣場公司成長階段（10 家店）

階段	導入期	成長初段	成長中期
時	2001年10月～2013年	2014年～2018年	2019年起～
地	1. 2001年10月復興南路店，23000坪。 2. 2007年10月臺北火車站，3500坪。 3. 2008年3月10日，南港區中央研究院。 4. 2013年9月松山區的南京東路店，5700坪。	1. 2014年4月中正區臺灣大學醫院美食廣場。 2. 2014年10月信義區松高店，3800坪。 3. 2015年11月信義區信義店，9000坪。 4. 2015年12月內湖區三軍總醫院內湖總院地下街、商店街。	1. 中正區A1機場捷運站，500坪。 2. 2019年1月，信義區南山（廣場）店，16200坪。 3. 2023年南港區，微風南港店，2500坪，以餐廳、超市為主。

註：2005 年 6 月～ 2018 年 6 月 30 日大安區忠孝店，1000 坪。

15-6 微風廣場各店市場定位

廖鎮漢第一步是認清店潛力的指標有人潮和需求，交通、位址決定人潮，而該處客群是否有未被滿足的需求，則決定了成長空間。

微風廣場號稱有十家店，但以海軍艦隊為例，比較像一個由主力艦率領的艦隊，以營業面積區分，由表 15-12 可見。

田表 15-12　101 購物中心跟微風廣場南山店比較

項目／公司	101購物中心	微風廣場南山店
一、開幕 　（一）區位	2003年11月14日 臺北市信義區南邊	2019年1月10日 臺北市信義區南邊，在威秀影城後面
（二）捷運	淡水信義線世貿站	淡水信義線世貿站
（三）營業面積	8000坪	16200坪
二、市場定位	觀光客為主	臺灣本地人，偏重年輕人。
（一）對手	微風廣場南山店	臺北101購物中心
（二）女性顧客	1. ATT4Fun 2. 新光三越信義店	1. ATT4Fun 2. 新光三越信義店
三、年營收目標	150億元	70億元

一、高價位百貨公司市場定位

微風廣場七家商場店有五家在臺北市東區，有二家小店在中區。

微風廣場三家大店，由於立地條件（位址、面積與對手），因此皆以精品百貨佔有一席之地，詳見圖 15-2。

1. 松山區復興店（業者自稱微風本館）

微風廣場復興店，2001 年成立，業者自認是第一家貴婦購物中心，第二家是 2009 年 9 月 21 日開幕的寶麗廣場（Bellavita，義大利文，原意美好的生活）。

復興店不在主商圈且 1.27 萬坪營業面積，所以只能吃市場中的一個區塊，即顧客中女性佔 70%，主要是精品、服飾。

2. 信義區信義店採百貨公司經營

信義店在一級商圈，營業面積 12,000 坪、八層樓（B1 到 4 樓、45 ～ 47 樓）最好吃熟女客層，年營收目標 70 億元，岡一郎表示，嚴格來說，仍以延續國際精品為主力，包括頂級鐘錶一條街等。

3. 信義區南山廣場店（詳見表 15-13）

信義區原世貿二館由微風置地公司承租 20 年，包含地上 7 層至地下層停車場，樓地板面積約為 16,000 坪，2019 年 1 月 10 號開幕，45% 作餐飲，2 ～ 4 樓由日本 JR 東日本旗下鐵道商場艾妥列（atré）經營，並且另外承租南山廣場的 3 層樓為辦公樓層。此店房租極高，微風廣場轉嫁給櫃商，所有商品價格皆高，顧客層較少，經營風險高。（詳見蔡涵茹，商業週刊，2019 年 1 月 11 日）

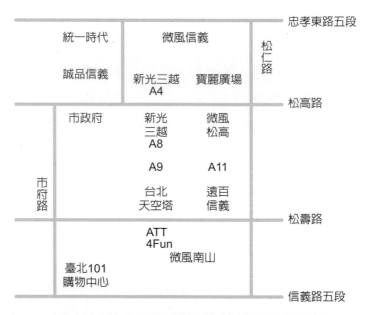

▷▷ 圖15-2　臺北市信義區計畫區的13家百貨公司

二、中價位服裝店

微風廣場有二家商場定位在中價位服飾店等。

1. 松山區南京店

南京店可說是百貨公司的五層樓（B1 到 4 樓），原定位於上班女生的店，因應 2014 年 11 月捷運松山線通車，2015 年 3、4 樓改裝，11 月 26 日完工，定位為上班族所需的時尚餐飲大店，平均價位比松高店高 2 ～ 3 成。點心類的櫃位設在一樓門面，餐飲佔比拉高到 50% 以上。

2. 信義區松高店

松高店斥資 15 ～ 20 億元打造，可說是百貨公司的三層樓，專攻 14 ～ 25 歲客層，以服飾、餐廳為主。

三、平價餐飲

微風廣場有三家店定位在平價餐飲店。

1. 臺北車站店本質是美食街加土特產店。

2. 臺大醫院店可說是百貨公司的美食街，在地下街只有 24 家餐飲店、10 家禮品店，其中美食街中 35% 是均價 90 元以下的平價餐飲，110 元以下的簡餐約佔 50%。

3. 三軍總醫院內湖總院商店街跟臺大醫院店相似。

出表 15-13　101 購物中心與微風廣場南山店產品策略

產品策略	101購物中心	微風廣場南山店
一、環境	1. 風格：古典 2. 地板：明亮大理石 3. 顏色：黃銅	全臺有三家購物中心內有百貨公司： 1. 臺北市：南山購物中心內有日本艾妥列百貨 2. 新竹市：big city 遠東加遠東崇光百貨 3. 高雄市：夢時代購物中心內有時代百貨
二、商店組合 (一) 攻擊型商店	6F：健身俱樂部 B1：美食街（鼎泰豐）、兒童玩具店、時尚、超市、屈臣氏藥妝店、鞋	B1：微風超市，2222坪，有2萬品項，烘焙 B2：美食街，29加餐廳，中臺港日式料理，加東南亞料理
(二) 核心商店	5F：特色品牌、文化創意 4F：國際珠寶、手錶、文化創意	5～7F：約150個專櫃，5F14家日本料理、6F3家跨國料理、7F3家西式料理
(三) 基本商店	3F：包包類、鞋、手錶 2F：主要是精品 1F：化妝品、保養品、服裝	1F：時尚大道（25個專櫃） 2～4F：日本艾妥列（atré，法文，魅力），是日本JR東日本旗下購物中心有70個專櫃，2F有35個、3F有25個、4F有10個 46～48F：雲端餐廳、餐飲佔營收45%，有多家米其林星級餐廳，7家餐廳

資料來源：整理自小佳的幻想世界，微風南山美食，每家店都有照片；另微風南山老實導覽，2019年2月12日。

15-7 微風復興店行銷管理

　　微風廣場有 10 家店，只有二艘主力艦復興店、南山店，佔營收 44%，等於二家店抵八家店營收。以行銷學上的旗艦策略來說，復興店正是提供七個中、小店打游擊戰的火力基地，因此本單元以復興店為對象，以行銷組合（詳見表 15-14）來說明其關鍵成功因素。

一、微風廣場復興店商品組合

　　2014 年 1 月 29 日，廖鎮漢表示，百貨公司營運只有三個重點「精品、時尚、餐飲」。

1. 精品

精品主要指珠寶、包包等，復興店自認是臺灣第一家精品購物中心。賣精品講究頂級服務，微風娛樂經紀公司的模特兒擔任微風廣場的客服人員。

2. 平價的時尚服飾

主要引進瑞典 H&M、美國 Forever 21（2019 年 9 月 29 日公司破產）、蓋璞旗下 Old Navy。

3. 餐飲

餐飲佔營收 18%，分成三種品牌。

(1) 自營品牌，主要是跟日本 Y's Table 集團合資的微風和伊授桌餐飲管理顧問公司，包括二類。

　　① 日式料理：麵「湯本院本川製麵所」（2005 年）、魂麵（2005 年）、丸壽司（2006 年）、丸本陣（懷石料理）。

　　② 義大利餐廳薩瓦托雷。

(2) 代理品牌「丸壽司」9 坪店面，年營收 9,000 萬元。

(3) 外部品牌，例如美食街中的「湯布院」，5 坪店面年營收 3,000 萬元。

二、行銷 I：廣告中的代言人

2001 年微風廣場復興店獨具慧眼，找上林志玲替微風拍攝 DM，後來並簽約成為賣場代言人。其中，豎立在臺北市市民大道、大安路口的林志玲大型看板，更讓許多路人驚艷。

微風廣場發言人、董事長特別助理蔡明哲表示，在模特兒經紀公司送來的資料裡挑中林志玲，主要是林志玲外表亮麗，還具有濃濃的都會感，更是位有頭腦的女生。這種特質，跟微風廣場訴求的時尚定位相當吻合。因此，雙方合作以來的溝通也相當順暢。微風廣場的「慧眼」，部分來自廖鎮漢和孫芸芸夫婦兩人時尚品味，在經營微風廣場和挑選賣場代言人時，更充分發揮敏銳的時尚嗅覺。後來，林志玲憑著自己的條件和努力，2004 年起有臺灣第一名模之稱。

三、行銷 II：人員銷售

微風之夜可說是母親節貴賓特賣會，微風廣場一直以「微風之夜」自豪，以辦舞會等方式來進行商品特賣。

日期約在每年 5 月 9 日左右，挑這日期，主要是因應零售業的「五絕六窮」淡季，挑在母親節之前，讓貴賓顧客有個花錢藉口，2019 年 5 月 10 日舉辦，營收13.6 億元，小成長；邀請對象主要以貴賓為主，限有請柬的顧客才准入場，塑造「貴婦之夜」的尊榮感，2014 年邀請卡 8 萬張，主要是跟 11 家銀行篩選出的卡友合作。

商品組合主要是珠寶、手錶等。主題設定「亞洲瘋狂購物」，百貨公司入口處打造成豪宅，燈光、噴水池、庭院造景、珍奇動物園等場景，顧客有如參加富豪的私人派對。

2016 年 8 月 26 日，微風信義店的「微風之夜」特賣會上，以森巴郵輪為主題，發出邀請卡 10 萬張，業績 12.5 億元。每家店的封館派對皆有不同風格。

2020 年 4 月 25 日（週六），因新冠肺炎之故，微風之夜採取網路直播方式，名稱「烏托邦黃金週」，營收約 8 億元。

田表 15-14　復興店的產品、行銷措施

行銷組合	說明
一、產品	
（一）精品	
1. 品項	主要是歐美日等名牌。
2. 淘汰	微風廣場有項規定：每年必須汰換10%的櫃位，實際數字比這高。
（二）餐廳	主要是日本的餐飲公司所帶來的餐廳。
二、促銷	
（一）廣告	微風廣場在行銷上下工夫，借力使力，採取代言人、名媛策略、微風之夜等業界創舉。
1. 代言人	(1) 2002年林志玲擔任代言人 　　此時林志玲27歲，出道4年，藉當微風廣場代言人與房地產廣告一炮而紅，而有「第一名模之稱」。 (2) 第二代起 　　香港名模周汶錡、王思平、蔡詩藝、香月明美等陸續擔任代言人 (3) 2010年起昆凌 　　昆凌17歲應徵代言人，亮麗外表脫穎而出，復興店內到處都是她的巨型海報，2014年10月24日松高店開幕，報刊上都是以她為主的廣告。 (4) 2014年「微女神」 　　2014年起，微風國際公司設立「經紀部」，推出「微（風）女神」，兼具代言人、百貨顧客服務處角色。
2. 名媛行銷	(1) 2005年起孫芸芸 　　孫芸芸接化妝品廣告，塑造名媛風，她是富二代（父親孫道存曾任臺灣大哥大董事長）。 (2) 微風名媛幫 　　孫芸芸跟廖曉喬等一些「名女人」（上海話名媛）喜歡參加「精品展」、「服裝秀」的「趴」（party的台式發音），被稱為「微風名媛幫」，話題性夠獲得媒體免費宣傳。
3. 廣告費	廣告、行銷費用近千萬元。
4. 微風展	廖鎮漢與妻子孫芸芸每年尾牙宴都有不同的主題，展現創意及親民的一面，對外吸引媒體報導，打知名度。
（二）人員銷售	1. 微風之夜 　2002年首次辦「微風之夜」時被批評，後來同業紛紛跟進。
（三）促銷	買萬送千、買千送百，即折9折。

15-8 微風集團的數位轉型－比日本三越伊勢丹公司落後五年

2010 年起，零售公司爭先恐後採用資訊通訊技術於公司各功能部門，尤其是數位行銷、手機支付（2008 年 10 月中國大陸支付寶是好例子），更全面使用稱為數位轉型。本節說明微風公司作法。

一、資訊通訊技術在零售業的運用

由表 15-15 可見，三個跟「數位」（Digit）有關的技術的商業運用時程，特別是在零售業。

1. 1970 年代起，數位化（Digitalization）

透過銷售時點系統把資料予以數位化（Digitization）這即電腦化。

2. 1990 年代，技術數位化（Digitalization）

這是因為 1990 年網除網路技術商業化運用，在零售業的運用電子商務，典型公司是 1995 年 7 月上線營運的美國亞馬遜公司。

3. 2010 年起數位轉型（Digital Transformation）

這是這是把資訊通訊技術用於解決公司所碰到企業功能上，英文稱 "transformation driven by digital technologies."

田表 15-15　美國零售業在電腦化，e 化的進程

時	1970年代	1990年代	2010年起
流程	投入	轉換	產出
技術	電腦	網路	資訊通訊
中文	數位化	技術數位化	數位轉型
英文	Digitization	Digitalization	Digital Transformation
涵義	把交易等資料轉成電腦中	把公司內外電腦等上網	使用網路技術以解決問題，例如網路行銷（Digital Marketing）
零售業	銷售時點系統	1995年7月，電子商務，美國亞馬遜、電子灣	2010年起人工智慧技術以運用於大數據分析

資料來源：部分整理自英文維基百科 Digital transformation。

二、微風集團「網路商場」奪橋遺憾

2000 年 1 月，以資本額 5,000 萬元，成立微風數位科技公司，可視為微風集團網路商場公司（2015 年 9 月 4 日公司解散）。

三、微風數位時代公司

2016 年 8 月 24 日成立微風數位時代公司，董事長張怡玲（由微風廣場董事長特別助理升任），總經理張惠婷負責數位行銷，2020 年 1 月以 1 億元，入主伊洛帕科技公司，持股比率 51%。

四、2019 年廖鎮漢的修辭策略

1. **時間**：2019 年 1 月 23 日。

2. **地點**：臺灣臺北市東方文華飯店。

3. **人物**：廖鎮漢。

4. **事情**：在員工旺年會（尾牙），宣布微風成立 18 年，以人來比喻，已成年，是微風「超級」零售（Super Retail）生態圈的開始，產業與產業間界線變的模糊，微風集團以建立生態圈來因應，跟對手差異化。具體作法是微風串聯百貨事業、線上金融、自營餐飲、微風超市、公益創新、娛樂傳媒和流行趨勢。

由表 15-16 可見，廖鎮漢所提的 4 個 S，是套用超級（Super）、成功（Successful）等開頭的好字，本質上是行銷組合的作法。

五、2020 年微風集團在數位轉型中的數位行銷作法

1. **時間**：2020 年 1 月 8 日。

2. **地點**：臺灣臺北市。

3. **人物**：廖鎮漢。

4. **事情**：在員工旺年會中，說明建立微風（集團）生態系統的新措施。

   (1) 微新聞：新聞媒體平台，提供消費者最新的時尚新聞。

   (2) 微風數位時代：微風電子錢包擴充會員功能，使消費者彈指之間就能完成支付。

⊞表 15-16　2019 年 1 月 廖鎮漢 4S 是行銷組合的修辭

行銷組合	廖鎮漢4S
一、產品策略	產品獨特性（Super Pricey），註pricey來自price，形容詞，貴的，只要有特色，訂價多昂貴都賣得掉。
二、定價策略	價格競爭優勢（Super Price Competive），當產品缺乏獨特性，須在售價上跟對手有得拚。
三、促銷策略	數位連結（Super Connect），以手機中的APP跟微風連結。 1. 2015年微風數位時代公司，經營會員。 2. 2020年3月，推出自媒體「微新聞」，內容涵蓋美妝、（服飾）時尚、美食等生活項目。 3. 2020年3月推出商店支付工具微風支付（Breeze Epay），對手新光三越2018年8月3日推出新光支付（Skm Pay）。
四、實體配置策略	超快（Super Fast），如果同樣用1分鐘達到成果，微風公司要用1秒鐘作到。

資料來源：部分整理自高敬原，「餐飲帶來人潮，看微風南山的 4S 超零售策略」，數位時代，2019 年 1 月 28 日。

六、跟日本百貨公司比較

　　跟同樣的標準公司「最佳實務」（Best Practice）相比，才知道「缺口」（Gap）、差距。由表 15-17 第一欄可見，美國亞馬遜在數位轉型，在全球領先。以跟臺灣的微風集團比較，最少領先 6 年。

公司小檔案

伊洛帕科技公司
成立時間：2010年11月15日
住址：臺灣臺北市松山區復興南路
資本額：500萬元
董事長：張怡玲
總經理：詹仰農
營業項目：資訊軟體服務業，號稱網紅銷售服務始祖，是一頁式銷售市佔率第一。

田表 15-17　日本百貨公司在各項數位行銷領先微風 10 年

投入	轉換	產出
一、日本三越伊勢丹 　　（2011年起）百貨	數位轉型 （日本10家店）。	環境：各樓層空間設計。
2015年起	大數據分析伊勢丹數位 數位服務部。	商品：商品展示方式。
2018年10月總經理杉江俊彥上任。 消費者洞察 （Consumer insights） 1. 顧客上伊勢丹網站瀏覽的數位軌跡。 2. 顧客上網提問。 3. 顧客消費紀錄。	1. 微風廣場實業公司收購sensy公司。 2. 以東京都新宿區男裝主題館主題館（1968年成立）1〜8樓。	店員服務：向顧客推薦服裝和服裝搭配方式，塑造男性百貨公司，日本伊勢丹百貨型態。
二、臺灣微風廣場2020年起 　　資料（消費者消費軌跡）：各專櫃「吐出」（分享）顧客位元資料，已累積60萬位萬位活躍會員。	微風廣場實業公司： 子公司伊洛帕科技公司以人工智慧分析，預測顧客消費行為，提供給各專櫃。	1. 個人化行銷 　精準行銷，包括個人化訊息、推薦商品。至於讓專櫃成為會賣東西的網紅，伊洛帕總經理詹仰農，將協助櫃商建立平台，櫃商舉辦實體活動行銷特價商品、新貨或限量商品，伊洛帕建構線上網站，由微風會員App推播顧客活動商品連結。 2. 庫存管理 　張怡玲表示，微風數位時代公司是建立各銷售管道的整合平台，建置顧客管理庫存、訂單管理，並協助出貨和配送系統串聯，要讓櫃商在網路經營顧客便利。

資料來源：部分整理自陳祕順等，「日本智慧零售與物流服務應用交流考察團」報告，2018 年 12 月 21 日；何香玲，經濟日報，c1 版，2020 年 2 月 20 日。

章後習題

一、選擇題

(　　) 1. 微風廣場公司現役的代言人是誰？ (A) 昆凌 (B)Akemi (C) 林志玲。

(　　) 2. 微風廣場公司資本額 7.3 億元，卻能作 300 億元的生產，原因是什麼？ (A) 商場是租的（或 BOT 的） (B) 向銀行借 100 億元。

(　　) 3. 微風廣場公司股票不上市，原因為何？ (A) 不缺錢 (B) 怕所有權被稀釋 (C) 怕每年股票上市費用太高。

(　　) 4. 百貨公司最大的威脅是什麼？ (A) 服裝店 (B) 網絡購物 (C) 量販店。

(　　) 5. 臺灣百貨公司 2019 年前還能小幅成長主因是誰在買？ (A) 外國觀光客 (B) 電子新貴 (C) 土豪。

(　　) 6. 微風廣場公司 10 家店，哪家店服飾佔營收 40% 以上？ (A) 南京東路店 (B) 松高店 (C) 復興店。

(　　) 7. 哪家服飾快時尚服裝公司倒了？ (A)Hang Ten (B) 佐丹奴 (C) Forever 21。

(　　) 8. 快速時尚服裝公司退流行主因為何？ (A) 人均所得降低 (B) 人們不再追求「喜新厭舊」 (C) 以上皆是。

(　　) 9. 微風廣場公司每年營收目標大都如何？ (A) 高估 (B) 低估 (C) 普通。

(　　)10. 微風廣場公司各店房租最大為哪家分店？ (A) 南山（廣場）店 (B) 南京店 (C) 松高店。

二、問答題

1. 微風廣場公司說了十年要走出臺北市設點，何故一直做不到？

2. 微風廣場公司用小錢做大生意，潛在經營問題在哪裡？

3. 每年微風廣場之夜的營收為何一直 13 億元，問題出在哪裡？

4. 分析微風廣場南山店的經營前景？

5. 微風廣場公司數位轉型範圍、措施夠嗎？

個案16

臺灣便利商店業：統一超商與全家 數位轉型－訂閱與顧客忠誠計畫－ 手機APP集點送

2020 年起，便利商店業綜合零售業第一名

　　綜合零售業是指銷售五種品類商品以上的零售業，有別於專賣店，依產值順序為百貨公司、便利商店、超級市場、量販店業。

　　2020 年 1 月起，由於全球新冠肺炎肆虐，人們避開日本政府所稱的三密（密閉、密集、密切接觸場所），百貨公司首當其害。全球的人們傾向於走路去家附近商店消費，在臺灣，便利商店首受其益，本章以臺灣便利商店業中的一哥統一超商、二哥全家為對象，聚焦在數位轉型（Digital Transformation）中的顧客忠誠計畫，也就是會員經營（Membership Management），本章聚焦在手機 APP 的消費集點送（Redemption Bonus）。

學習影片 QR code

第四篇　企業的營運策略與促銷

16-1 臺灣便利商店業

便利商店業很好分析，只有四大公司、商品項目以食為主。

一、便利商店三便

2010 年起，有許多媒體報導，由於有便利商店，讓生活在臺灣很方便，包括三「便」。

1. 地點方便（大街小巷）

臺灣的便利商店商店密集度，以 2020 年 2,358 萬人：12,000 家店來說，1965人便有一家店，每平方公里 0.14 家店。僅次於南韓 1,452 人，第三名是日本3248 人。

2. 時間方便

一年 365 天，全年無休（農曆除夕休息半天），大部分店每天 24 小時營業，封閉商圈（大樓、車站、工業區、學校、軍營）例外。

3. 商品方便

主要是吃的喝的，詳見表 16-1，還可代收款項，有自動櫃員機轉帳、領款。

二、SWOT 分析中的商機威脅分析

便利商店的 SWOT 分析中商機威脅（SW Analysis）很單純，詳見表 16-2。

1. 機會變少，主要是 2020 年起，人口衰退

1984 年起，臺灣生育年齡（16 ～ 49 歲）婦女一生生育子女數跌破 2.1 人，進入「少子女化」，2020 年起，人口邁入衰退期，每年會少 2 萬人以上，詳見表 16-2，跟 2007 年起的日本一樣。

2. 威脅不多，主要是超市

實體商店的替代品（威脅）是電子商務，但網路購物有一半以上是「到店取貨」，店指便利商店。便利商店主要跨業競爭者主要是超市中的全聯福利中心（1,000 家店，營收 1,300 億元）、美廉社（800 家店，公司名稱三商家購，股價約 92 元，2019 年營收 121 億元），超市營收結構詳見表 16-3。

三、資料來源

由表 16-1 可見綜合零售業下便利商店的統計資料來源。

⊞表 16-1　臺灣零售業與其中綜合零售業中便利商店統計

時間	每月三次	每月23日	每年8月初
人物	流通快訊雜誌社	經濟（及能源）部統計處。	行政院公平交易委員會資訊及經濟分析室公布去年的連鎖式便利商店經營概況調查。
事情	每月10、20、30日公布上個月便利商店家數	1. 月統計，公布上個月的「批發、零售及餐飲業營業額統計」。 2. 9月13日，公布去年的「批發、零售及餐飲業經營實況調查報告」，例如表3、4。 3. 經濟部統計處，按「資料庫查詢」，再按「第4列」，便進入資料庫。	對象：四大加1，1指的是台糖蜜鄰。

四、消費行為

由表 16-2 可見，消費者去便利商店消費頻率（一年 130 次）、每次平均消費金額（82.3 元）。

五、便利商店的主要功能：賣吃的跟喝的

由表 16-3 可見，便利商店營收來源分兩類。

1　商品類，佔 94.3%

簡單的說便利商店是三種店的組合：餐廳（尤其是早餐店、快餐店）、飲料攤、雜貨店（賣香菸、酒）的組合。

2. 服務類，佔營收 5.7%

這主要是政府（財政部稅收、各縣市停車管理處停車費）、公司（電信、水電、壽險公司）的款項代收，金額很大，10 兆元以上，便利商店依成交筆數抽手續費，營收金額較低。

服務業
管理
個案分析

⊞表 16-2　總體環境經濟／人口對便利商店業影響

年	2000	2005	2010	2015	2019	2020（F）
一、經濟／人口						
(1) 總產值	10.328	12.036	14.06	17.055	18.886	19.227
(2) 人口數（萬人）	2269	2277	2316	2349	2360	2358
二、每人總產值 ＝ (1)／(2)						
1. 美元	14908	16456	19197	22780	25909	27830
2. 臺幣（萬元）	46.55	5.95	60.76	72.69	80.05	81.54
3. 超市營收	864	1011	1291	1672	2078	2182
三、便利商店						
1. 營收（億元）	1216	1889	2260	2823	3316	3366
成長率	+9.91	+9	—	—	—	—
2. 店數	8089	8656	9538	10905	11465	12000
成長率（%）	—	7.01	—	—	—	
3. 來客人次（億人）	—	—	約28	29.26	30.64	—
4. 每年每人次數				124	130	
5. 每次每人價格	—	—	約65	72.36	82.66	—

⊞表 16-3　便利商店業的營收結構

單位：%

成分	2016年	2018年
一、商品	71.8	94.7
（一）食品	25.4	29.1
（二）飲料	38.1	34.8
1. 酒以外（如咖啡飲料）	32.8	29.4
2. 酒	5.5	5.4
（三）菸	28.3	30.4
二、服務類與其他	8.2	5.7
網路銷售比重	0.8	1.1

16-2 便利商店業的產業分析－統一超商是其他三家店數之和

便利商店業的產業分析主要課題有二：市場結構、角色，本單元說明。

一、市場結構（**Market Structure**）

依量價兩種「市佔率」（Market Share）來說，以 2020 年預估值為例，統一超商在便利商店業是佔率接近 50%，市場結構屬於「獨佔」（壟斷）。

1. 店數市佔率 50% 比 31.5%

即 5 比 3，便利商店總數是四大加一，依序統一超商、全家、萊爾富、OK（來來）和台糖廣鄰。

2. 營收市佔率 47.64%

由表 16-4 可見，統一超商單家營收 1,580 億元，佔合併營收 61.7%，除以便利商店業營收 3316 億元，營收市佔率 46.95%，全家單家營收 814 億元（佔合併營收 95.24%），統一超商約 1.9 比 1。

3. 趨勢分析（**2010 到 2020 年**）

這 11 年，統一超商市佔率竟退了 3.76 個百分點，全家增加了 3.25 個百分點，全家蠶食了統一超商的市場。

二、現煮咖啡

由表 16-4 可見，以現煮咖啡來說，有兩種數字。

1. 統一超商 vs. 全家 2 比 1。

2. 單店全年咖啡營收，1.75 比 1。

統一超商總額大贏全家，那是反映出店數 1.5 比 1，以單店咖啡全年營收來說，統一超商比全家 247.57 萬元比 141 萬元或 1.58 比 1，跟店數比率相近。

表 16-4　統一與全家單家營收等經營績效

項目	統一超商	全家
(1) 營收	1580.31	740
(2) 店數	5655	3548
(3) 二店營收 ＝ (1)/(2)（萬元）	2794.5	2085.7
(5) 日營收（萬元）	7.656	5.714
(6) 咖啡（億元）	140	50
(7) 每店年咖啡 ＝ (6) / (2)（萬元）	247.57	141

表 16-5　便利商店雙雄兩種市佔率

市佔率	2000年	2010年	2019年	2020年
一、數量（店數）				
(1)全部	6085	9538	11465	12000
(2)統一超商	2908	4750	5655	6000
(3)統一超商市佔率＝ (2) / (1)	47.79	49.8	49.32	50
(4)全家	111.1	2588	3548	3790
(5)全家市佔率＝ (4) / (1)	19.08	27.13	30.946	31.58
二、金額：億元	2000年			
(1)全部	1216	2260	3316	3366
(2)統一超商（單家營收）	525.4	1146	1580.31	1580.31
(3)統一超商市佔率＝ (2) / (1)	43.21	50.71	47.66	46.95
(4)全家（單家營收）	—	473	740	814
(5)全家市佔率＝ (4) / (1)	—	20.93	22.32	24.18

註：2002 年 2 月 25 日上櫃。

三、市場角色（Market Role）

　　由圖 16-1 可見，四大便利商店因資源、市佔率不同，在市場中分別扮演四種角色。

1. **X 軸**：資源豐富程度

   此處以資源中的資產為例，大小差太多，2020 年 6 月，統一超商 2023 億元、全家 617 億元。

2. **Y 軸**：市佔率

   一般來說，市佔率是經營結果，而主要影響因素是「生產因素擁有量」。

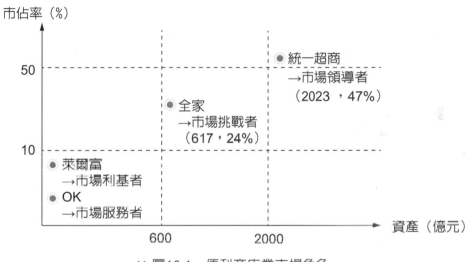

▷▷ 圖16-1　便利商店業市場角色

四、全家集團董事長潘進丁的經營理念

全家集團「董事長」（日文稱為株式會社的會長）潘進丁（2015 年 6 月 18 日升任），針對在市場中扮演挑戰者角色，有數次重要談話，詳見表 16-7。

五、全家 30 週年慶策略雄心

1. **時間**：2017 年 11 月 29 日。

2. **地點**：臺灣臺北市。

3. **人物**：葉榮廷、薛東都。

4. **事情**：今周刊發表《敢變－全家便利商店更新，更新，更有趣的秘密》，以這書慶祝全家在臺 30 週年，並說了許多創新失敗案例。

   在「未來展望」記者會中，宣布 2020 年營收 1,000 億元，策略有三：「新零售」、複合加盟、會員經營，後者便是透過手機 APP 做到「人人手上都有全家會員」，這包括三項：店到店、手機購、商品預購。

16-3 便利商店雙雄公司簡介－董事長、總經理比較

兩家公司作表比較戰力、董事長和總經理的學經歷，打戰比的是將帥運用戰力的能力，本單元說明。

一、統一超商、全家公司比較

表 16-6 可見，統一超商有富爸爸統一企業，樣樣比全家大。臺灣的全家是日本全家子公司，日本全家母公司是伊藤忠商事（I toehu）。

(1) 創立時間：統一超商領先 10 年。

(2) 資產：統一超商 2002 比 572，3.85 比 1。

(3) 店數：統一超商 5655 比 3602，1.517 比 1。

(4) 營收：統一超商 2561 比 777，3.29 比 1。

田表 16-6　統一超商與全家基本資料

單位：億元

項目	統一超商（2912）	全家（5903）
一、成立	1978.6.10，1997.8.22股票上市	1988.8.18，2002.2.25股票上櫃
二、住址	臺灣臺北市松山區	臺北市中山北路
三、資本額	103.96	22.3
店數	5655	3602
員工人數	8430人	4818人
四、損益表	2019年	2019年
1. 營收	2561	777
2. 淨利	105	18.3
3. 每股淨利（元）	10.14	8.2
2020年9月股價（元）	260	240
五、資產負債表		
資產（2020年6月30日）	2023	617

二、統一超商、全家的董事長、總經理比較

由表 16-7 可見，統一超商市統一集團最大的公司，營收佔集團 62%，所以董事長、總經理皆由母公司統一企業人士出任。

1. 董事長羅智先

2013 年 11 月 12 日，接任統一集團董事長，統一企業在臺南市，統一超商在臺北市，羅智先兩地跑。

2. 總經理來源

從徐重仁 2012 年 6 月 21 日卸任總經理之後，陳瑞堂、黃瑞典皆出身母公司擔任過事業群副總經理，再出任統一超商副總經理。

田表 16-7　統一超商、全家董事長和總經理

職務	統一超商	全家
一、董事長	羅智先	葉榮廷
出生	1956年9月	1964年
現職	統一企業（2013年11月12日起）、統一超商董事長	董事長（2015年7月起）
經歷	統一企業總經理（2007～2013年11日）副總、協理美國統一（1990～1999年）國外部課長（1986～1989年）	1988年加入全家，歷任商品部經理、執行副總、總經理
學歷	美國加州大學洛杉磯大學企管碩士成功大學外文系	高雄科技大學行銷與流通管理研究所碩士
二、總經理	黃瑞典	薛東都
出生	1964年	1963年
現職	統一超商總經理（2018年6月20日起）	總經理（2015年6月18日起）兼營運長
經歷	統一超商總經理室副總、統一企業食糧群、速食群副總，兼任德記董事長、乳飲群協理	全家副總、協理、經理
學歷	高雄科技大學行銷與流通管理研究所碩士	臺北大學企管碩士

三、全家的董事長、總經理

全家集團 95% 以上營收來自全家，其次是五家國際餐飲（沃克牛排、大戶屋、南韓炸雞店 BBQ Chick），後者 2011 年起才成立。

全家便利商店只出現過二任董事長、總經理，都是從全家基層做起，像表 16-7 的第二代董事長、總經理，幾乎人生第一個工作就從全家開始。由於經歷有限，所以視野可能有限。

四、經營績效比較

統一超商跟全家的經營績效有幾個指數：

1. 營收比

3 比 1，以合併財報來說，統一超商的營收是全家的三倍，以單單一家公司來說是 1580 億比 814 億元或 1.94 比 1。

2. 每股淨利比較

1.27 比 1，或 10.14 比 8.2。統一超商在每股淨利小贏全家。

3. 股價比較

2017 年 8 月 31 日，統一超商股價 252.5 元，全家 194.5 元，統一超商高 58 元。到了 2020 年 9 月，統一超商股價 258.5 ～ 260 元，跟三年前比，幾乎原地踏步。全家則漲至 240 元，僅落後 20 元。期間 8 月 21 日甚至一度漲到 280 元，小幅超過統一超商。

16-4　2017 年 4 月起全家行銷組合攻擊統一超商

2015 年 6 月 18 日，全家第一代董總潘進丁、張仁敦升任集團會長、副會長；第二代董總葉榮廷、薛東都（兼任營運長），或許是累積了 28 年的基礎。2016 年 4 月，不再對龍頭統一超商採取儒家《論語》「學而篇」中的「溫良恭儉讓」，而是逐漸在行銷組合中採取正面攻擊（Frontal Attack）。

一、全家的競爭經營理念

由表 16-8 可見，全家集團的董事長潘進丁對競爭的經營理念。

⊞表 16-8　全家集團董事長潘進丁對競爭的經營

時	事
2018年3月	在〈今周刊〉上全家成立時間比統一超商晚10年，必須更積極創新才能出奇制勝。創新會有失敗情況，不能懲處同仁，才能避免同仁「不做」的苟且心理。鼓勵同仁「多冒險，錯中學」，甚至有冒更大的險。
201年4月3日	在〈天下雜誌〉上「撕掉市場老二的標籤，這些事都是全家先開始作的」「我們是第二進入市場的（Second Mover），如果一直跟著前人的作法，大概走不出一條路」。

二、西方兵聖的金玉良言

1. **時間**：1832 年。

2. **地點**：德國，前身日耳曼。

3. **人物**：克勞塞維茲（Carl Von Clausevitz, 1781 ～ 1831）。

4. **事情**：在《戰爭論》中有許多原則，其中之一是「在沒有勝算前提下，不要輕易發起決戰」。

三、全家總經理薛東都發起陣地戰

1. **經營理念**

   套用 2006 年中國大陸連續劇「亮劍」中的經典台詞：「狹路相逢誰勝？就是勇者勝，敢亮劍的人勝」。

   薛東都說：「現在有這樣的機會點，就是我們敢不敢亮劍！」

2. **攻擊行動**

   由表 16-9 可見，全家由淺到深，逐漸對統一超商在行銷組合各方面率先出擊。

田表 16-9　全家向統一超商正面攻擊

行銷組合	全家	統一超商
一、產品策略 咖啡預售寄杯，變相削價戰	1. 2017年7月之前先由萊爾富推出，7月31日全家跟進，買100杯送40杯。 2. 2019年全聯福利中心（超市）加入。	2020年2月12日在Open Point APP中推出行動隨時取，一次買10、30、50杯，50杯打74折。
二、定價策略 以咖啡寄杯	詳見上述。	2020年2月12日加入。
三、促銷策略 忠誠顧客計畫	2016年4月，推出手機APP，以取代貼紙。	2019年7月，推出手機Open Point APP。
四、實體配置策略 店址	2019年6月，拿下交通部臺灣鐵路公司25個火車站，32個店的便利商店經營權。	25個火車站的32間店的便利商店經營數達營業四點的五年。

資料來源：程倚華，「搶走臺鐵據點，全家「轉守爲攻」，它憑什麼贏小七？」，數位時代，2019 年 8 月 1 日。

16-5 統一超商與全家組織表

2005 年起，由於我陸續寫鴻海、台積電等書，針對公司的組織圖，發現無法同一公司趨勢分析、跨公司比較，於是採取固定架構的組織表，發現每家公司組織表都大同小異，只是名稱、職級不同罷了。

1. 事業部（或事業群，Business Group）

單一航業公司，採取地區別；多產品公司，採取產品別的事業部。

2. 企業功能

採取美國策略管理大師麥可‧波特（Michael E. Poter, 1947～），在 1985 年《競爭優勢》書中的公司價值鏈的核心、支援活動，詳見表 16-10。

個案
16

⊞表 16-10　統一超商、全家公司組織表

公司	統一超商		全家	
組織層級	一級單位	二級單位	一級（部）	二級（室）
一、董事會	董事長特別助理	1. 稽核室：洪惠子 2. 秘書室 3. 誠信經營推動小組	－	1. 稽核室 2. 誠信推動委員會
二、總經理	總經理辦公室	勞工安全室	CSR委員會	總經理室
三、核心活動	副總吳國軒	公共關係	經營企劃部	1. 公共關係暨 2. 品牌溝通室
（一）研究發展	行銷群	－	－	－
（二）生產	協理：謝蓮塘	1. 商品部 2. 鮮食部 3. 服務商品部	商品部	－
1. 採購	商品部	－	商品部	－
2. 製造 3. 品質管制	中國人陸 協理：林宏俊	物流部	物流品質保證部	－
（三）行銷 1. 地區營運 2. 行銷	營運群 協理：林啓昌	1. 整合行銷部 2. 6個地區營運部 3. 商場事業部 4. 工程科技部 5. 營運企劃部	1. 會員暨電商推進部 2. 地區營業部 3. 開發業務部 4. 營業業務部 5. E-R事業部	加盟諮詢室
四、支援活動 （一）人力資源 （二）資訊管理 （三）財務管理 （四）其他	管理群 協理：謝慶勳 協理：謝慶勳 吳玟琪	1. 總務部 2. 採購部 3. 財務室 4. 會計室	1. 管理部 2. 資訊部 3. E-R商務電子零售	－

一、統一超商組織表

統一超商的組織表須看兩個世代才清楚。

1. 2012 年 6 月 21 日前，徐重仁以前

由表 16-10 可見，此時組織圖細到「部」，主管是協理。公司有 4 個事業群、2 個支援活動群，群的主管職級副總經理，5 位。

2. 2012 年 6 月 21 日後，陳瑞堂之後

外界只能看得很粗略；只剩 1 個事業群（臺灣）、支援活動群，只剩一位副總經理。

二、全家組織表

日資公司全家（Family Mark）持有臺灣全家 50% 股權，全家是日本公司，泰山企業佔 22.47%、光泉牧場佔 5.29%。

全家在公司各部門皆採取日本公司的名稱「本部」，本書不如此作，本部之下必有「分」部，問題是沒有人這麼叫的。

日本公司稱「本部」的主管為「本部長」，在臺灣，就是協理、經理。

16-6 公司數位轉型量表－統一超商與全家

2010 年起，全球公司數位轉型（Digital Transformation）風潮開始，主要是運用資訊通訊中的雲端加上人工智慧。在金融業稱為「金融科技」（Financial Technology FinTech），在零售業有許多名詞，例如零售科技（Retail Technology）、科技零售（Technology Retail）、新零售（New Retail）。

本單元以伍忠賢（2020）的公司數位轉型量表來評估，統一超商 39 分、全家 35 分，屬於剛開始階段，所以分數低且相近。

一、公司數位轉型量表

由表 16-11 第一欄可見，伍忠賢（2020 年）採用公司管理活動「規劃—執行—控制」三大類活動，美國麥肯錫公司 1979 年推出的成功企業七要素（Mikinsey 7s Framework），推出公司數位轉型量表，或許有些項目有產（行業）差距（例如第 5、6 項），有 8 項是共同項。

田表 16-11　公司數位化轉型量表（出低至高遞進）

麥肯錫公司7S	1	5	10	統一超商	全家
目標（遠景）					
1. 3～5年內數位化比率	5%	25%	50%	1	1
一、2. 策略：以營運方式為例	實體營運	實體數位各半	數位營運	2	2
二、組織設計					
3. 董事會	沒設經營委員會	經營委員會	數位轉型委員會	1	1
4. 總經理	–	資訊部	數位部	10	6
三、獎勵制度					
5. 數位轉型預算佔營收比率	0.1%以下	0.5%	1%	3	1
6. 員工獎勵：數位轉型績效獎金（佔薪水比重）	10%以下	20%	30%	1	1
四、7. 公司文化：知識分享	不知識分享		知識分享平台	5	5
五、8. 用人：以員工數位訓練為例	0	一年12小時	一年24小時	6	5
六、領導型態					
9. 人本（或員工）導向、溝通機制、領導技巧	任務導向	任務、員工導向各半	員工導向	5	5
10.以文件化為例	不文件化	紙張文件化	數位文件化	5	5
小計				39	35

註：第 9 題有專門伍氏量表。

® 伍忠賢，2020 年 8 月 6 日。

有資料情況下：

每兩分（例如 1、2 或 3、4）視爲鄰近給分，那同一人評分在不同時間也有小差距，每 20 分爲一級距。

缺乏資料項目給安全分 5 分。

二、統一超商 39 分以上

(1) 時間：2019 年 6 月 18 日。

(2) 地點：臺南市。

(3) 人物：羅智先，統一企業、超商董事長。

(4) 事情：在股東大會中提到，在 ETtoday 新聞網上「從統一超商看通路未來趨勢，從零售業轉型服務平台。」他表示：「電子商務給實體商店帶來很大壓力，商店必須跟著科技等與時俱進。」統一超商在數位轉型有兩項分數很具體。

(5) 第 4 項組織設計，10 分

2019 年 9 月，由數位服務部更名爲數位創新部，經理傅廣仁，是負責人流、金流的十幾人「小組」。全家由會員既電商推進部員成長。

(6) 第 5 項數位轉型經費，3 分

統一超商 2015 年起公布數位服務部的會員點數系統開發預算 0.1419 億元，2019 年數位創新部 0.6911 億元，2020 年 0.7824 億元。

16-7　統一超商與全家數位轉型的行銷措施

由表 16-12 可看出，統一超商數位轉型在行銷組合的運用，細節不多。

由表 16-13 可見，統一超商在封閉型商圈（學校、辦公大樓、軍營、車站）等，以智慧型自動販賣機取代普通型，機型升級對顧客、便利商店都有利。

田表 16-12 統一超商在數位轉型的作法

年	2018	2019	2020
一、產品策略之（二）店員服務	智能自販機：俗稱母子店模式，2018年7月20日開設第2家X-Store。	X-Store3，開幕，複合加上智能，簡單的說，店內2個樞紐位當成自動販賣機。	目標是500台。
二、定價策略：支付	—	1. icash pay增加線上支付、儲值、轉帳。 2. open錢包：Open point熟客生態區。	6月起快閃促銷，用統一超商支付工具，打9折；其他則打95折。
三、促銷：顧客忠誠計畫：會員、點數	400萬位	650萬位	1000萬位

田表 16-13 統一超商的智慧自動販賣機

效益	普通自動販賣機	智慧自動販賣機
一、對顧客		
（一）支付	現金（尤其是零錢）支付	手機、悠遊卡
（二）促銷	—	可以累積會員點數
二、對便利商店		
（一）產品	大部分是飲品	智慧自販機跟附近店POS系統連線，可以立刻補貨，減少店面櫃檯的收銀員工作。商店種類有飲料、麵包等。
（二）定價	15～20元	15～50元
三、促銷	—	有
四、實體配置	置於封閉型社區（學校、軍營）	300家店面

資料來源：整理自程倚華，「7-11、全家都導入」，數位時代，2019 年 10 月 21 日。

16-8　行銷組合第 2P 定價策略的數位轉型－咖啡寄杯

便利商店在定價策略的數位轉型，常見以咖啡寄杯（Pich Up On Coffee Today and Pich Up The Other）。

一、全景：訂閱經濟

企業人士喜歡「老王賣瓜，自賣自誇」，以求「嘩眾取寵」，2019 年全球許多公司大幅吹捧自己實施訂閱經濟，詳見小檔案，我們把美國亞馬遜公司黃金會員（偏重宅配繳年費免宅配費）等作表整理，發現這只是「預售」制，談不上什麼營運模式（Business Model，俗稱商業模式）。

🔍 資訊小幫手

訂閱經濟（Subscription Economy）
1. 時：2019年5月3日
2. 地：美國加州紅木城（Redwood Shores）
3. 人：左軒霆（Tien Tzuo），祖睿（Zuoora）公司（2007年成立）三位創辦人之一兼總裁，公司股票在紐約證券交易所上市。
4. 事：天下出版公司出版（訂閱經濟）（Subscribed）。

二、便利商店的咖啡預售是變相削價戰（表 16-14）

1. 2017 年 7 月，全家咖啡寄杯

咖啡寄杯服務，包括四項功能：團購優惠、分次取貨、跨店兌換、轉贈分享。大家可以用折扣價一次購買大量咖啡存進手機 APP，再依個人需求，分批在不同店或同間店拿咖啡，更可以轉送給親友同事，變成一種社交工具。

2. 國王沒穿新衣

(1) 時間：2019 年 6 月 19 日。

(2) 地點：臺灣。

(3) 人物：蔡伊芳，出書〈打造 360 度行銷產品力〉。

(4) 事情：在〈今周刊〉上，「一杯咖啡比全家多賺 11 元！從財報分析：7-11 不做咖啡寄杯的真正原因。」簡單的說，由表 16-15 可見統一超商 3 比 1（只輸價格力）贏全家。殺價有用，2017 ～ 2019 年全家咖啡成長率遠大於統一超商。

3. 本書說明

以 2020 年全家咖啡寄杯來說，可說「買一送一」，這是售價打對折。萊爾富買 100 杯送 40 杯。

2020 年 2 月 12 日，統一超商比全家、萊爾富慢了 3 年半加入戰局，50 杯打 74 折，這是被迫、防禦性的加入「變相削價戰」。

田表 16-14　統一超商與全家現煮咖啡行銷組合比較

行銷組合	統一	全家
一、產品	勝	－
（一）時間	2004年推出現煮咖啡	2006年推出，跟金車集團伯朗咖啡
（二）咖啡豆來源	生豆來自中南美洲、越南，在臺灣烘焙成熟豆	2015年，改換成UCC咖啡
二、定價	－	勝
（一）客單價	43元	32元
（二）毛利率	50%	33%
三、促銷	勝	－
（一）廣告	2005年打電視廣告「城市咖啡」	廣告量較少
（二）代言	2007年7月22日桂綸鎂的「城市咖啡」	2009年11月男演員趙又廷廣告
四、實體配置	勝，6000家店	3790家店

田表 16-15　臺灣統一超商、全家現煮咖啡營收

公司	2014	2015	2016	2017	2018	2019
一、全臺						
(1) 量（億杯）	－	－	28.5	－	－	－
(2) 億元	－	－	720		800	－
(3) 便利商店	120	－	－	－	180	－
二、統一超商						
(1) 量（億杯）	－	2.5	－	－	3.2	3.3
(2) 億元	95	106	－	120	130	140
三、全家						
(1) 量（億杯）	－	－	－	－	1.2	－
(2) 億元	20	－	－	－	40	52

16-9　行銷組合第 3P 促銷策略－顧客忠誠計畫的數位轉型

集點卡（loyalty）讓顧客集點，點數可以折抵現金，或轉換產品，是各行業最常見的顧客忠誠計畫。

一、統一超商與全家手機 APP 的集點兌（詳見表 16-16）

在零售業中的便利商店業，在促銷策略中的第三小類贈品中最佳運用便是「顧客忠誠計畫」，主要是消費集點送。本單元整理 2016 年起，統一超商、全家的手機 APP 集點，以取代紙本的點數。

二、會員制經營績效

由表 16-17 可見，會員制經營績效衡量方式。

1. 會員人數

以會員數來說，2020 年，統一超商 1,000 比全家 1,200 萬位，這是全家很喜歡對外宣稱的，這意義不同，競賽是長期的，而且不像電信公司手機綁門號，二年內解約有罰則。

臼表 16-16　四家便利商店手機 APP 集點贈送

	統一超商	全家
2015年	7月，推出OPEN POINT（簡稱OP）。	－
2016年	－	4月，推出，以手機APP，點數可兌換。 贈品：肖像公仔 商品：民生用品（衛生紙、牛奶）、鮮食
2017年	12月，推出自己的手機支付「OPEN錢包」（綁定）。	2月，萊爾富加入，稱為「雲端超商」，並率先推出咖啡預售寄杯。 7月，線上寄杯服務，全家推出。 12月，OK超商加入。
2018年	7月，推出手機支付累積點數，新增中國信託銀行信用卡。 12月，推出OPEN錢包（加信用卡）。	商品預售（90%是咖啡預售寄杯）。 會員消費（不含菸品）1元折算1點，3000點可換10元現金折價券（不含菸），使用店內FamiPoint機器，列印兌點條碼小口單跟店員換商品。 2018年點數，須於次年3月底前使用完畢，逾期歸零。 11月，全家的手機支付My FamiPay跟全家APP整合。 12月，推出點數輪盤活動遊戲，每次約50萬人次，7.5億點數。
2019年	6月，會員450萬人。 1. 統一超商各子公司（星巴克、聖娜多堡、酷聖石）加入OP APP。 2. APP內的虛擬遊樂場，平均每天吸引30萬人參加。 3. 公益行銷：數位公益點數平台。 4. 11月會員650萬人，流通點數1500億點（值5億元），全年APP 1.3億次。	6月29日，會員人數破1000萬人，佔營收35%，會員消費金額比一般顧客多二成。 2月，導入手機支付FamiPay。 12月5日，全家支付可用在全家APP。 12月25日，APP啟用「智能記帳本」功能，結合財政部電子發票平台，各種商店電子發票可記在帳本上。 12月佔營收40%，一年APP約1.2億人次，累積點數240億點。
2020年	2月，在Open Point APP中推出行動咖啡。 4月，以超商集團20加零售、餐飲公司的會員資訊系統連線。 5月，合併ibon APP與OP APP，另通用系統擴大到統一集團，並導入APP自動兌獎。	1. 點數可抵現金消費。 2. 跟公司合資，全家出5.1億元，跨公司（電子商務、百貨公司）的點數累積，兌換商品。

2. 佔營收百分比

全家號稱會員消費佔營收 35%，會員單筆消費（約 98 元）比非會員（82 元）多 16 元。

⊞ 表 16-17　統一超商與全家會員經營績效

年	2016	2017	2018	2019	2020
一、統一超商					
(1) 數量	–	–	300	710	1000
(2) 會員數（萬人）					
二、全家					
(1) 營收	606	644	717	777	820*
(2) 數位研發費用	200*	430*	600*	1000	1200
(3) 會員消費佔營收比率	7*	17	25	35	38*

*註：本書推估。

16-10 特寫：全家的會員經營

2004 年全家開始經營會員制，但缺乏顧客資料，2014 年起，進入第二波。

一、問題

1. **時間**：2014 年。

2. **人物**：葉榮廷，全家董事長。

3. **事情**：擔心人口三化中的少子化、高齡化，對便利商店商機減少。

二、對策

1. **時間**：2016 年 4 月。

2. **人物**：王啓丞，全家會員暨電商推進部經理。

3. **事情**：組織設計：成立顧客關係管理（即會員部）、公共關係與品牌溝通室，以推動會員管理獎勵制度。

2005 年 3 月，全家推集點送，以比郵票小一點的集點貼紙來計算。2007 年起遠東集團旗下的 Happy Go 合作，限於部分信用卡，消費 50 元集 1 點，每 4 點折抵現金 1 元。

2015 年 4 月推出自家的 uupoN，這是用店內的 Famiport 多媒體機台註冊會員，30 點獲贈中杯拿鐵或一隻霜淇淋。

2016 年 4 月放棄貼紙或集點送，改成手機 APP 方式，集點是一元算幾點。（資料來源：部分整理自經理人月刊，2019 年 1 月 7 日）

三、全家三階段增益會員經營

由表 16-18 可見，以手機 APP 的會員經營來說，逐漸擴大其功能。

田表 16-18　全家會員經營三階段

時間	2016年4月～2017年6月	2017年3月起	2017年10月起
功能	手機APP集點	咖啡預售	線上支付
會員人數（萬人）	150	400	800

資料來源：整理自商業周刊，2019 年 3 月 31 日。

四、2018 年

營收破 700 億元，成長率 11.31%，新開店（315 店增 172 家店）佔 5.31%，既有店（俗稱舊店）6%。營收成長來自：鮮食改造成長一成，會員營收、電子商務（寄件服務件數 9,520 萬件，成長率 2.6%）。

會員營收有三大項目：集點兌換商品（一年發出 250 億點）佔 95%、商品預售佔 5%、玩 800 萬位會員網路遊戲。

1. **年齡**：20 ～ 40 歲佔一半以上，尤其是 30 ～ 39 歲上班族。

2. **消費金額**：每次消費比非會員多二成（16 元）。

3. **超級會員**：有 15 萬位會員（佔會員 2%）每週消費 1,000 元以上，佔營收 10%。

五、2019 年

全家會員制有三大重點：會員 APP 的線上支付、可預訂外送（支付）、繳納帳單等。

各店自辦 Line 群組的社群經濟：各店化身社區團購主，向 3,000 家網路商店購物。

16-11 特寫：統一超商的會員經營

統一超商在會員經營方式可分為二階段，詳見表 16-19，但愛金卡以統一超商及其關係企業為主，流通不廣。。

一、第一階段

愛金卡（icash）：2004 ～ 2014 年 4 月 20 日。

二、第二階段

2014 年 4 月 21 日起，Open Point，2019 年 7 月進階引進手機 APP，使用方便，會員數 300 萬位。

三、第三階段

2020 年 2 月 12 日推出咖啡寄杯，Open Point 的會員數爆衝，詳見表 16-20。

四、範圍

跨公司的會員制度最頭痛的是各公司的點數計算。主要區分：

1. 集團內。
2. 集團外。

除外：不含菸品、代收水電費稅費、代購，不包括菸品，原因是依據菸害防制法。

五、轉換

1. 系統開發

集團旗下統一資訊公司。

2. 內容說明

(1) 時間：2020 年 2 月 12 日～ 3 月 24 日。

(2) 地點：臺灣。

(3) 人物：統一超商。

(4) 事情：在電視廣告中，二個男生在討論參加統一超商的「利曼八個車隊集點送活動」，消費 50 元折算 1 點，集滿 6 點再加價 199 元，或 180 點，可以換鋅合金的汽車模型，車長約 11 公分，而且有塑膠展示盒，可堆疊收藏，另加精美汽車介紹卡。

3. 2020 年 2 月 27 日第二版集點送

2020 年 2 月 12 日至 26 日是「行動隨時取」系統測試跟門市運作流程的暖身，2 月 27 日新增兩大功能，一是可跨店兌換，二是可轉換親友，一直到 2020 年 9 月還大打電商廣告。集點適用產品為城市咖啡、城市（PRIMA）精品咖啡、（CITY TEA）現萃茶、（CITY PEARL）黑糖珍珠系列飲品等。

田表 16-19　統一流通次集團兩階段會員經營

年	2004～2014.4.21	2014.4.21後
一、集團 （一）愛金卡	單一公司負責	✓
二、統一超商	－	✓
Open Point	－	2019年7月推出Open Point APP，整合多種支付
客服中心	0800711177	0800711177
載具	icash	icash 2.0 手機

田表 16-20　2020 年 7 月起統一集團生活圈集點送

投入：會員消費支付	轉換：集點	產出：點數運用
一、支付方式 1. 手機支付 　2019年7月包括二種手機支付Line Pay、街口支付，會員數衝到400萬位。 2. icash Pay 　Open錢包。 3. 現金支付 　2020年4月Open Point加上ibon APP。 二、流通次集團 1. 食：統一超商、星巴克。 2. 行：統一精工速邁樂加油。 3. 育：康是美（藥妝）、博客來（網路圖書銷售）。	Open Point APP 1. 2020年7月起1點折抵現金1元。 2. 2020年6月10日前300點折抵現金1元。	一、流通次集團處 　（一）「快樂購」（Happy Go），2004年10月成立，鼎鼎聯合行銷公司。 　（二）航空公司里程 　　亞洲萬里通 　　中華、長榮航空公司 　　號稱臺灣唯一可以兌換航空哩程的點數。 二、流通次集團 　（一）康是美 　（二）統一超商 　　咖啡、鍋子，這是全聯實業公司的專長。

章後習題

一、選擇題

( ) 1. 統一超商的總經理主要來源？ (A) 內部直升 (B) 母公司統一企業空降 (C) 外部挖角。

( ) 2. 全家的總經理主要來源？ (A) 內部直升 (B) 母公司日本全家空降 (C) 外部挖角。

( ) 3. 2016 年起，全家對統一超商採取何種競爭策略？ (A) 溫良恭儉讓 (B) 合作 (C) 正面攻擊。

( ) 4. 2019 年 6 月，全家最暴力攻擊統一超商方式是？ (A) 搶下 28 個火車站的店經營權 (B) 削價戰 (C) 贈品戰。

( ) 5. 電子商務對便利商店為何負面衝擊少？ (A) 商品種類不同 (B) 到店取貨 (C) 便利商店也作電子商務。

( ) 6. 便利商店業最大的商機減少是哪項？ (A) 人口衰退 (B) 所得停滯 (C) 極端氣候。

( ) 7. 便利商店業最大威脅是什麼業？ (A) 超級市場 (B) 百貨公司 (C) 量販店。

( ) 8. 便利商店業市場結構為何？ (A) 獨佔 (B) 寡佔 (C) 獨佔型競爭 (D) 完全競爭。

( ) 9. 全家的市場角色為何？ (A) 利基者 (B) 挑戰者 (C) 跟隨者。

( ) 10. 市場佔有率有哪些衡量方式？ (A) 數量 (B) 營收 (C) 以上皆是。

二、問答題

1. 2017 ～ 2019 年 2 月，統一超商董事長羅智先說「咖啡預售寄杯」會打亂各店（跨店領咖啡）的「金流」，你同意嘛？

2. 咖啡預售寄杯的最大賣點在哪？（提示：全家買 100 杯送 40 杯）

3. 手機 APP 的集點送，統一超商或全家公司哪些項目比較強？

4. 會員消費佔營收比重很重要嘛？你的理由？

5. 便利商店的大數據分析、精準行銷，跟電子商務（例如亞馬遜）比起來，有何劣勢？

國家圖書館出版品預行編目資料

服務業管理：個案分析 / 伍忠賢編著. – 四版 --
新北市：全華圖書, 2020.10
　　面　；　公分
　　ISBN 978-986-503-485-6 (平裝)
　　1. 服務業管理　2. 個案研究
489.1　　　　　　　　　　　　　109013799

服務業管理:個案分析(第四版)

作者 / 伍忠賢

發行人 / 陳本源

執行編輯 / 郜愛婷

封面設計 / 楊昭琅

出版者 / 全華圖書股份有限公司

郵政帳號 / 0100836-1 號

印刷者 / 宏懋打字印刷股份有限公司

圖書編號 / 0806303

四版一刷 / 2020 年 10 月

定價 / 新台幣 560 元

ISBN / 978-986-503-485-6

全華圖書 / www.chwa.com.tw

全華網路書店 Open Tech / www.opentech.com.tw

若您對書籍內容、排版印刷有任何問題，歡迎來信指導 book@chwa.com.tw

臺北總公司(北區營業處)
地址：23671 新北市土城區忠義路 21 號
電話：(02) 2262-5666
傳真：(02) 6637-3695、6637-3696

中區營業處
地址：40256 臺中市南區樹義一巷 26 號
電話：(04) 2261-8485
傳真：(04) 3600-9806

南區營業處
地址：80769 高雄市三民區應安街 12 號
電話：(07) 381-1377
傳真：(07) 862-5562

（請由此處剪下）

歡迎加入 全華會員

● 會員獨享

會員享購書折扣、紅利積點、生日禮金、不定期優惠活動⋯⋯等。

● 如何加入會員

掃QRcode或填妥讀者回函卡直接傳真(02) 2262-0900或寄回，將由專人協助登入會員資料，待收到 E-MAIL 通知後即可成為會員。

如何購買 全華書籍

1. 網路購書

全華網路書店「http://www.opentech.com.tw」，加入會員購書更便利，並有紅利積點回饋等各式優惠。

2. 實體門市

歡迎至全華門市（新北市土城區忠義路21號）或各大書局選購。

3. 來電訂購

(1) 訂購專線：(02) 2262-5666 轉 321-324
(2) 傳真專線：(02) 6637-3696
(3) 郵局劃撥（帳號：0100836-1　戶名：全華圖書股份有限公司）
※ 購書未滿 990 元者，酌收運費 80 元。

OpenTech 全華網路書店
.com.tw

全華網路書店 www.opentech.com.tw
E-mail: service@chwa.com.tw

※ 本會員制如有變更則以最新修訂制度為準，造成不便請見諒。

讀者回函卡

掃 QRcode 線上填寫 ▶▶▶

姓名： 生日：西元 年 月 日 性別：□男 □女

電話：（ ） 手機：

e-mail： (必填)

註：數字零，請用 ⊕ 表示，數字 1 與英文 L 請另註明並書寫端正，謝謝。

通訊處：□□□□□

學歷：□高中・職 □專科 □大學 □碩士 □博士

職業：□工程師 □教師 □學生 □軍・公 □其他

學校／公司： 科系／部門：

・需求書類：

□A. 電子 □B. 電機 □C. 資訊 □D. 機械 □E. 汽車 □F. 工管 □G. 土木 □H. 化工 □I. 設計

□J. 商管 □K. 日文 □L. 美容 □M. 休閒 □N. 餐飲 □O. 其他

・本次購買圖書為： 書號：

・您對本書的評價：

封面設計：□非常滿意 □滿意 □尚可 □需改善，請說明

內容表達：□非常滿意 □滿意 □尚可 □需改善，請說明

版面編排：□非常滿意 □滿意 □尚可 □需改善，請說明

印刷品質：□非常滿意 □滿意 □尚可 □需改善，請說明

書籍定價：□非常滿意 □滿意 □尚可 □需改善，請說明

整體評價：請說明

・您在何處購買本書？

□書局 □網路書店 □書展 □團購 □其他

・您購買本書的原因？（可複選）

□個人需要 □公司採購 □親友推薦 □老師指定用書 □其他

・您希望全華以何種方式提供出版訊息及特惠活動？

□電子報 □DM □廣告 （媒體名稱 ）

・您是否上過全華網路書店？ (www.opentech.com.tw)

□是 □否 您的建議

・您希望全華出版哪方面書籍？

・您希望全華加強哪些服務？

感謝您提供寶貴意見，全華將秉持服務的熱忱，出版更多好書，以饗讀者。

填寫日期： / /

親愛的讀者：

感謝您對全華圖書的支持與愛護，雖然我們很慎重的處理每一本書，但恐仍有疏漏之處，若您發現本書有任何錯誤，請填寫於勘誤表內寄回，我們將於再版時修正，您的批評與指教是我們進步的原動力，謝謝！

全華圖書 敬上

勘 誤 表

書 號		書 名		作 者
頁 數	行 數	錯誤或不當之詞句		建議修改之詞句

我有話要說：（其它之批評與建議，如封面、編排、內容、印刷品質等⋯⋯）